Liane Buchholz

Strategisches Controlling

Liane Buchholz

Strategisches Controlling

Grundlagen – Instrumente –
Konzepte

GABLER

Bibliografische Information der Deutschen Nationalbibliothek
Die Deutsche Nationalbibliothek verzeichnet diese Publikation in der
Deutschen Nationalbibliografie; detaillierte bibliografische Daten sind im Internet über
<http://dnb.d-nb.de> abrufbar.

Prof. Dr. Liane Buchholz lehrt ABWL und Internes Finanz- und Rechnungswesen an der Fachhochschule für Wirtschaft, Berlin.

1. Auflage 2009

Alle Rechte vorbehalten
© Gabler | GWV Fachverlage GmbH, Wiesbaden 2009

Lektorat: Jutta Hauser-Fahr | Walburga Himmel

Gabler ist Teil der Fachverlagsgruppe Springer Science+Business Media.
www.gabler.de

Umschlaggestaltung: KünkelLopka Medienentwicklung, Heidelberg

ISBN 978-3-8349-1079-0

Vorwort

Im Frühjahr 2001 lernte ich Peter Stahl kennen. Er galt zum damaligen Zeitpunkt als Strategieexperte in der regionalen Kreditwirtschaft. Er war es, der mich für das Thema Strategie und strategisches Controlling begeisterte und von dem ich unendlich viel lernte. Ihm ist dieses Buch gewidmet, denn er verstarb viel zu früh. Ich vermisse die wertvollen Gespräche und Diskussionen mit ihm und möchte mit diesem Buch die Erinnerung an ihn bewahren.

Dieses Buch ist als Lehrbuch konzipiert und richtet sich an Studenten der Betriebswirtschaftslehre in gleicher Weise wie an Interessierte, die sich einen Überblick zu den Facetten des strategischen Controllings verschaffen wollen. Im Buch wurden drei Schwerpunkte gesetzt, die sich auch anhand der Kapitelüberschriften nachvollziehen lassen. Zum einen erfolgt eine umfassende Einordnung des strategischen Controllings in das allgemeine Controlling und die Unternehmensführung. Zum zweiten gibt das Buch einen systematischen Überblick zu den strategischen Controllinginstrumenten. Dazu wurden strategische Vorsteuergrößen und –ebenen definiert, die eine Einordnung der Controllinginstrumente ermöglichen. Zum Abschluss sind die gängigsten Strategiekonzepte erklärt und die Überführung der Strategie in die operative Praxis der Unternehmen erläutert.

Methodisch greift das Buch zahlreiche Abbildungen zur Erläuterung auf. Damit fällt es den Lehrenden wie den Studierenden leichter, das Buch in die Lehrveranstaltung zu integrieren. Darüber hinaus wurden bewusst viele Literaturquellen älteren Datums verwendet, um den traditionellen Verfahren des strategischen Controllings mehr Raum zu geben.

Mein besonderer Dank geht an Frau Ewa Tränkner, die mich mit viel Mühe und Beharrlichkeit bei der Erstellung des Buches unterstützt hat. Darüber hinaus danke ich Karsten Stampa für seine Unterstützung, meinen Freunden für viele nützliche Tipps und natürlich meiner Familie für ihre Geduld und Rücksichtnahme.

Berlin im Juli 2009   Prof. Dr. Liane Buchholz

Inhaltsverzeichnis

Abbildungsverzeichnis

Teil 1

Grundlagen des

Controllings

Inhaltsübersicht Kapitel 1

- Controlling als Teil der Unternehmenssteuerung
- Definitionen von Controllingbegriffen
- Funktionen des Controllings
- Abgrenzung zwischen strategischem und operativem Controlling
- Strategische Vorsteuergrößen
- Aufbau und Funktionsweise des strategischen Controllings

1 Grundlagen

Das strategische Controlling ist ein wesentliches Element des Controllings und damit auch der Unternehmenssteuerung. Zur Einordnung des strategischen Controllings in das Gesamtgebilde Controlling und Unternehmenssteuerung ist es zunächst unerlässlich, die Entwicklung des Controllings innerhalb der Unternehmenssteuerung ganzheitlich zu betrachten. Dies schafft ein tieferes Verständnis für die Funktionsweise des Controllings insgesamt und die Wirkungsweise des strategischen Zweigs.

Darüber hinaus muss der Betrachtung des strategischen Controllings eine Abhandlung zu allgemein gültigen Fragestellungen des Controllings insgesamt vorausgehen. Dies liegt einerseits daran, dass es sehr unterschiedliche Controllingdefinitionen gibt, die als Überbau zum strategischen Controlling strukturiert werden müssen. Des Weiteren werden in der Literatur dem allgemeinen Controlling verschiedenste Aufgaben, Funktionen und Zielsetzungen zugeordnet, die vor der konkreten Betrachtung des strategischen Controllings zunächst geordnet und voneinander abgegrenzt werden müssen.

In diesem Zusammenhang werden in den nachfolgenden Abschnitten 1.1 bis 1.6 zunächst allgemeingültige Fragestellungen rund um das Controlling beantwortet. Das Kapitel eins startet mit einer Darstellung der Entwicklungsgeschichte des Controllings innerhalb der Unternehmenssteuerung. Darauf aufbauend werden die zwei Grundtypen von Controllingbegriffen voneinander abgegrenzt, die Rolle des Controllers bei der Implementierung und Anwendung des Controllings erläutert sowie die verschiedenen Funktionen und Instrumente des Controllings und deren organisatorische Einordnung dargestellt. Erst danach erfolgt die Abgrenzung des strategischen vom operativen Controlling im Abschnitt 1.7. Die letzten beiden Abschnitte dienen der Konkretisierung der Merkmale und Prozessabläufe im strategischen Controlling.

In der Darstellung fällt auf, dass der Schwerpunkt auf dem allgemeinen Controlling liegt und das strategische Controlling mit wenigen Abschnitten erklärt und abgegrenzt wird. Dies lässt sich damit begründen, dass strategisches Controlling viele Wirkungsmechanismen, Definitionen und Begrifflichkeiten sowie vor allem Funktionen des allgemeinen Controllings spezialisiert verwendet.

1.1 Entwicklung des Controllings in der Unternehmenssteuerung

„Jeder hat seine eigene Vorstellung darüber, was Controlling bedeutet oder bedeuten soll, nur jeder meint etwas anderes" (Preissler [1985, S.10]). Dieses Zitat von PREISSLER beschreibt die Problemsituation hinsichtlich der Begriffsbestimmung des Controllings innerhalb der Betriebswirtschaftslehre.

Der Controllingbegriff wird in der betriebswirtschaftlichen Literatur häufig verwendet, ist jedoch in der Definition sehr unscharf. Dies liegt insbesondere an den vielfältigen Verwendungsmöglichkeiten des Begriffs. Zum besseren Verständnis des Controllingbegriffs erfolgt deshalb im Weiteren zunächst eine Einordnung des Controllings in die Unternehmenssteuerung in Anlehnung an MANN (Mann [1990, S. 92 ff.]).

Unternehmens-steuerung

Die Unternehmenssteuerung besteht aus sieben Entwicklungsstufen, die teilweise durch Weiterentwicklungen der vorangegangenen Stufen, teilweise jedoch auch durch Wendepunkte und echte systemische Qualitätssprünge gekennzeichnet sind. Die nachfolgende Abbildung verdeutlicht den Entwicklungsprozess der Unternehmenssteuerung.

Abbildung 1-1 | *Stufen der Unternehmenssteuerung*

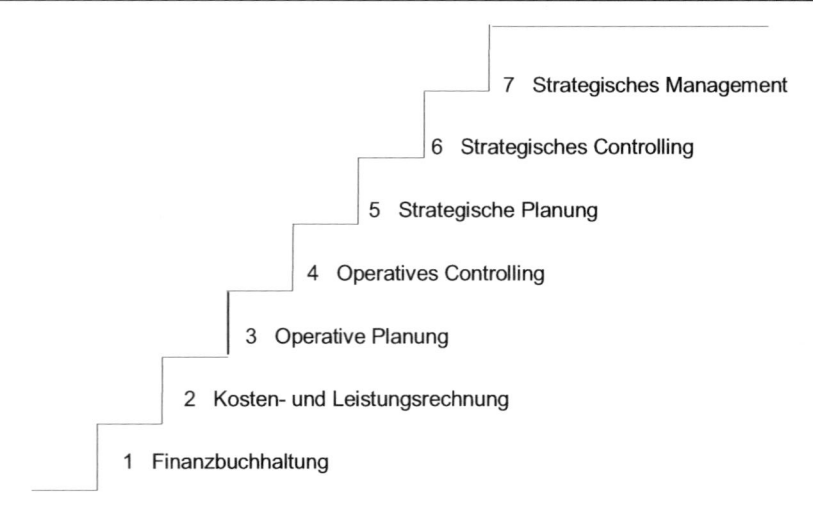

7 Strategisches Management

6 Strategisches Controlling

5 Strategische Planung

4 Operatives Controlling

3 Operative Planung

2 Kosten- und Leistungsrechnung

1 Finanzbuchhaltung

Quelle: eigene Darstellung auf der Basis von Mann [1990, S. 94]

Innerhalb der Unternehmenssteuerung hat sich Controlling sowohl als operatives als auch als strategisches Instrument entwickelt. Während das operative Controlling als Ergänzung zur operativen Planung entwickelt wurde, entstand das strategische Controlling als systemisches Pendant zur strategischen Planung. Die Darstellung des Entwicklungsprozesses der Unternehmenssteuerung dient als Einstieg in die Welt des Controllings und zeigt die Herkunfts- und Entwicklungswege dieses inzwischen nahezu eigenständigen betriebswirtschaftlichen Themenfelds auf.

Stufe 1 - Finanzbuchhaltung

Die erste Entwicklungsstufe der Unternehmenssteuerung ist die Finanzbuchhaltung. Über den historischen Ursprung der Finanzbuchhaltung wird in der Literatur viel spekuliert. Fakt ist jedoch, dass die Einführung der Finanzbuchhaltung erst durch die Ablösung der römischen durch die arabischen Zahlen möglich wurde. Zahlen konnten nun in Kontenform untereinander aufgelistet, addiert oder subtrahiert werden. Auch der Aufbau der Bilanz und deren Lesart von rechts nach links gibt Anlass zur Vermutung, dass die Finanzbuchhaltung im arabischen Sprachraum ihren Ursprung hat. Die Finanzbuchhaltung bildet jedoch nicht nur die historische Ausgangsbasis für die Unternehmenssteuerung, sondern stellt gleichzeitig das Fundament einer systematischen Steuerung dar. Die Finanzbuchhaltung folgt dabei der Erkenntnis, dass sich wirtschaftliches Handeln durch Zahlen abbilden und vergleichen lässt (Bussiek/Ehrmann [1995, S. 17]).

Finanzbuchhaltung

Stufe 2 - Kosten- und Leistungsrechnung

Über viele Jahrhunderte war die Finanzbuchhaltung das einzige Instrument der Unternehmenssteuerung und genügte den Bedürfnissen einer Unternehmensleitung bis zu dem Moment, als es erforderlich wurde, Entscheidungssituationen durch kurzfristige, detaillierte und unterjährige Informationen zu unterstützen. Dies war zeitlich in etwa zu Beginn des 20. Jahrhunderts die Problemsituation, die zur Entwicklung und Einführung der Kostenrechnung als zweite Stufe der Unternehmenssteuerung geführt hat. Die Kosten- und Leistungsrechnung kann als Weiterentwicklung der Finanzbuchhaltung betrachtet werden, da sie, vereinfacht betrachtet, die Finanzbuchhaltungswerte auf Teilbereiche des Unternehmens und Teilperioden verteilt (Haberstock [2005, S. 3f.]). Mit der Einführung der Kosten- und Leistungsrechnung war es möglich, die Wirtschaftlichkeit von verschiedenen Einheiten des Unternehmens in kurzen Perioden zu ermitteln und zu analysieren. Dennoch blieb die Ist- und Normal-Kostenrechnung wie die Finanzbuchhaltung eine Ex-Post-Betrachtung. Dies war solange ausreichend, wie sich die wirtschaftlichen Abläufe gleichmäßig vollzogen und die Zukunft als einfache Fortführung der Vergangenheit erklärbar war.

Kosten- und Leistungsrechnung

Stufe 3 - Planung

Nach dem Zweiten Weltkrieg entstand das Bedürfnis, die nahe Zukunft exakter vorher zu bestimmen und damit die operative Planung. Auf der operativen Planung baut jedes Controlling-Konzept auf (Mann/Mayer [2004, S.68]). Sie basiert auf der Erkenntnis, dass Zahlen auch geeignet sind, um gedachte, zukünftige Abläufe abzubilden. Dies war ein erster, entscheidender Wendepunkt in der Entwicklung der Unternehmenssteuerung, da erstmalig von einer ex-post auf eine ex-ante Betrachtung der wirtschaftlichen Aktivitäten umgestellt wurde. Dabei haben insbesondere größere Unternehmen nicht nur die Jahres-Planung, sondern auch eine mittelfristige und langfristige Planung eingeführt. Es wurde im Zeitablauf jedoch recht schnell deutlich, dass die Planung wenig Bezug zum so genannten Tagesgeschäft hatte. Dies lag zum einen an der Planungsmethodik, die in ihren Anfängen häufig eine Fortschreibung der Vergangenheit darstellte. Zum anderen war der Planungshorizont im Kontext zur Planungsmethodik häufig zu lang gewählt. Die Planung stand isoliert neben der Realität und je länger die Planungsperiode war, umso stärker wurde der Realitätsverlust wahrgenommen.

Stufe 4 - operatives Controlling

Aus der genannten Problemstellung, der Realitätsferne der Planung, entstand das operative Controlling, das Bindeglied zwischen Planung und aktueller wirtschaftlicher Tätigkeit. Das operative Controlling hat seinen Ursprung im Plan-Ist-Vergleich. Der Plan verkörpert dabei das Wollen, während die aktuellen wirtschaftlichen Ergebnisse das Können repräsentieren. „Der Abgleich zwischen Wollen und Können ist der organisierte Lernprozess, die Abweichung Indikator für Anpassungsnotwendigkeiten an Veränderung in der Umwelt" (Mann [1990, S. 97]). Die Blütezeit des operativen Controllings lag in den siebziger Jahren.

Stufe 5 - strategische Planung

Für jene Unternehmen, die ein operatives Controlling anwendeten gab es jedoch mit der ersten Ölkrise in den siebziger Jahren ein jähes Erwachen. Es wurde deutlich, dass Zahlen für die Unternehmenssteuerung allein nicht ausreichend sind. Vielmehr hatte man erkannt, dass es notwendig ist, Entwicklungen zu erkennen, bevor diese in den Zahlen ankommen. Dies war der zweite entscheidende Wendepunkt in der Entwicklung der Unternehmenssteuerung. „Deshalb entstand die strategische Planung, ein Verfahren, das uns hilft, vor die Zahlen zu sehen. Zukünftige Entwicklungen, zukünftige Erfolge und Misserfolge bereits zu erkennen, bevor sie in Zahlen messbar sind. Qualitative Faktoren zu beobachten, um zu vermeiden, dass sie sich zum Schaden des Unternehmens später in Zahlen niederschlagen (Mann [1990, S. 97]). Der strategischen Planung liegt die Erkenntnis zu Grunde, dass durch Beobachtung und Analyse der unternehmensinternen und -externen Bedingungen es möglich ist, zukünftige Entwicklungstrends zu erkennen, bevor sie in den Zahlen des Unternehmens ankommen. Die strategische Planung ist der systematische Prozess der Entwicklung von Unternehmensstrategien. Die wichtigste Aufgabe des Managements besteht dabei darin, bereits eingetretene Veränderungen zu erkennen und das Unternehmen als Bestandteil eines Veränderungsprozesses zu begreifen. DRUCKER beschreibt diesen Aspekt wie folgt: „Es ist von entscheidender Bedeutung, die Zukunft, die bereits begonnen hat, zu erkennen." (Drucker [2005, S. 4]).

Stufe 6 - strategisches Controlling

Mit der Einführung der strategischen Planung wiederholte sich der Effekt, der bereits im Zusammenhang mit der operativen Planung beschrieben wurde. Eine Planung braucht das Bindeglied zur Realität, den Plan-Ist-Vergleich. Für die strategische Planung bedeutet dies die Einführung des strategischen Controllings. Auch hier liegt der Kern zunächst im strategischen Plan-Ist-Vergleich. Darüber hinaus schlägt das strategische Controlling die Brücke zum operativen Controlling. Damit verknüpft das strategische Controlling die strategische Planung mit den operativen Zahlen. Die täglichen Managemententscheidungen wurden nicht nur am Erfolg beziehungsweise an der Einhaltung der operativen Planvorgaben gemessen, sondern orientierten sich nun auch an den strategischen Rahmenbedingungen. Der Erfolg der Strategie wurde operativ messbar gemacht und die strategische Planung wurde der Rahmen für das tägliche Tun.

Ursprung des strategischen Controllings

Stufe 7 - strategisches Management

Bei der Erarbeitung von Unternehmensstrategien und der Umsetzung des strategischen Controllings wurde die Frage nach dem Sinn, die Suche nach dem über allem stehenden Ziel laut. Das strategische Management ist dabei durch einen dritten, entscheidenden Wendepunkt in der Entwicklung der Unternehmenssteuerung entstanden. MANN beschreibt diesen Punkt wie folgt: „Durch die Vision als geistiges Bild des Unternehmens sind wir (im Geiste) schon da, wo wir (operativ) hin wollen" (Mann [1990, S. 99]). Strategisches Management ist demzufolge im Kern nichts anderes, als das Finden und Leben einer Vision im Unternehmen. Das war zeitlich gesehen die logische Weiterentwicklung von strategischer Planung und Controlling zu einem integrierten und von strategischem und operativem Denken geprägten Steuerungskonzept. Die Abgrenzung des strategischen Managements von der strategischen Planung verdeutlicht nachfolgende Abbildung.

Strategisches Management

Abbildung 1-2

Strategische Planung/ Controlling versus strategisches Management

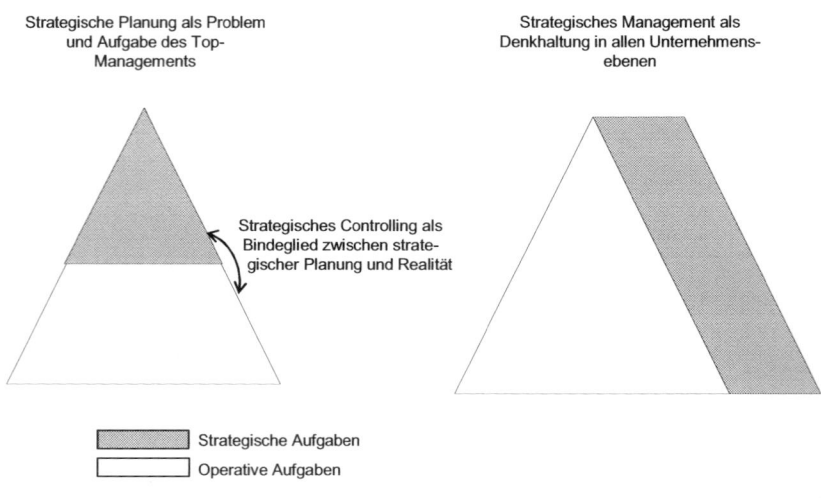

Quelle: eigene Darstellung auf der Basis von Baum/ Coenenberg [2007, S. 16]

1.2 Ansätze zur Festlegung des Controllingbegriffs

Kaum ein Fachbegriff wird in der betriebswirtschaftlichen Literatur unterschiedlicher definiert und interpretiert als der Begriff des Controllings. So wird der Begriff des Controllings häufig kombiniert mit Teilgebieten des Unternehmens und in diesem Zusammenhang völlig unterschiedlich verwendet. Zu erwähnen sind Marketing-Controlling (Haag, J. [1990, S. 175ff.]), Personal-Controlling (Reimann, B. [1990, S. 259ff.]) oder Anlagen-Controlling (Kalaitzis [1990, S. 279ff.]). Der englische Begriff Controlling bedeutet so viel wie Beherrschung oder Steuerung. Damit geht der englische Begriff Controlling weit über das deutsche Wort Kontrolle hinaus. Dennoch, Controlling hat auch eine Kontrollfunktion. Zwar darf Controlling nicht mit Kontrolle gleichgesetzt werden. Die Kontrollfunktion des Controllings ist aber eine nicht zu vernachlässigende Aufgabenstellung. Den Zusammenhang zwischen Kontrolle und Controlling verdeutlicht nachfolgendes Schaubild.

Controlling und Kontrolle

Zusammenhang zwischen Kontrolle und Controlling

Abbildung 1-3

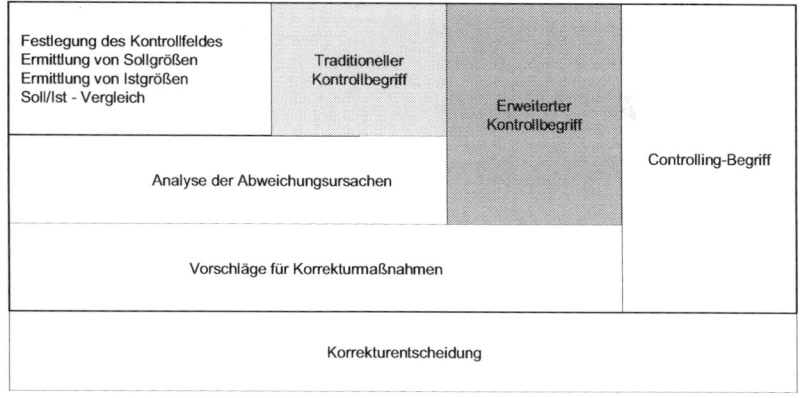

Quelle: Jung [2004, S. 1128]

Aufgrund der Begriffsvielfalt ist es unerlässlich, sich mit den einzelnen Controllingbegriffen namhafter Verfasser auseinanderzusetzen. Dabei lassen sich zwei Typen von Controllingbegriffen erkennen (Hahn [1997, S. 17ff.]):

Controlling-begriffe

- ▓ der ergebniszielorientierte Controllingbegriff sowie

- ▓ der universalzielorientierte Controllingbegriff.

Der ergebniszielorientierte Controllingbegriff ist deutlich enger gefasst als die auf Universalziele abgestellte Definition des Controllings. Die beiden Begriffe werden nachfolgend umfassend erläutert und abschließend einander gegenübergestellt.

1.2.1 Ergebniszielorientierte Controllingbegriffe

Das Hauptmerkmal des Controllings in der ergebniszielorientierten Definition besteht in der Koordination aller Teilpläne des Unternehmens und damit verbunden, in der Orientierung an den operativen Ergebnissen, wie beispielsweise Umsatz, Kosten oder Gewinn. Deutschsprachige Vertreter des ergebniszielorientierten Controllingbegriffs sind neben anderen Coenenberg, Baum, Hahn, Horváth, Lachnit, Reichmann und Serfling.

Vertreter ergebnisziel-orientierter Controllingbegriffe

▓ COENENBERG und BAUM definieren Controlling über die Aufgaben:

     o   Steuerung und Kontrolle der Planziele

     o   Überwachung des internen und externen Unternehmens-geschehens,

     o   Bewahrung der Flexibilität des Unternehmens sowie

     o   Bewältigung der Komplexität (Coenenberg/Baum [1992, S. 25f.]

▓ Nach HAHN hat Controlling im Wesentlichen eine Informationsfunktion zur Unterstützung der ergebnisorientierten Unternehmensführung (Hahn [1996, S. 26 ff.]).

▓ HORVÁTH geht bei der Definition des Controllings ähnlich vor und beschreibt Controlling als, ein die Unternehmensführung unterstützendes Subsystem, welches die Planung, Kontrolle und Informationsversorgung koordiniert (Horváth [2006, S. 122ff.]). Des Weiteren ordnet HORVÁTH dem Controlling eine Gestaltungsaufgabe (Systembildende Funktion) und eine Abstimmungsaufgabe (Systemkoppelnde Funktion) zu.

▓ LACHNIT sieht im Controlling einen „systematischen Ansatz zur Wirkungsverbesserung der Unternehmensführung" (Lachnit [1992, S. 1]) und betrachtet Controlling als eine Servicefunktion gegenüber der Unternehmensleitung. Dieses Servicefunktion nutzt modernste Informations- und Kommunikationstechniken und umfasst:

     o   Konzeptionen,

     o   Instrumente sowie

     o   Informationen

zur Unterstützung der Unternehmensleitung bei der Erreichung der Ergebnis- und Finanzziele.

▓ REICHMANN beschreibt als wesentliche Ziele des Controllings:

     o   Unterstützung der Planung,

     o   Koordination einzelner Teilbereiche sowie

     o   Kontrolle der wirtschaftlichen Ergebnisse (Reichmann [2006, S. 4]).

Dabei übernimmt Controlling die Rolle eines Führungsinformationssystems.

▓ SERFLING definiert Controlling als ein System der Informationsversorgung zur Unterstützung der Unternehmensleitung durch:

    o   Planung,

    o   Kontrolle,

    o   Analyse und

    o   Entwicklung von Handlungsalternativen

zur Steuerung des Betriebsgeschehens. Das System dient dabei der effektiven und effizienten Erreichung der Gewinn- und Rentabilitätsziele. An anderer Stelle beschreibt er Controlling sowohl als Führungsphilosophie und Kommunikationsansatz, als auch als Instrument der Unternehmensführung (Serfling [1992, S. 18]).

1.2.2 Universalzielorientierte Controllingbegriffe

Diese Begriffe sind deutlich weiter gefasst als die ergebniszielorientierten Definitionen. Die Hauptaufgabe des universalzielorientierten Controllings besteht in der Koordination der Teilpläne und sämtlicher Subsysteme der Führung, wie insbesondere Personalführung und Unternehmensorganisation. Typische deutschsprachige Vertreter sind neben anderen Küpper, Weber und Wöhe.

Vertreter universalzielorientierter Controllingbegriffe

▓ KÜPPER definiert Controlling verkürzt dargestellt als "Koordination des Führungssystems". Die Koordination bezieht sich dabei auf die Teilsysteme:

    o   Planung,

    o   Kontrolle,

    o   Informationssystem,

    o   Organisation sowie

    o   Personalführung.

Er verdeutlicht, dass die Zielausrichtung des Controllings weit über das Erfolgsziel hinausgeht und beispielsweise Produkt- oder Bedarfsdeckungsziele, Potenzialziele, Umweltziele oder soziale Ziele umfasst (Küpper [2008, S. 17ff.]).

▓ WEBER definiert Controlling als spezielle Führungs- oder Managementfunktion und beschreibt eine Vielzahl von Aufgaben die dem Grunde nach dazu dienen, die Führung effizient und effektiv zu gestalten (Weber [2004, S. 5])

  ▓ WÖHE hingegen vertritt die Auffassung: „Unter Controlling ist die Summe aller Maßnahmen zu verstehen, die dazu dienen, die Führungsbereiche Planung, Kontrolle, Organisation, Personalführung und Information so zu koordinieren, dass die Unternehmensziele optimal erreicht werden" (Wöhe [2005, S. 218]).

1.2.3   Zusammenfassung zum Controllingbegriff

Controlling-begriff

Alle aufgeführten Controllingbegriffe haben zumindest eine Gemeinsamkeit, sie betrachten Koordination als zentrale Controllingsaufgabe. Vereinfacht gesagt, Controlling ist Koordination. Hinsichtlich der Gegenstände der Koordination herrscht jedoch eine Meinungsvielfalt. Aus den verschiedenen Definitionen kann zusammengefasst werden, dass Controlling ein Teilgebiet der Unternehmenssteuerung und im engeren Sinne die Koordination von Planung, Analyse und Kontrolle sowie Informationsversorgung ist. Im weiteren Sinne schließt die Koordination die Organisation und Personalführung des Unternehmens ein. Die nachfolgende Abbildung fasst diese Controllingdefinition zusammen.

Abbildung 1-4 | *Controllingbegriff*

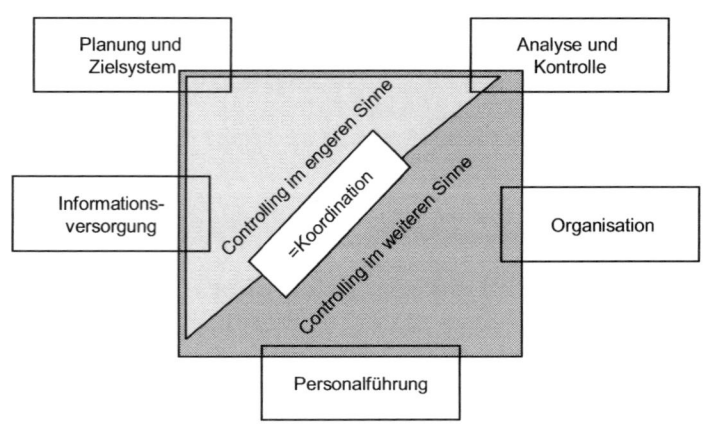

Quelle: eigene Darstellung auf der Basis von Wöhe [2005, S. 219]

Die Abbildung zeigt die Koordination als Hauptfunktion des Controllings und weitere Hilfsfunktionen im engeren und weiteren Sinne.

In den weiteren Ausführungen wird der Controllingbegriff im engeren Sinne verwendet.

1.3 Controlling und Controller

Wie bereits erwähnt, ist Controlling in der betriebswirtschaftlichen Literatur ein häufig verwendeter Begriff, der jedoch vielfältig definiert und interpretiert wird. Die Aufgaben des Controllers (Controllership) werden hingegen sehr klar und präzise formuliert. Hierzu ist jedoch zunächst die Abgrenzung zwischen Controlling und Controller vorzunehmen.

Die Unterscheidung zwischen Controlling und Controller wurde durch den internationalen Controller-Verein in seinem Statement zum Controller-Leitbild verdeutlicht. Der Controller ist eine Person, die als Dienstleister des Managements fungiert.

Controller

Der Manager hat als Ergebnisverantwortlicher einen Informationsbedarf, welchen der Controller mit Hilfe des Controllings erfüllt. LANDSBERG macht in diesem Zusammenhang deutlich: „Controller-Funktion ist Management-Service" (Landsberg [1990, S. 351]).

Controller-Funktion

Das Controlling bildet dabei die Schnittmenge zwischen einem ersten Kreis als Symbol für den Controller und einem zweiten Kreis als Symbol für den Manager und seine Aufgaben.

Die nachfolgende Abbildung verdeutlicht:

▓ das Zusammenspiel zwischen Manager und Controller,

▓ deren Verantwortungsbereiche sowie

▓ die Rolle des Controllings.

Abbildung 1-5 *Controller und Controlling*

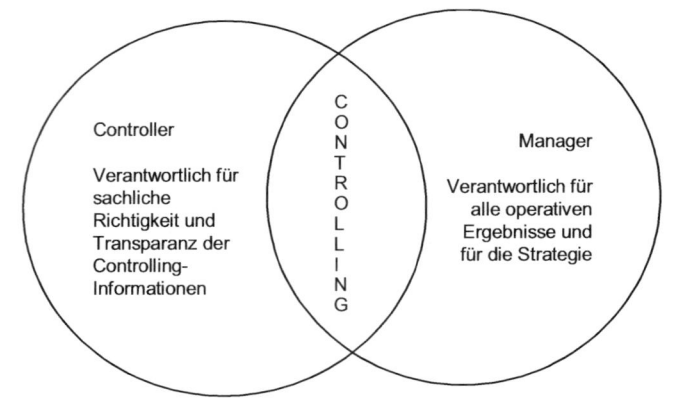

Quelle: eigene Darstellung auf der Basis von Deyhle [1985, S. 14]

Controllership

Controllership ist ein Sammelbegriff für das komplette Aufgabenspektrum des Controllers. Die nachfolgende Abbildung zeigt die Aufgabenstellungen des Controllers nach dem Financial Executive Institute.

Dabei werden Controllership und Treasurership als Bestandteile des Finanzmanagements einander vergleichend gegenübergestellt. Die Abgrenzung des Treasurerships verdeutlicht dessen originäre Ausrichtung auf alle Themen rund um das Liquiditätsmanagement eines Unternehmens. Diese Trennung des Treasurerships vom Controllerships lässt sich mit der zunehmenden Komplexität der Kapitalbeschaffung und –verwendung in jüngster Vergangenheit begründen. Diese setzt wiederum ein hoch spezialisiertes Fachwissen im Treasury eines Unternehmens voraus, welches nicht mit den Anforderungen an den Controller übereinstimmt.

Abgrenzung von Controller- und Treasurership gemäß Financial Executive Institute

Abbildung 1-6

Quelle: Weber, Schäffer [2006, S. 5]

*Controller-
aufgaben*

Die International Group of Controlling hat die Aufgaben des Controllers in einem Controller-Leitbild zusammengetragen.

„Controller leisten begleitenden betriebswirtschaftlichen Service für das Management zur zielorientierten Planung und Steuerung.

Das heißt:

- Controller sorgen für Ergebnis-, Finanz-, Prozess- und Strategietransparenz und tragen damit zu höherer Wirtschaftlichkeit bei.

- Controller koordinieren Teilziele und Teilpläne ganzheitlich und organisieren unternehmensübergreifend zukunftsorientiertes Berichtswesen.

- Controller moderieren den Controlling-Prozess so dass jeder Entscheidungsträger zielorientiert handeln kann.

- Controller sichern die dazu erforderliche Daten- und Informationsversorgung

- Controller gestalten und pflegen die Controllingsysteme"

(International Group of Controlling [2001, S. 42 ff.])

Controller fungieren als betriebswirtschaftliche Berater der Entscheidungsträger in einem Unternehmen. Dabei verwenden Sie das Controlling als System von Einzelinstrumenten. Die Instrumente sind als betriebswirtschaftliche Methoden und Verfahren in den Unternehmen implementiert und funktionieren in der Regel DV-gestützt als Softwareprodukte.

1.4   Funktionen des Controllings

1.4.1   Koordinationsfunktion

Wie bereits aus der Definition des Controllings erkennbar, besteht dessen Hauptfunktion in der Koordination innerhalb des Führungssystems eines Unternehmens.

*Koordinations-
funktion*

Die Koordinationsfunktion ist im Rahmen des Controllings eine übergreifende, umfassende und konsolidierende Funktion, die sich im Regelkreis des Controllings in Form von Abstimmungsprozessen vollzieht (Hachmeister [2004, S.272]).

Die Koordinationsfunktion bedeutet Abstimmung zwischen Koordinations-objekten, wie beispielsweise Teilplänen, Teil- bzw. Hilfsfunktionen oder von Managementebenen (Männel, Warnick [1990, S. 407]). Bei der Betrachtung der Koordinationsfunktion erstreckt sich das Controlling auf zwei Bereiche:

- die Koordination zwischen verschiedenen Hilfsfunktionen und

- die Koordination innerhalb einer Hilfsfunktion.

Bei der Koordination zwischen verschiedenen Hilfsfunktionen geht es im Wesentlichen um die Abstimmung zwischen Planung, Analyse bzw. Kontrolle und Steuerung. Bei der Koordination innerhalb einer Hilfsfunktion geht es beispielsweise um die Angleichung von Planzielen und Teilplänen oder von Kontrollen.

Aus der allgemein gültigen Koordinationsfunktion können darüber hinaus drei Einzelfunktionen des Controllings abgeleitet werden (Küpper [2001, S.17]).

Koordinationsfunktion des Controllings im Einzelnen

Abbildung 1-7

Koordinationsfunktion des Controllings im Einzelnen		
1. Anpassungs- und Innovationsfunktion	2. Zielausrichtungsfunktion	3. Service- oder Unterstützungsfunktion
Koordination der Unternehmens-Umweltbeziehungen	Koordination der Unternehmensziele im Zielsystem	Koordination von Instrumentenwahl und Informationsversorgung

Unterfunktionen der Koordinationsfunktion

Quelle: eigene Darstellung auf der Basis von Wöhe [2005, S. 219]

Koordinationsfunktion 1 - Anpassungs- und Innovationsfunktion

Die Anpassungs- und Innovationsfunktion dient der Koordination der Beziehungen zwischen dem Unternehmen und seiner Umwelt. Die nachfolgende Abbildung verdeutlicht zunächst das Beziehungsgeflecht zwischen Unternehmen und Umwelt (Ossadnik [2003, S. 43]).

Abbildung 1-8 | *Beziehungsgeflecht zwischen Unternehmen und Umwelt*

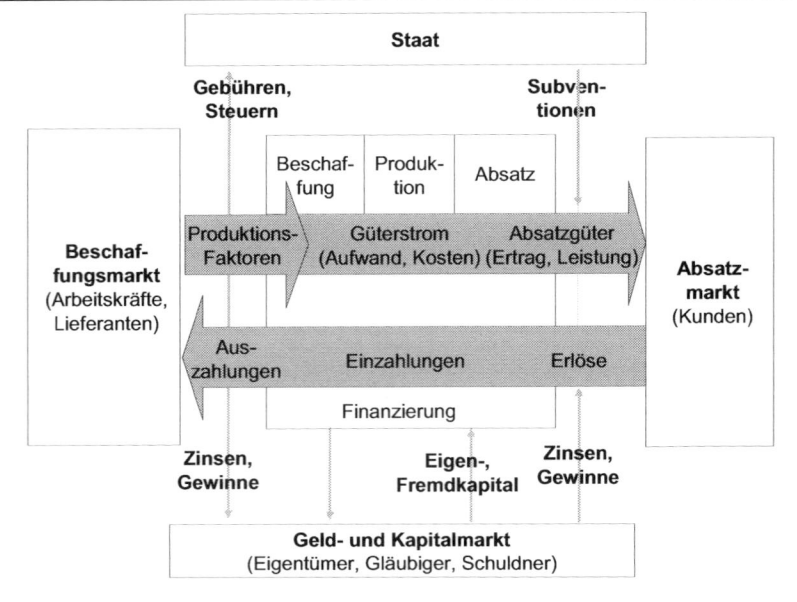

Quelle: eigene Darstellung auf der Basis von Kloock /Sieben [2005, S.3.];
Coenenberg.[2003, S. 4]

Anpassungs-
funktion

Die Anpassungsfunktion des Controllings dient der frühzeitigen Erkennung von Entwicklungstendenzen im relevanten Unternehmensumfeld. Diese Erkenntnisse sollen im Unternehmen entsprechende Anpassungs- und Innovationsvorgänge auslösen. Die Anpassung umschreibt dabei die Reaktionsfähigkeit des Unternehmens auf eingetretene beziehungsweise möglicherweise eintretende Umweltveränderungen.

Innovations-
funktion

Die Innovationen hingegen umfassen alle Veränderungsprozesse im Unternehmen, die durch erkannte oder erkennbare Umweltveränderungen ausgelöst werden. Die Funktion des Controllings liegt dabei in der Initiierung von Anpassungen und Innovationen sowie die Begleitung dieser Prozesse im Führungssystem.

Koordinationsfunktion 2 - Zielausrichtungsfunktion

Zielausrichtungs-
funktion

Die Zielausrichtungsfunktion des Controllings beschreibt alle Controllingaktivitäten, die der Abstimmung von Zielen innerhalb des Zielsystem sowie der Ausrichtung des Unternehmens auf die gestellten Ziele dienen. Die Aufgabenstellung des Controllings liegt darin, die Führungsaktivitäten in Anlehnung an die Controllingdefinitionen unternehmenszielorientiert oder ergebniszielorientiert zu koordinieren (Ewert/Wagenhofer [2008, S.406]).

Koordinationsfunktion 3 - Service- oder Unterstützungsfunktion

Mit der Service- beziehungsweise Unterstützungsfunktion des Controllings wird das Aufgabenspektrum des Controllers umschrieben. Der Controller fungiert als Berater des Managements und versorgt es mit allen respektive entscheidungsrelevanten Informationen. Dazu wählt er die erforderlichen Controllinginstrumente aus, implementiert diese im Controlling des Unternehmens und gestaltet das dazugehörige Managementinformationssystem (Schroeter [2002, S. 126]).

Servicefunktion

Unterstützungs-funktion

1.4.2 Hilfsfunktionen des Controllings

Während die Koordinationsfunktion als Hauptfunktion des Controllings gilt, sind mehrere Hilfsfunktionen horizontal über alle Koordinationsfunktionen hinweg angeordnet.

Hilfsfunktionen des Controllings dienen der Umsetzung des Aufgabenspektrums des Controllers. Als Hilfsfunktionen gelten:

Hilfsfunktionen

- Planungsfunktion,

- Analyse- und Kontrollfunktion sowie

- Steuerungsfunktion.

Das Zusammenwirken zwischen den einzelnen Hilfsfunktionen wird durch die Koordinationsfunktion erklärt. Dabei ist der Wirkungsmechanismus zwischen Planung, Analyse und Kontrolle sowie Steuerung in einem Regelkreislauf zusammengefasst. Dieser beginnt mit der Planungsfunktion des Controllings, mündet in der Kontrolle der Planeinhaltung und weitergehenden Ursachenanalyse bei Planabweichungen und schließt sich über eine Feedback- und/oder Feedforward-Steuerung als Rückkopplung zur Planung zu einem revolvierenden Kreislauf.

Feedback-Feedforward-Steuerung

Der originäre Zusammenhang zwischen den Hilfsfunktionen wird in der nachfolgenden Abbildung verdeutlicht. Anschließend werden die einzelnen Hilfsfunktionen umfassend erläutert. Dabei werden die Hilfsfunktionen an dieser Stelle allgemeingültig dargestellt, ohne auf Besonderheiten in deren Auslegung innerhalb des operativen oder strategischen Controllings einzugehen.

Abbildung 1-9 *Regelkreis des Controllings*

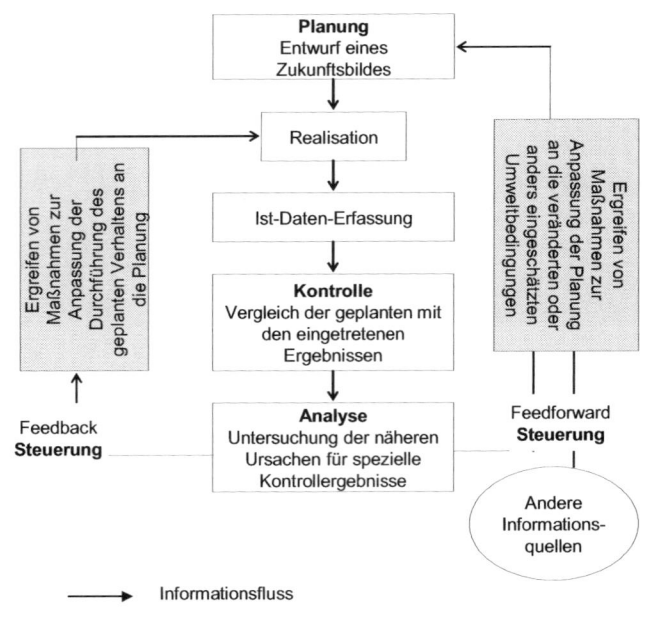

Quelle: eigene Darstellung auf der Basis von Weber [1990, S. 27]

1.4.2.1   Planungsfunktion

Die Planungsrechnung wird in der betriebswirtschaftlichen Literatur sehr unterschiedlich betrachtet und eingeordnet. Dabei gibt es folgende grundsätzlich voneinander abweichende Betrachtungsformen:

Planungs-
rechnung
- die Planungsrechnung als hoch komplexe und dabei eigenständige Funktion innerhalb des Unternehmens,

- die Planungsrechnung als Bestandteil des betrieblichen Rechnungswesens oder

- die Planungsrechnung als Teil des Unternehmenscontrollings.

Im Weiteren wird die Planungsrechnung als Hilfsfunktion des Controllings betrachtet.

Merkmale der
Planung
Der Planungsbegriff wird in der betriebswirtschaftlichen Literatur ebenso häufig als eigenständiger Teil der Unternehmenssteuerung wie als Bestandteil des Controllings verwendet. Einigkeit herrscht jedoch hinsichtlich folgender Merkmale der Planungsfunktion:

(1) Die Planung ist ein Willensbildungsprozess.

Dieses Merkmal beschreibt sowohl die Ausrichtung der Planung am Zielsystem des Unternehmens als auch die Einigung aller Beteiligten in einem Unternehmen auf die Erreichung der gesteckten Ziele. Mit der Planung soll erreicht werden, dass alle in den Planungsprozess einbezogenen Personen sinnbildlich an einem Strang ziehen. Die Planungsergebnisse zeigen allen Beteiligten, welche Beiträge sie zum Erfolg des Unternehmens in der Zukunft leisten (Bergauer [2001, S. 63}). *Zielsystem*

(2) Die Planung ist der Entwurf einer zukünftigen Ordnung.

Mit der Planung wird ein gewollter Zustand in der Zukunft formuliert. Hierzu werden angestrebte Ziele und Zustände für überschaubare Zeiträume festgelegt und die damit verbundenen Umsetzungsmaßnahmen, Mittel und Ressourcen bestimmt (Mentzel [2006, S. 34]). *Zukünftige Ordnung*

(3) Die Planung ist die gedankliche Vorwegnahme künftigen Handelns.

Die Zukunft wird als Raum für vielfältige Handlungsmöglichkeiten und Optionen interpretiert. Demzufolge werden im Planungsprozess die verschiedenen Möglichkeiten zur Erreichung eines gewollten Zustandes zu einem so genannten Planungskorridor zusammengefasst (Weck [2003, S. 116]). Der Planungskorridor umfasst dabei eine Bandbreite von möglichen zukünftigen Zuständen mit dazugehörigen Handlungserfordernissen. *Planungskorridor*

Die Planung ist immer auf die Zukunft des Unternehmens ausgerichtet, wobei der Zeithorizont unterschiedlich ausgestaltet sein kann. In Abhängigkeit vom Zeithorizont werden unterschiedliche Planungsebenen und -kreisläufe im Unternehmen gestaltet. Ist die gedankliche Vorwegnahme kurzfristigen Handelns gemeint, dann geht es im Unternehmen um die Erhaltung der Zahlungsfähigkeit und damit um die Finanz- und Liquiditätsplanung. Erstreckt sich der Zeithorizont auf ein Geschäftsjahr, dann wird die Zielstellung der Vermögensbildung (Plan-Bilanz) und Gewinnerwirtschaftung (Plan-GuV) mit der Planung verfolgt. Ist der Zeithorizont langfristig angelegt, verfolgt das Unternehmen mit der Planung die Zielstellung, langfristig erfolgreich zu sein und formuliert strategische Erfolgsziele.

(4) Die Planung ist ein, an Zielen und Absichten orientierter Prozess.

In der Planung geht es nicht nur darum, künftige Ereignisse und Zustände vorher zu sagen. Vielmehr sollen zukünftige Entwicklungen mit dem Planungsprozess so beeinflusst werden, dass der gewünschte Zustand erreicht werden kann (Wiltinger [2005, S. 69]). Dementsprechend werden mit dem Planungsprozess, neben den Zielen, die beabsichtigten Umsetzungsmaßnahmen im Unternehmen detailliert beschrieben. *gewünschter Zustand*

Rechnungswesen

(5) Die Planung ist ein Informationsverarbeitungsprozess.

Im Planungsprozess werden Informationen insbesondere aus dem internen und externen Rechnungswesen verarbeitet. Der Planungsprozess baut dabei auf einer Vielfalt von Informationen auf. Es werden sowohl Erfahrungswerte aus der Vergangenheit, als auch aktuelle Informationen zu unternehmensexternen und -internen Tatbeständen verarbeitet. Die Komplexität der Informationen erfordert in der Unternehmenspraxis iterative Formen der Abstimmung von Daten und Fakten der unterschiedlichsten Bereiche des Unternehmens (Schenkel [2006, S.8]).

*Führungs-
instrument*

(6) Die Planung ist ein Führungsinstrument im Unternehmen.

Sie hat deswegen eine herausragende Bedeutung, weil sie die Zielrichtung für das Unternehmen detailliert vorgibt. Dabei spiegeln sich in der Planung die Erwartungen der Unternehmensführung wider, was die Planung zu einem unternehmenspolitischen Instrument macht. Über Planziele wird die Führung im Unternehmen konkretisiert und gestaltet. Die Führung orientiert sich dabei an den Planungsvorgaben und deren Einhaltung (Vollmuth [1999, S. 26ff]).

*Bedeutung der
Planungs-
funktion*

Die herausragende Bedeutung der Planungsfunktion des Controllings kommt zusammenfassend dadurch zum Ausdruck, dass die Planung:

- zum Erkennen und Strukturieren von Problemen des Unternehmens insgesamt beziehungsweise seiner Teilbereiche beiträgt,

- zur Auseinandersetzung mit zukünftigen Ereignissen und zu wirtschaftlichem Denken in verschiedenen Zeitabschnitten im Unternehmen zwingt,

- die Formulierung von Erwartungen und Einstellungen von der Unternehmensleitung beziehungsweise deren Führungskräften abverlangt,

- bewirkt, dass die beteiligten Mitarbeiter des Unternehmens nicht als Summe einzelner Akteure sondern als Ganzes gesehen werden,

- die Identifikation der Mitarbeiter mit dem Unternehmen erhöht und zur Zielerreichung motiviert,

- die Ziele und Maßnahmen entwickelt, koordiniert und variiert,

- wichtige Entscheidungen vorbereitet,

- die Kommunikation auf horizontaler und vertikaler Ebene fördert,

- den Soll-Ist-Vergleich ermöglicht und damit Kontrollmöglichkeiten schafft (Ehrmann [1995, S. 20]).

Neben diesen Vorteilen, die eine Planung in ihrer Bedeutung maßgeblich beeinflussen, gibt es eine Reihe von Kriterien, die als kritische Erfolgsfaktoren den Planungsprozess stören oder die Ergebnisse der Planung negativ beeinflussen können:

Kritische Erfolgsfaktoren der Planung

■ unrealistische Ziele und damit verbunden fehlende Motivation der Mitarbeiter,

■ unvorhersehbare Entwicklungen sowie

■ Planungsfehler.

Speziell zu Planungsfehlern führt WEBER aus, dass diese in der Regel durch bestimmte menschliche Verhaltensweisen entstehen. Hierzu zählen Fehler aufgrund kognitiver Verzerrungen, isolierter Entscheidungen sowie auf Grund von Gruppeneffekten (Weber [2006, S. 241 ff.]).

1.4.2.2 Analyse- und Kontrollfunktion

Während die Planung ein Instrument der Willensbildung ist, dient die Kontrolle der Willenssicherung (Ziegenbein [2007, S. 156]).

Kontrollfunktion

Die Kontrollfunktion wird konkret durch die Gegenüberstellung und den Vergleich von mindestens zwei oder mehr Größen ausgeübt. Kontrolle erfolgt, um Abweichungen von Plänen, die aus Sicht des Controllings Steuerungsimpulse geben, zu ermitteln.

Die Analyse ist demgegenüber eine Untersuchung konkreter Ursachen für, in der Kontrolle festgestellte, Abweichungen.

Analysefunktion

Die an die Analyse- und Kontrollfunktion gestellten Anforderungen sind (Barth [2004, S. 76ff.]):

Anforderungen an die Analyse- und Kontrollfunktion

■ Objektivität

Analyse- und Kontrolleergebnisse müssen objektiv nachvollziehbar sein, das heißt, bei gleicher Informationsbasis kommen verschiedene Personen zum selben Ergebnis

■ Zuverlässigkeit

Analysen und Kontrollen können nicht vollkommen standardisiert sein sondern müssen der Bedeutung des zu untersuchenden Sachverhaltes angepasst werden, um zuverlässige Ergebnisse zu liefern.

▓ Validität und Genauigkeit

Analysen und Kontrollen müssen Ergebnisse mit einer Genauigkeit hervorbringen, die zu dem untersuchten Sachverhalt von der Art, Größe und Komplexität her betrachtet passen und angemessen genau sind.

Im Ergebnis von Analyse- und Kontrollvorgängen werden entweder der eingeschlagene Weg bestätigt oder Korrekturen im Sinne der Nachsteuerung eingeleitet. Im Weiteren wird die Analyse als Teil der Kontrollfunktion betrachtet.

Kontrollobjekte   Für die Umsetzung der Kontrollfunktion können verschiedene Kontrollobjekte herangezogen werden, die gleichzeitig eine spezielle Form des Controllings benennen.

Abbildung 1-10   *Kontrollobjekte*

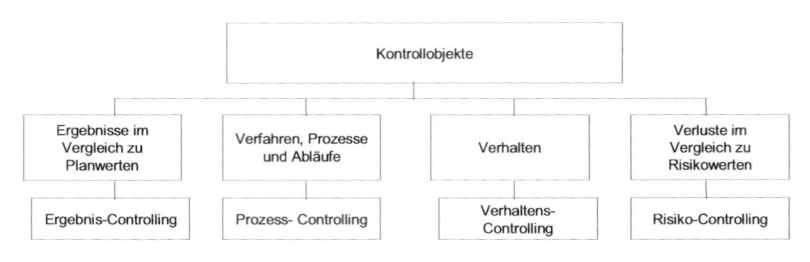

Die Wahrnehmung der Analyse- und Kontrollfunktion des Controllings erfolgt in der Regel über die konkrete Anwendung von Kennzahlen.

Kennzahlen   Kennzahlen sind absolute oder relative Werte, die über wirtschaftlich relevante Sachverhalte informieren. Werden mehrere Kennzahlen in einer sinnvollen Beziehung zueinander gestellt, entsteht ein Kennzahlensystem.

Die Merkmale von Kennzahlen können, je nach Bestimmungsart, sein:

▓ beschreibend, wenn sie einen Sachverhalt isoliert darstellen,

▓ erklärend, wenn sie eine Ursache- und Wirkungs-Beziehung erfassen sowie

▓ vorhersagend, wenn sie sich auf zukünftige Sachverhalte beziehen.

(Ziegenbein [2007, S. 164])

Während über eine vergleichsweise lange Zeit hinweg die Messbarkeit der Kennzahlen von entscheidender Bedeutung für deren Auswahl war, hat sich mittlerweile die Erfolgsrelevanz als Kriterium für die Anwendung von Kennzahlen im Controlling herausgebildet. Nachfolgende Abbildung verdeutlicht diese Entwicklungstendenz bei der Anwendung von Kennzahlen.

Entwicklung der Controlling-Systeme anhand der Kennzahlen

Abbildung 1-11

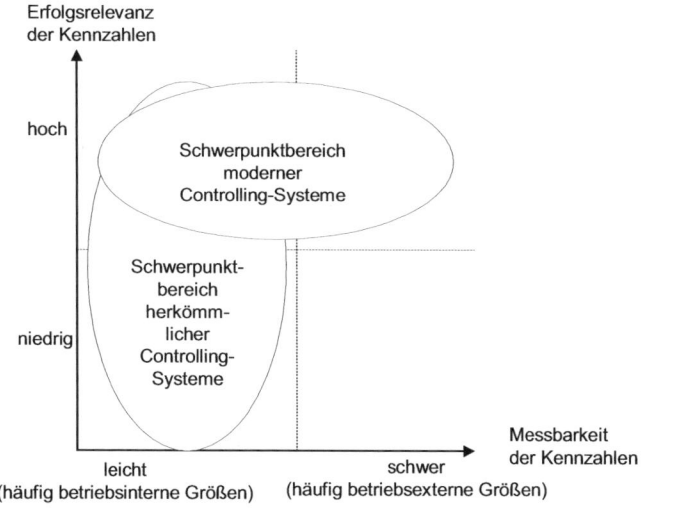

Quelle: eigene Darstellung auf der Basis von Ziegenbein [2007, S. 256]

Kennzahlen können sehr vielseitig angewendet werden, da sie sowohl für interne als auch für externe Zwecke geeignet sind. Für eine nach außen gerichtete Analyse- und Kontrollfunktion werden Kennzahlen in der Regel im Zusammenhang mit der Bilanzanalyse oder einem Betriebsvergleich angewendet (Reichmann [2006, S. 19]). In der betriebsinternen Analyse und Kontrolle finden Kennzahlen in großem Umfang und in jeder denkbaren Variationsmöglichkeit Anwendung. Dabei lässt sich jedoch ein Entwicklungstrend im Controlling erkennen.

Zur besseren Übersichtlichkeit werden Kennzahlen in so genannten Kennzahlensystemen zusammengefasst. Bekannte Formen von Kennzahlensystemen sind das Du-Pont-Kennzahlensystem zur Analyse finanzwirtschaftlicher Daten des Unternehmens im Zeit- oder Betriebsvergleich sowie das ZVEI-Kennzahlensystem als Instrument der Unternehmenssteuerung.

*Kennzahlen-
systeme*

1.4.2.3 Informationsfunktion

Informations-
funktion

Die Informationsfunktion des Controllings dient der Erfüllung des Informationsbedarfs des Managements im Unternehmen. Informationen sind Daten, die einen Zweckbezug haben und damit für Planungs-, Analyse-, Kontroll- und Steuerungsprozesse verwertbar sind. Durch die Vernetzung von Informationen entsteht Wissen. Der Zusammenhang zwischen Daten, Informationen und Wissen wird durch nachfolgendes Schaubild verdeutlicht.

Abbildung 1-12 | *Zusammenhang zwischen Daten, Informationen und Wissen*

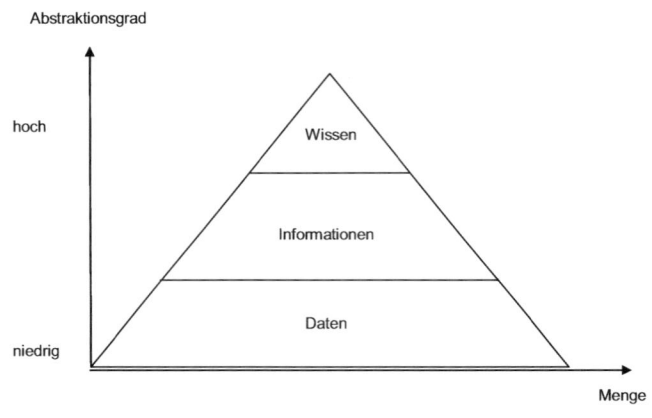

Quelle: Ziegenbein [2007, S. 163]

Informations-
system

Das Informationssystem ist das Kernstück eines jeden Controllings. Dabei umfasst die Informationsfunktion nicht nur die Aufnahme, Verarbeitung und Weitergabe von Informationen innerhalb des Controllings, sondern insbesondere auch die Aufbereitung von Informationen für das Management.

Abbildung 1-13

Informationsfunktion des Controllings

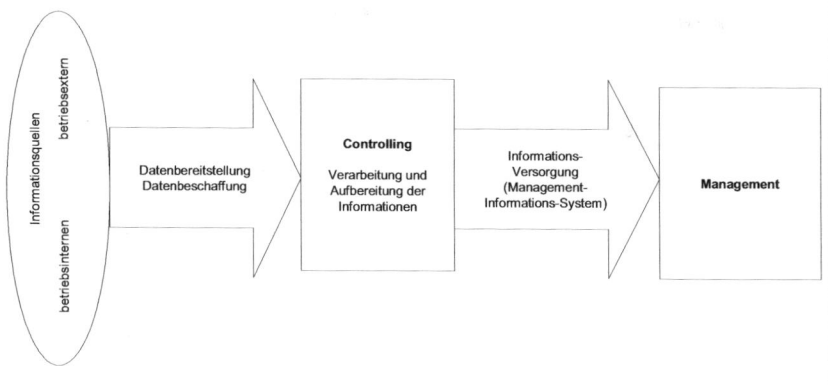

Der Controller übernimmt in diesem Kontext die Aufgabe, dafür zu sorgen, dass dem Entscheidungsträger zur Einleitung von Maßnahmen die für die Steuerung erforderlichen Informationen:

Informations-steuerung

▓ rechtzeitig,

▓ in der notwendigen Verdichtung und

▓ entscheidungsorientiert

zur Verfügung gestellt werden.

Für den Erfolg des Controllings ist zunächst die Datenbereitstellung beziehungsweise -beschaffung von großer Bedeutung. Dabei kommt es insbesondere auf das Zusammenspiel zwischen dem Controlling und den Fachabteilungen im Unternehmen an. Das so genannte Johari-Fenster (Erfinder sind **Jo**sef Luft u. **Har**ry **I**ngham, (Lubbers [2005, S. 126])) kann zur Beurteilung der Qualität der Informationsfunktion des Controllings herangezogen werden, wie nachfolgende Abbildung verdeutlicht.

Johari-Fenster

Abbildung 1-14   *Johari-Fenster zur Beurteilung der Informationsfunktion*

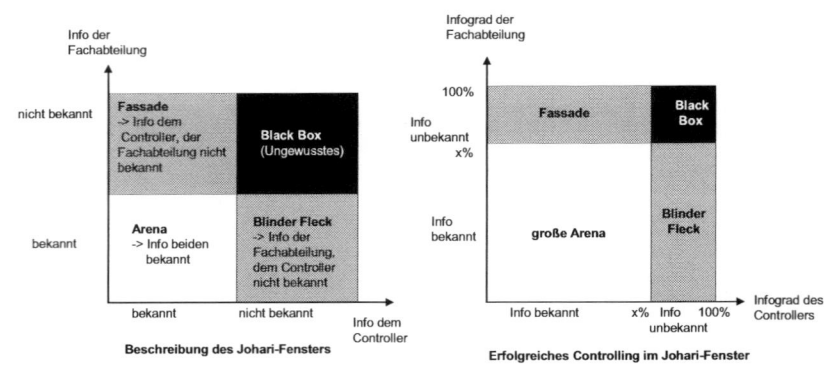

Quelle: Baus [2006, S. 19]

Anforderungen an die Informationsfunktion

Wie bereits dargestellt, ist das Management als Informationsempfänger quasi Kunde des Controllings. Das Management stellt dabei folgende Anforderungen an die Informationsfunktion des Controllings.

1. regelmäßige Informationen auf hoher Aggregationsebene

Das Management des Unternehmens hat das Interesse, den Überblick über die wirtschaftliche Gesamtlage zu haben. Dafür verzichtet das Management auf detaillierte Informationen. Der Gesamtüberblick darf jedoch nicht temporär sein, das Management fordert permanente Informationen die so stark aggregiert sind, so dass der Überblick möglich ist.

2. Priorisierung der Informationen

Da nicht jede Information die gleiche Wichtigkeit besitzt, ist es für das Management unerlässlich, dass die Informationen priorisiert, das heißt, in eine bestimmte Rangfolge gebracht werden. Nur so erreicht das Management die Botschaft, was als erstes beziehungsweise als nächstes zu tun ist.

3. Entscheidungsunterstützung und Maßnahmenorientierung

Das Management benötigt Informationen um Entscheidungen treffen zu können. Demzufolge müssen die Informationen so aufbereitet sein, dass auf dieser Grundlage eindeutige Entscheidungen getroffen und entsprechende Maßnahmen eingeleitet werden können.

4. Ursache-Wirkungszusammenhänge erkennen und beurteilen

Informationen an das Management, die kausale Zusammenhänge aufzeigen, erhöhen das Vertrauen in die Richtigkeit der daraufhin getroffenen Entscheidungen. Der Grad des Vertrauens des Managements gegenüber dem Controlling hängt demzufolge im Wesentlichen davon ab, wie gut es dem Controlling gelingt das Ursachen-Wirkungs-Gefüge von dargestellten Sachverhalten nachvollziehbar abzubilden.

5. Informationstransparenz

„Das Management möchte sich quasi selbst im Datensupermarkt bedienen" (Waniczek [2002, S. 34]). Hierzu ist es erforderlich, eine weitestgehende Transparenz der Informationen seitens des Controllings zu ermöglichen.

Demgegenüber hat auch der Controller mehrere Anforderungen an das Informationssystem, die in nachfolgender Abbildung zusammengetragen sind.

Die Anforderungen des Controllers an das Informationssystem   *Abbildung 1-15*

---

1.   Integrierte Vorsysteme (Data-Warehouse)
2.   Mehr Datensicherheit und weniger Kontrolle
3.   Automatisierung des Berichtserstellungsprozesses
4.   Weniger Datenaufbereitung mehr wertschöpfende Tätigkeiten (Beratung des Managements)

Quelle: eigene Darstellung auf der Basis von Waniczek [2002, S. 40]

Aus den Anforderungen von Controlling und Management an das Informationssystem kann ein Spannungsfeld entstehen. Das Wechselspiel zwischen

- ▓   Informationsangebot des Controllers,

- ▓   Informationsbedarf des Managers und

- ▓   Informationserfordernis aus objektiv notwendigen Gegebenheiten

führt zu Konflikten, die in der fehlenden Deckungsgleichheit der drei genannten Schwerpunkte begründet sind, wie nachfolgende Abbildung verdeutlicht.

Konfliktpotenzial in der Informationsfunktion

Abbildung 1-16	*Spannungsfeld im Informationssystem*

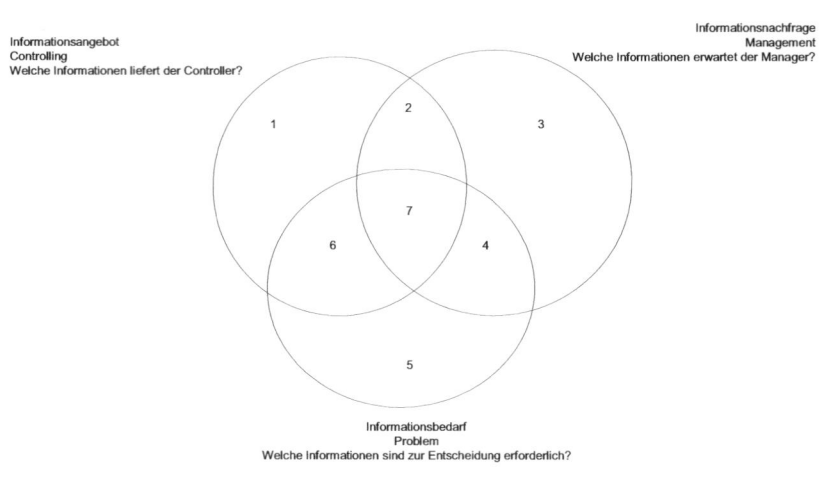

Quelle: eigene Darstellung auf der Basis von Weber [2006, S. 82]

In der oben stehenden Grafik werden sieben Felder sichtbar, die wie folgt erklärt werden können:

Konfliktfelder der Informationsfunktion

Feld 1 umfasst die Informationen des Controllings, die weder vom Management nachgefragt, noch zur Lösung des Problems erforderlich sind.

Feld 2 umfasst die Informationen des Controllings, die zwar den Informationsbedarf des Managements deckten, jedoch zur Lösung des Problems nicht erforderlich sind.

Feld 3 umfasst die Informationsnachfrage des Managements, die nicht vom Controlling erfüllt wurde und zur Lösung des Problems nicht erforderlich ist.

Feld 4 umfasst die Informationsnachfrage des Managements, die zur Lösung des Problems erfüllt werden müsste, jedoch von Controlling nicht gedeckt wird.

Feld 5 umfasst den Informationsbedarf, der zur Lösung des Problems erforderlich ist, jedoch weder vom Controlling geliefert noch vom Management nachgefragt wird.

Feld 6 umfasst die Informationen des Controllings, die zur Lösung des Problems erforderlich sind, jedoch vom Management nicht nachgefragt und demzufolge nicht verarbeitet werden.

Feld 7 umfasst die Informationen des Controllings, die zur Lösung des Problems erforderlich sind und vom Management verarbeitet werden.

Je stärker die drei oben dargestellten Kreisläufe von Informationsangebot, -nachfrage und –bedarf übereinander liegen, desto besser wird die Informationsfunktion im Controlling realisiert. Dies erfordert eine kontinuierliche Auseinandersetzung des Controllers mit dem Informationsbedarf des Managements und den objektiv zur Problemlösung erforderlichen Informationen.

Konfliktlösung in der Informationsfunktion

1.4.2.4 Steuerungsfunktion

Steuerung ist ein Prinzip der Kybernetik, wonach ein System in der Weise bewusst und aktiv beeinflusst wird, dass es nicht wie bei der Regelung selbsttätig sein Gleichgewicht einhält, sondern dass ein gewollter Zustand von außen, durch den Menschen und dessen laufende Kontrolle und Eingriffe, hergestellt wird. Der Unterschied zwischen Steuerung und Regelung lässt sich am einfachsten an einem Beispiel erklären. Während ein Automatikgetriebe im Sinne der Regelung den notwendigen Gang selbsttätig einstellt, wird bei einem Schaltgetriebe die Steuerung durch manuelle Einstellung des Gangs erreicht.

Kybernetisches Prinzip der Steuerungsfunktion

Im Verständnis der Kybernetik ist ein Unternehmen ein komplexes System, welches sich nicht selbstständig regelnd im Gleichgewicht hält, sondern der aktiven Einflussnahme des Managements bedarf, um den gewollten Zustand zu erreichen.

Die Steuerung ist, die mit Abstand am schwersten verständliche Funktion des Controllings. Steuerung setzt nach MALIK voraus, „dass wir uns vorstellen, wie die Dinge wären, wenn es keine Lenkung gäbe. Welchen Regulierungsgehalt bzw. welche Steuerungswirkung eine bestimmte Maßnahme hat, zeigt sich erst, wenn wir wissen, wie sich etwas ohne diese Maßnahme verhält. Die typische kybernetische Frage lautet somit nicht etwa: <<Wie wird aus diesem Samenkorn ein Ahorn?>>, sondern:<< Warum wird aus diesem Samenkorn ein Ahorn und nicht etwa eine Linde oder ein Hase oder ein Mensch…?>>" (Malik[2008, S. 172]).

Steuerungsfunktion

Die Steuerungsfunktion ist die abschließende Funktion des Controllings. Sie wirkt als Bindeglied zwischen den anderen Hilfsfunktionen. Die nachfolgende Abbildung verdeutlicht die verbindende Eigenschaft der Steuerungsfunktion des Controllings.

Bedeutung der Steuerungsfunktion

Der Unternehmenskreislauf zwischen Produktion, Forschung und Entwicklung, Beschaffung, Finanzierung sowie Marketing wird dabei durch die Steuerungsfunktion des Controllings innerhalb des Unternehmens aktiv beeinflusst, während von außen die Produktionsfaktoren, Systeme, Dienste und Kunden neben anderen Einflussfaktoren auf den Unternehmenskreislauf wirken. Daraus kann ein Spannungsfeld für die Steuerungsfunktion des Controllings in der Form entstehen, dass die Ergebnisse der aktiven Einflussnahme auf den Unternehmenskreislauf durch die externen Einflussfaktoren ungewollt verändert werden.

Abbildung 1-17   *Steuerung im Spannungsfeld zwischen Unternehmen und Umwelt*

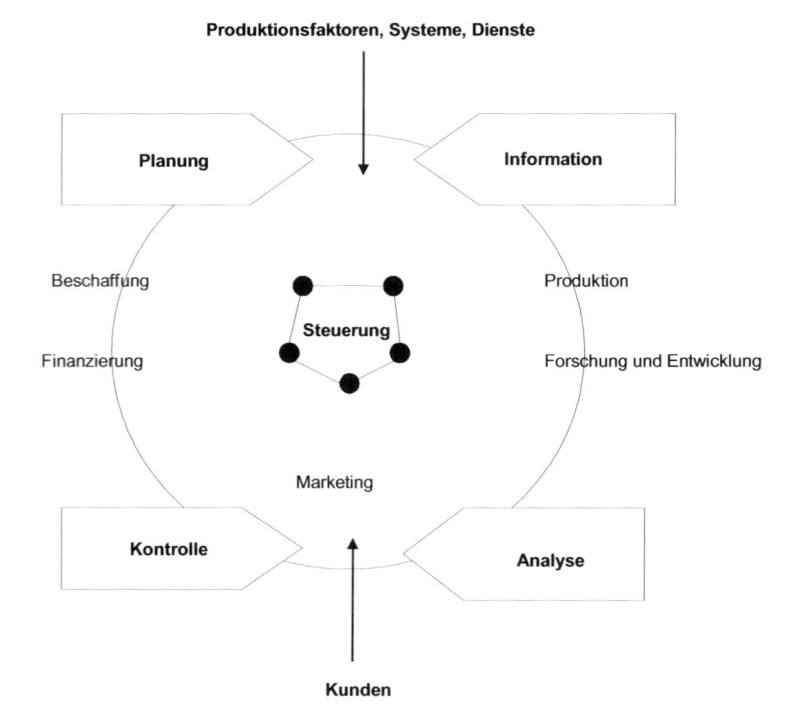

Quelle: eigene Darstellung auf der Basis von Kraus [1990, S. 120]

Maßnahmen zur Umsetzung der Steuerungsfunktion

Die Steuerungsfunktion wird über:

- die Maßnahmen zur Anpassung der Planung an die veränderten oder anders eingeschätzten Umweltbedingungen (Feedforward) sowie

- die Maßnahmen zur Anpassung der Umsetzung des geplanten Verhaltens an die Planung (Feedback)

konkretisiert.

Im Controlling besteht dabei die Aufgabe, die Maßnahmen zur aktiven Einflussnahme auf die Planung bzw. deren Umsetzung vorzubereiten. Dazu gehört zunächst, im Rahmen der Analyse- und Kontrollfunktion das Erkennen der Notwendigkeit zur Einflussnahme auf die Planung beziehungsweise deren Umsetzung. Die eigentliche Steuerungsfunktion des Controllings besteht jedoch darin, das Management bei der Umsetzung der erforderlichen Maßnahmen mit entscheidungsrelevanten Informationen zu unterstützen. Da die Maßnahmen in der Regel darauf abstellen, die Situation des Unternehmens zu verbessern, geht es in der Steuerungsfunktion im Kern darum, das Verbesserungspotenzial im Unternehmen aufzudecken und zu nutzen. Da die Ressourcen eines Unternehmens knapp und werthaltig sind, ist es wichtig, den Einsatz der Ressourcen über alle Unternehmensbereiche und -ebenen hinweg optimal zu gestalten und zu koordinieren. Dies ist ein wichtiger Teil der Steuerungsfunktion des Controllings. Die vorhandenen Betriebsmittel sind optimal auf die verschiedenen Unternehmensfunktionen zu verteilen und deren optimaler Einsatz mit Controllinginstrumenten sicherzustellen. Unterschiedliche Zielsetzungen innerhalb des Unternehmens, z.B. von Vertrieb, Produktion, Einkauf und Lagerwesen, sind auf globaler Ebene miteinander abzustimmen, da jeder einzelne Bereich für sich allein eine andere Zieloptimierung anstreben würde, als das Unternehmen in seiner Gesamtheit. Dem Controlling kommt auch hier eine koordinierende Aufgabe zu.

Abschließend kann festgehalten werden, dass Controlling als regelkreisorientierte Steuerung im Sinne der Kybernetik verstanden werden kann. Hierbei ist das Ziel, aus der Analyse- und Kontrollfunktion festgestellte Abweichungen und deren Ursachen Maßnahmen abzuleiten und damit in Zukunft besser zu handeln. Dieser durch Abweichungen initialisierte Regelkreis führt zu Maßnahmen die entweder die aktuelle Unternehmenssituation so verändern, dass eine geplante Zielerreichung möglich wird oder aber die Zielbildung bzw. Planung verändern (Huch [2004, S. 227]).

Controlling als Steuerung

1.5 Instrumente des Controllings

Wie eingangs bereits erläutert ist Controlling über den Begriff der Koordination erklärt. Dazu benötigt das Controlling verschiedene Instrumente, Methoden und Verfahren.

Controllinginstrumente sind Werkzeuge, die zur Koordination innerhalb einer Hilfsfunktion oder übergreifend eingesetzt werden können. Sie umfassen alle Hilfsmittel, die zur Erfassung, Strukturierung, Auswertung und Speicherung von Informationen beziehungsweise zur organisatorischen

Controlling-instrumente

Gestaltung des Controllings eingesetzt werden können (Horváth [2006, S. 134 ff.])

Innerhalb des Controllings werden sowohl operative als auch strategische Controllinginstrumente verwendet. Im Kapitel 2 des Buches werden strategische Controllinginstrumente umfassend vorgestellt und erläutert. Dabei wird deutlich, dass es eine Vielzahl von Instrumenten gibt, auf die der Controller zurückgreifen kann.

Arten von Controlling-instrumenten

Die Frage nach den richtigen Controllinginstrumenten ist jedoch abhängig von der vertretenen Controlling-Konzeption. Controllinginstrumente sind Koordinationsinstrumente, die isoliert oder übergreifend eingesetzt werden können. Während die isolierten Koordinationsinstrumente ihre Aufgabe innerhalb eines Führungsteilsystems wahrnehmen, erfassen übergreifende Controllinginstrumente mehrere Führungsteilsysteme.

Das nachfolgende Schaubild verdeutlicht den Unterschied zwischen isolierten und übergreifenden Controllinginstrumenten am Beispiel des operativen Controllings im weiteren Sinne.

Dabei wird deutlich dass es eine große Anzahl von isoliert verwendbaren Controllinginstrumenten im operativen Controlling gibt.

Anwendungs-probleme bei Controllingin-strumenten

Durch die Anwendung der Instrumente in PC-gestützten Systemen gelangen in der Praxis des Controllings sehr viele Instrumente zur Anwendung. Dies erhöht an erster Stelle den Informationsumfang und in gewisser Weise auch die Qualität. Gleichzeitig erhöht sich mit der Anzahl der eingesetzten Instrumente auch der Grad an nicht erforderlicher Information deutlich. Viele Manager beklagen dies mit Begriffen wie Informationsflut oder Datenfriedhof, während die Controller sich durch die Anzahl der eingesetzten Instrumente überfordert sehen, da sie einen erheblichen Pflegeaufwand erfordern.

Controllinginstrumente

Abbildung 1-18

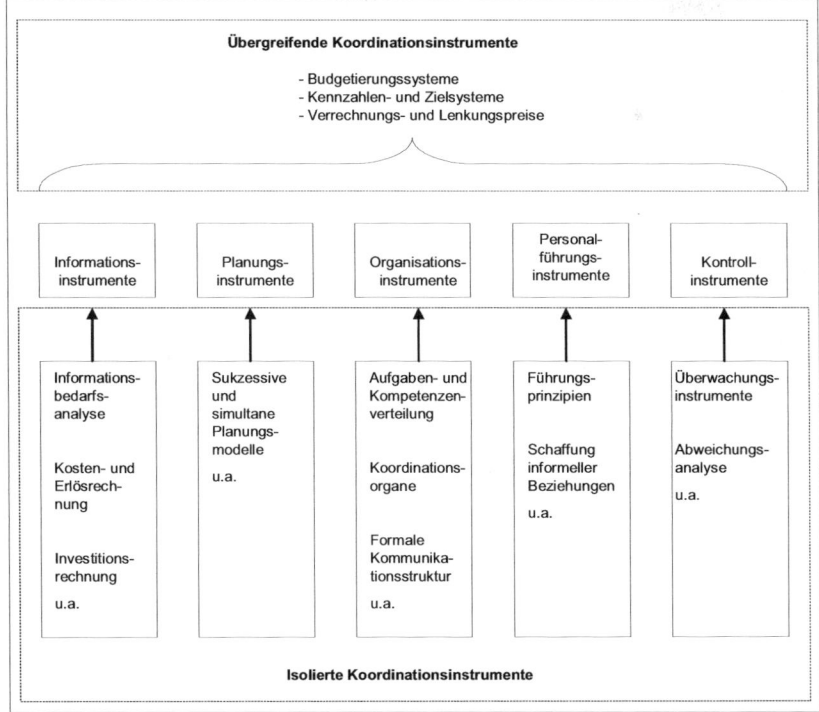

Quelle: Wöhe [2005, S. 235]

Auf eine umfassende Darstellung der strategischen Controllinginstrumente kann an dieser Stelle verzichtet werden. Sie werden aufgrund ihrer Bedeutung innerhalb des strategischen Controllings in einem eigenständigen Kapitel dargestellt.

Angesichts der Konzentration des Controllings auf Ergebnisziele und damit auf quantifizierte wirtschaftliche Sachverhalte, sind die Controllinginstrumente mehrheitlich quantitative Methoden und Verfahren. Dennoch können auch einzelne qualitative Techniken als Controllinginstrumente bezeichnet werden. Darauf aufbauend lassen sich verschiedene übergeordnete Kategorien für Controllinginstrumente unterscheiden, denen die quantitativen und vereinzelt auch qualitativen Instrumente zugeordnet werden können:

quantitative und qualitative Controllinginstrumente

▧ Erhebungstechniken

▧ Analysetechniken

▧ Kreativitätstechniken

- Prognosetechniken

- Bewertungstechniken

- Darstellungstechniken und

- Argumentationstechniken

(Schierenbeck/Lister [2002, Seite 7]).

Eine Auswahl an strategischen und operativen Controllinginstrumenten liefert nachfolgende Darstellung. Auf eine Einordnung der einzelnen Instrumente in die vorstehend aufgezählten Kategorien wurde aus Gründen der Übersichtlichkeit verzichtet. Viele der dargestellten Instrumente finden auch in anderen Unternehmensbereichen Anwendung. Erwähnt werden müssen im strategischen Bereich vor allem das Marketing und im operativen Bereich das Rechnungswesen. Aufgrund der unternehmensübergreifenden Koordinationsfunktion des Controllings lassen sich die Instrumente jedoch, auch wenn sie gleichzeitig in anderen Unternehmensbereichen eingesetzt werden, im Controlling darstellen.

Abbildung 1-19 | *Beispielhafte Darstellung strategischer und operativer Controllinginstrumente*

Strategische Instrumente	
Balanced Scorecard	Benchmarking
SWOT (Strength-Weakness-Opportunities-Threats)-Analyse	Portfolio-Analyse (Vier-Felder-Portfolio, Neun-Felder-Portfolio)
Chancen-Risiko-Profil	Erfahrungskurvenkonzept
Branchenstrukturanalyse	Umweltanalyse
Marktanalyse	Lückenanalyse(Gap-Analysis)
Konkurrenzanalyse	Szenario-Technik
Unternehmensanalyse	Wertanalyse
Ressourcen- und Potentialanalyse	Wertsteigerungsanalyse (Shareholder Value)
Stärken- Schwächen-Analyse	Target Costing
Strategische Bilanz	Prozesskostenrechnung
Scoringmodelle	Ergebnisplan (Return Map)
Operative Instrumente	
Berichtswesen	Break-even-Analyse
Budgetierung	Deckungsbeitragsrechnung
Zero-Base-Budgeting	ABC-Analyse
Abweichungsanalyse	XYZ-Analyse
Kennzahlensysteme	Kosten- und Erlösrechnung
kurzfristige Erfolgsrechnung	Planungshandbuch

Quelle: Hüttner/ Heuer [2004, S. 214]

1.6 Controlling aus institutioneller Sicht

Controlling kann in einem Unternehmen organisatorisch unterschiedlich eingeordnet werden. Dabei kann Controlling sowohl als Linien- als auch als Stabsstelle die sinnvolle Organisationsform sein. Die Praxis zeigt dabei, dass:

organisatorische Einordnung des Controllings

- der Trend zur Einordnung des Controllings in eine Linienfunktion geht und

- die Mehrzahl der Controller in der ersten beziehungsweise zweiten Führungsebene des Unternehmens tätig sind (Preissler [2007, Seite 46]).

Wenn Controlling in der zweiten Führungsebene angesiedelt ist, dann ist es in der Regel Bestandteil der Abteilung Finanzen oder Rechnungswesen. Nachfolgendes Organigramm verdeutlicht die Einordnung des Controllings in der zweiten Führungsebene als Linienstelle.

Controlling als Linienstelle

Controlling als Linienstelle und zweite Führungsebene

Abbildung 1-20

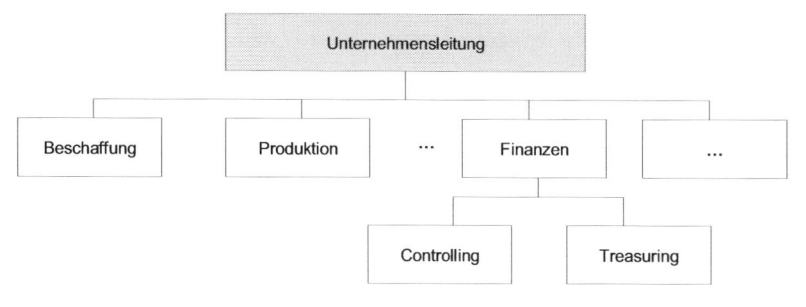

Quelle: Ziegenbein [2007, S.193]

Der Nachteil dieser organisatorischen Lösung besteht darin, dass Controlling nicht nah genug an der Unternehmensleitung ist. Um dies zu verhindern, wird Controlling häufig auch in der ersten Leitungsebene als Linienstelle angesiedelt. Die nachfolgende Abbildung zeigt Controlling als Linienstelle gleichberechtigt neben Abteilungen wie Beschaffung oder Produktion.

Abbildung 1-21	*Controlling als Linienstelle und erste Führungsebene*

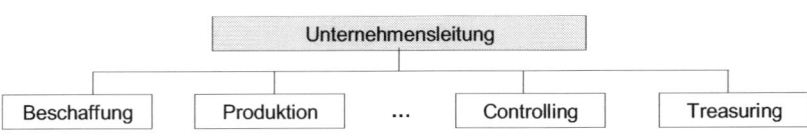

Quelle: Ziegenbein [2007, S.193]

Controlling als Stabsstelle	Wenn dem Controlling mehr Neutralität und Unabhängigkeit abverlangt wird lässt sich das Controlling auch als Stabsstelle im Sinne eines Kompetenzcenters organisatorisch einordnen. In einem solchen Fall ist das Controlling in der Regel dem Vorstandsvorsitzenden beziehungsweise dem Vorstandssprecher als Stabsstelle zugeordnet.

Abbildung 1-22	*Controlling als Stabsstelle*

Quelle: Ziegenbein [2007, S.194]

Stablinien-Konzept im Controlling	Aufgrund der Tätigkeiten des Controllers übernimmt er unabhängig von seiner organisatorischen Einordnung sowohl Linien- wie auch Stabsfunktionen. PREISSLER bezeichnet dies als Stablinien-Konzept im Controlling (Preissler [2007, S. 54).

Die Grundstruktur dieses Konzepts wurde in nachfolgender Abbildung dargestellt. Dabei wird zwischen:

- direkter Funktion des Controllings vergleichbar mit einer Linienstelle sowie

- indirekter Funktion des Controllings vergleichbar mit einer Stabsstelle unterschieden.

Die nachfolgende Darstellung verdeutlicht, dass unabhängig von der organisatorischen Einordnung des Controllers beide Funktionen ausgeübt werden.

CONTROLLING	
Linie (direkte Funktion)	Stab (indirekte Funktion)
Verantwortung für die Erreichung der Unternehmensziele (durch Wahrnehmung unmittelbarer Unternehmensaufgaben, die der Zielerreichung dienen)	Unterstützung der Linie (durch Beratung , Anregung, Koordinierung, Diagnose, Erstellen von Richtlinien, Planung, Empfehlungen, Interpretation)
Durchführungsentscheidungen	Freigabeentscheidungen
Koordination der Bereichspläne und Erstellung des Gesamtplanes	Konsolidieren , Überarbeiten , Koordinieren , des Gesamtunternehmungsplanes

Quelle: Preissler [2007, S. 54]

Zusammenfassend lässt sich festhalten, dass die organisatorische Einordnung des Controllings eine unternehmensindividuelle Gestaltungsfrage ist. Darüber hinaus hat das Controlling unabhängig von seiner Einordnung im Organigramm sowohl Stab- als auch Linienfunktion.

1.7 Abgrenzung des strategischen vom operativen Controlling

Zwischen strategischem und operativem Controlling gibt es eine Reihe von Abgrenzungsmerkmalen, die sich insbesondere aus den unterschiedlichen Zielsetzungen ergeben, die beide Controllingkreisläufe verfolgen.

Abgrenzungs-merkmale zwischen strategischem und operativem Controlling

1. Planungshorizont

Strategisches und operatives Controlling unterscheiden sich auf den ersten Blick durch ihren Betrachtungs- bzw. Planungshorizont. Während das strategische Controlling auf eine langfristige Betrachtungsweise abstellt, geht das operative Controlling auf einen kurzfristigen bis mittelfristigen Betrachtungshorizont. Das operative Controlling orientiert sich im Wesentlichen an Zahlen und Ergebnissen der Gegenwart und Vergangenheit. Der Zukunftsaspekt des operativen Controllings wird durch die Definition des Planungshorizonts bestimmt, der in der Regel kurz- bis mittelfristig ist. Dagegen ist es Aufgabe des strategischen Controllings, durch die Interpretation der aktuellen Situation, eine langfristige Prognose der Erfolgsfaktoren zu ermöglichen. Während der mittelfristige Planungshorizont des operativen Controllings auf drei bis maximal fünf Jahre beschränkt ist, wird der langfristige Planungshorizont des strategischen Controllings auf mindestens fünf Jahre angelegt. Mit der zeitliche Unterscheidung ist auch eine Differenzierung der Messgrößen verbunden, wie nachfolgendes Schaubild zeigt.

Abbildung 1-24 | *Zeitachse des strategischen und operativen Controllings*

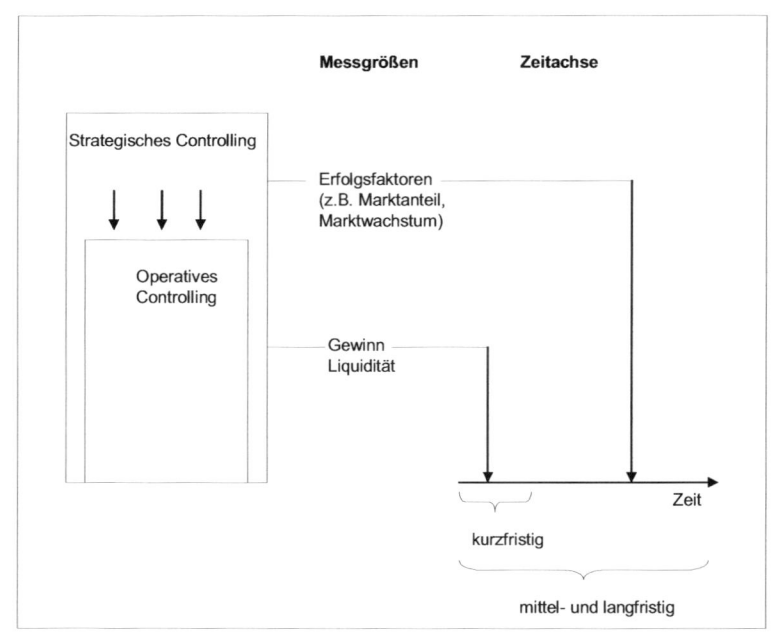

Quelle: Klenger [2000, S. 70]

2. Controllingfunktionen

Funktionen des Controllings

Strategisches Controlling beinhaltet die Wahrnehmung spezieller, bereits erläuterter Controllingfunktionen zur Unterstützung der strategischen Unternehmensführung. Operatives Controlling hingegen nutzt in gleicher Weise die Controllingfunktionen, jedoch zur Unterstützung des operativen Managements. Somit haben das strategische und das operative Controlling formal betrachtet identische Funktionen.

Die Koordination als Hauptfunktion sowie Planung, Analyse und Kontrolle, Information sowie Steuerung als Hilfsfunktionen finden sowohl im strategischen als auch im operativen Controlling Anwendung.

Auch wenn die Controllingfunktionen in beiden Regelkreisen Anwendung finden, unterscheiden sie sich dennoch in der konkreten Ausgestaltung hinsichtlich:

■ der Zielgrößen,

■ der Grundbegriffe sowie

■ der Controllinginstrumente.

3. Regelkreisläufe

Beide, sowohl das strategische als auch das operative Controlling, stellen jeweils einen in sich geschlossenen, funktionalen Regelkreis dar (Jung [2007, S. 14]). Die Regelkreise des strategischen und operativen Controllings ordnen sich neben anderen betriebswirtschaftlichen Kreisläufen in die Unternehmenssteuerung ein. Die Einordnung von strategischem und operativem Controlling in die Unternehmenssteuerung zeigt nachfolgende Abbildung.

Regelkreisläufe des Controllings

Strategisches und operatives Controlling in der Unternehmenssteuerung

Abbildung 1-25

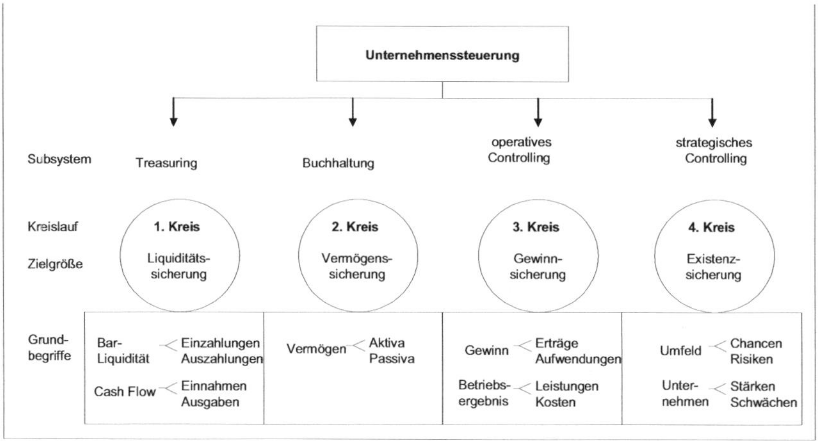

Quelle: eigene Darstellung auf der Basis von Stahl [1999, S. 154f.]

Die beiden Regelkreise des Controllings sind geschlossene Kreisläufe und orientieren sich an den jeweiligen strategischen beziehungsweise operativen Zielsetzungen des Unternehmens. Die Unterschiede zwischen strategischem und operativem Controlling werden deutlicher sichtbar, wenn die beiden Regelkreise vergleichend gegenübergestellt werden. LIESSMANN hat hierzu zwei Regelkreise in vergleichender Sichtweise geschaffen und mit mehreren Abgrenzungsmerkmalen versehen.

Abbildung 1-26 | Regelkreise des operativen und strategischen Controllings

---

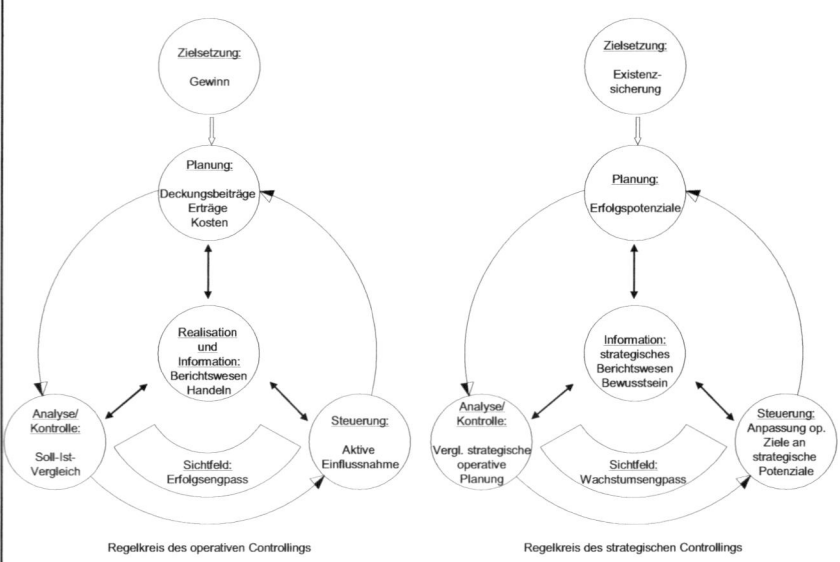

Quelle: eigene Darstellung auf der Basis von Liessmann [1990, Seite 311 ff]

4. Zielsetzungen

In Anlehnung an DRUCKER lässt sich der Unterschied zwischen den Zielen des strategischen und operativen Controllings wie folgt umschreiben:

- Strategisches Controlling unterstützt die Entscheidungsfindung im Management dahingehend, „die richtigen Dinge zu tun"

- Operatives Controlling unterstützt das Management darin, „die Dinge richtig zu tun" (Drucker [1974, S. 45])

Zielsetzungen des Controllings

In den Zielsetzungen liegt somit ein weiteres Unterscheidungskriterium zwischen operativem und strategischem Controlling. Während die Existenzsicherung das übergeordnete Ziel des strategischen Controllings darstellt, zielt das operative Controlling im Wesentlichen auf die Gewinnsicherung des Unternehmens ab.

GÄLWEILER unterscheidet bei den Zielgrößen zwischen:

- Erfolg als Orientierungswert des operativen Controllings und

Erfolgspotenziale

- Erfolgspotenziale als Zielgröße des strategischen Controllings.

Erfolgspotenziale sind dabei langfristig zu schaffende Voraussetzungen für den Gewinn und damit den Erfolg des Unternehmens. Alle Erfolgspotenziale brauchen für ihre Schaffung eine lange Zeit, was ihre strategische Bedeutung unterstreicht. Beispiele für Erfolgspotenziale sind „Produktentwicklungen, der Aufbau von Produktionskapazitäten, von Marktpositionen, von kostengünstig funktionierenden Organisationen in den einzelnen Funktionsbereichen usw. (Gälweiler [2005, S. 26]).

Betriebswirtschaftlich betrachtet sind Erfolgspotenziale die Erfolge der Zukunft, die sich im Barwert aus heutiger Sicht zusammenfassen lassen. Die Erfolgspotenziale können demzufolge im Shareholder Value messbar gemacht werden (Baum/ Coenenberg [2007, S. 6]).

Der Zusammenhang zwischen strategischem und operativem Controlling wird in Anlehnung an die Aufgabenbereiche der Unternehmensführung nach GÄLWEILER in nachfolgender Abbildung dargestellt.

Strategisches und operatives Controlling mit ihren Steuerungsgrößen

Abbildung 1-27

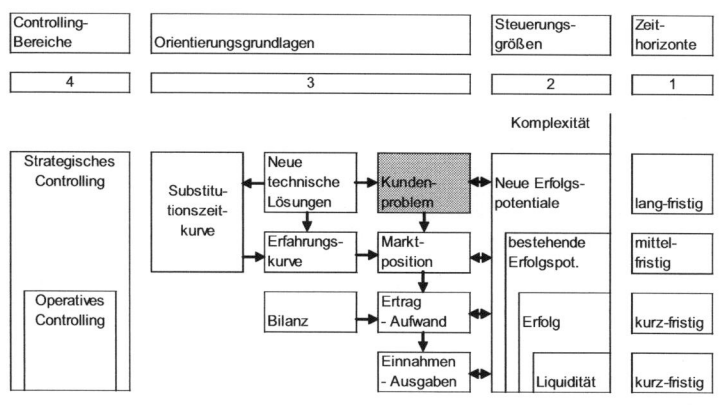

Quelle: eigene Darstellung auf der Basis von Gälweiler [2005, S. 34]

5. normative Verbindlichkeit

Im operativen Controlling sind die Ziel- und Steuerungsgrößen generell quantitativ geprägt und tragen den Charakter verbindlicher Vorgaben. Strategisches Controlling hingegen verzichtet auf quantitative Vorgaben und arbeitet überwiegend mit qualitativen Zielgrößen, die jedoch eine deutlich geringere Verbindlichkeit haben.

6. Controllingorganisation

Das strategische und operative Controlling lassen sich nicht streng voneinander trennen, wie es die bereits dargestellten Regelkreisläufe vermuten lassen, da zwischen ihnen eine ständige Wechselwirkung besteht. Das operative Controlling hängt sehr stark von den strategischen Zielen und Rahmenbedingungen ab. Umgekehrt liefert das operative Controlling Anregungen für die strategische Ausrichtung des Unternehmens. Zwischen dem strategischen und operativen Controlling besteht somit eine unmittelbare Verbindung und Wechselwirkung (Vollmuth [2006, S.8]).

Auch in der organisatorischen Einordnung im Unternehmen ist das operative und strategische Controlling miteinander verbunden und wird in gleicher Weise vom Controller umgesetzt. Nur so lassen sich die notwendigen Zusammenhänge beispielsweise bei den unterschiedlichen Planungsstufen in einem integrierten System umsetzen.

7. Planungsfunktion

Der Unterschied zwischen den beiden Controllingsystemen wird in der Planungsfunktion am ehesten deutlich. Die strategische Planung unterscheidet sich von der operativen Planung insbesondere hinsichtlich:

- Planungsziel,

- Zielinhalt und

- Zielbezug.

Wie bereits in vorangegangenen Abgrenzungskriterien zwischen strategischem und operativem Controlling verdeutlicht, zielt das strategische Controlling auf die Existenzsicherung auf der Basis der Erfolgspotenziale und mit Bezug auf eher qualitative Sachziele. Im Gegenzug dazu zielt das operative Controlling auf den Gewinn des Unternehmens basierend auf Erfolgspotenzialen und mit Bezug auf quantitative Formalziele.

Die nachfolgende Abbildung zeigt die unterschiedlichen Herangehensweisen der strategischen und operativen Planung.

Unterschiede zwischen strategischer und operativer Planung

Abbildung 1-28

Merkmale	Strategische Planung	Operative Planung
Planungsziel	Existenz der Unternehmung	Gewinn der Unternehmung
Zielinhalt	Aufbau von Erfolgspotentialen	Nutzung von Erfolgspotentialen
Zielbezug	SACHZIELE neue Produkte und Märkte neue Produktionsverfahren	FORMALZIELE Rendite - Gewinn Umsatz - Kosten
Planungsfunktion	Unternehmungsplanung	Ausführungsplanung
Planungshorizont	langfristig > 3 Jahre	kurzfristig (Monat, Quartal, Jahr)
Planungsebene	Unternehmungsleitung	Linienstellen
Informationsweg	Top-down	Bottom-up
Aggregationsgrad	hoch	niedrig
Differenzierung	ein Gesamtplan	mehrere Teilpläne
Detaillierung	grober Rahmenplan	verbindliche Einzelpläne
Formalisierung	qualitativ - verbal	quantitativ - zahlenmäßig
Philosophie	Umweltanpassung	Optimierung

Quelle: Daum/ Petzold/ Pletke [2007, 222]

8. Orientierung

Neben der konkreten Ausgestaltung der Planungsfunktion besteht ein weiterer Unterschied zwischen strategischem und operativem Controlling in der Orientierung. Während das strategische Controlling unternehmensinterne und externe Tatbestände berücksichtigt, ist das operative Controlling vordergründig intern ausgerichtet.

externe und interne Orientierung des Controllings

Das operative Controlling nutzt vordergründig interne Informationsquellen und dabei insbesondere das betriebliche Rechnungswesen. Das strategische Controlling zielt darauf ab, die externen Chancen und Risiken des Unternehmens zu erkennen und mit den Stärken und Schwächen des Unternehmens abzugleichen, um einen hohen Deckungsgrad zwischen Stärken und Chancen zu erreichen. Demzufolge werden vom strategischen Controlling explizit externe Entwicklungs- und Einflussfaktoren verarbeitet.

9. Informationssicherheit und -qualität

Darüber hinaus bewegt sich das strategische Controlling in einem hohen Maß auf unsicheren Informationen, da der Betrachtungshorizont langfristig ist. Demgegenüber kann das operative Controlling auf weitestgehend sichere Informationen aufbauen. Diese Informationen sind in der Regel quantitativer und monetärer Art. Im strategischen Controlling hingegen tragen die Informationen in der Regel qualitativen Charakter.

Informationssicherheit

10. Unternehmensstruktur

Operatives Controlling konzentriert sich auf die Gewinnsteuerung in der vorgegebenen und kurzfristig nicht veränderbaren Organisationsstruktur des Unternehmens. Die Strukturen und Prozesse des Unternehmens gelten als feststehende Rahmenbedingungen für die Umsetzung des operativen Controllings. Ganz anders arbeitet das strategische Controlling, welches Entscheidungsmöglichkeiten wesentlich weiter fasst und damit auch die organisatorischen Rahmenbedingungen als veränderbare Größe betrachtet.

11. Feedback vs. Feedforward

Der Unterschied zwischen Feedback und Feedforward lässt sich wie folgt umschreiben. In der Feedback-Steuerung werden Verhaltensweisen nach Abschluss von Analysen angepasst, um Ziele zu erreichen, während in der Feedforward-Steuerung die Ziele auf der Grundlage von Analysen neu formuliert werden.

Das operative Controlling arbeitet mehrheitlich mit dem Feedback. Darunter versteht man, die zielgerichtete Steuerung eines Systems durch Rückmeldung von Ergebnissen. Konkret auf das operative Controlling übertragen bedeutet das Feedback die Rückmeldung der Ergebnisse der Abweichungsanalysen aus der Gegenüberstellung von Plan-Ist-Werten und das Ergreifen von Maßnahmen zur Anpassung der Realität an die Planung.

Das strategische Controlling hingegen arbeitet überwiegend mit Feedforward-Betrachtungen. Das bedeutet, durch permanente Analyse der unternehmensinternen und -externen Rahmenbedingungen erfolgen eine Prüfung der strategischen Prämissen und gegebenenfalls eine Anpassung der Strategie und der strategischen Planung.

Festgehalten werden muss, dass im operativen Controlling in zunehmenden Maße auch Feedforward-Betrachtungen angestellt werden. Die Wirkung von Feedback und Feedforward wird im allgemein gültigen Regelkreis des Controllings (siehe Abbildung 1-9) erkennbar.

Die Unterscheidungsmerkmale zwischen strategischem und operativem Controlling lassen sich, wie in der nachfolgenden Abbildung dargestellt, zusammenfassen.

Merkmale	Strategisches Controlling	Operatives Controlling
Betrachtungszeitraum	ferne Zukunft	Gegenwart und nahe Zukunft
Zielgrößen	Existenzsicherung, Erfolgs-potentiale	Gewinn
Grundbegriffe	Chancen und Risiken; Stärken und Schwächen	Erträge und Aufwendungen; Erlöse und Kosten
Denkansatz	"do the right things"	"do the things right"
Orientierung	vorwiegend unternehmensextern	vorwiegend unternehmensintern
Planungsmethode	strategische Planung	operative und taktische Planung
Rahmenbedingungen	komplexes, dynamisches und diskontinierliches Umfeld	relativ stabiles Umfeld
Art der Information	überwiegend qualitativ	quantitativ, monetär
Art der Aufgaben	innovative Aufgaben	Routineaufgaben
Steuerungsansatz	Gegenüberstellung von Erfolgspotentialen und Potentialausschöpfung	Messung der Planzielerreichung u.a. durch Deckungsbeiträge und Kennzahlen

Quelle: eigene Darstellung auf der Basis von Baum/ Coenenberg [2007, S. 9]; Preißler[2007, S. 20]

1.8 Merkmale des strategischen Controllings

Strategisches Controlling ist, im Kontext zur allgemein gültigen Controllingdefinition, die Koordination zwischen

strategisches Controlling

- strategischer Planung,

- Information (zu unternehmensinternen und -externen Rahmenbedingungen) sowie

- Analyse und Kontrolle der strategischen Pläne und deren Prämissen.

Ursprünglich war strategisches Controlling nur als Kontrolle strategischer Pläne verstanden worden (Gälweiler [2005, S. 204 ff.]). Unter strategischem Controlling verstand man im engsten Sinne die Prüfung, ob die strategischen Prämissen eines Unternehmens noch stimmen. Erst später wurde die strategische Planung zum integrierten Bestandteil des strategischen Controllings.

Neben allen allgemeingültigen Aussagen zum Controlling, die in den bisherigen Abschnitten getroffen wurden, ist das strategische Controlling in der aktuellen betriebswirtschaftlichen Literatur durch folgende, verschiedene und spezifische Merkmale gekennzeichnet:

Merkmale des strategischen Controlling

1. Koordinationsfunktion des strategischen Controllings

Die bereits allgemeingültig formulierten Koordinationsaufgaben des Controllings lassen sich für das strategische Controlling konkretisieren. Das strategische Controlling hat drei Koordinationsaufgaben zu erfüllen:

▓ Die Anpassungs- und Innovationsfunktion beschreibt die Koordination der Beziehungen zwischen dem Unternehmen und seiner Umwelt. Im strategischen Controlling geht es dabei insbesondere um den Einklang zwischen internen Stärken und externen Chancen des Unternehmens und die Ableitung von Erfolgspotenzialen. Die Innovationskraft des strategischen Controllings kommt dadurch zum Ausdruck, dass es sich im Kern mit der Erneuerung des Unternehmens betriebswirtschaftlich auseinandersetzt und diese plant, kontrolliert und steuert.

▓ Die Zielausrichtungsfunktion dient im strategischen Controlling der Koordination zwischen strategischen Zielen und deren operativer Umsetzung. Das strategische Controlling dient dabei als Bindeglied zwischen der Strategie beziehungsweise den strategischen Zielen und der operativen Planung.

▓ Die Service- und Unterstützungsfunktionen des strategischen Controllings beschreibt die Ergänzung der strategischen Führung durch das strategische Controlling. ESCHENBACH unterscheidet zwischen Führungsunterstützung und -ergänzung durch strategisches Controlling. In Ergänzung zur strategischen Führung hat das strategische Controlling die Aufgabe, ein System zu bilden und die darin enthaltenen Teilsysteme zu koppeln sowie das strategische Controlling in die Unternehmenssteuerung zu integrieren. Als Führungsunterstützung leistet das strategische Controlling eine systematische und vollständige Versorgung mit strategisch relevanten Informationen und unterstützt damit innovative Führungsentscheidungen (Eschenbach [1997, S. 103 ff.]).

2. Planungsfunktion des strategischen Controllings

Die strategische Planung ist das Fundament des strategischen Controllings. Sie dient idealtypisch dazu, dass Management beim Aufbau wettbewerbsfähiger Positionen für das Unternehmen zu unterstützen (Weber [2005, S. 21]).

Die strategische Planung besteht aus drei Teilen, die stufenförmig aufeinander aufbauen.

▨ Der erste Teil setzt sich aus der Analyse der Ausgangssituation des Unternehmens zusammen. Dabei geht es vordergründig um das Erkennen von Stärken und Schwächen des Unternehmens sowie von Chancen und Risiken des Umfeldes. Hierzu werden in der betriebswirtschaftlichen Literatur eine Vielzahl von analytischen Methoden und Verfahren unterschieden, die an späterer Stelle im zweiten Kapitel eingehend erklärt werden. Im Ergebnis der Analysephase entsteht ein so genanntes SWOT-Profil. SWOT ist das englische Akronym für Strengths (Stärken), Weaknesses (Schwächen), Opportunities (Chancen) und Threats (Gefahren). Das Ziel der Analysephase besteht darin, die Stärken des Unternehmens mit den Chancen des Umfeldes in sofern in Einklang zu bringen, dass sich daraus Erfolgspotenziale für die Zukunft ergeben. Diese Erfolgspotenziale sollen die Einzigartigkeit des Unternehmens und seiner Produkte und Leistungen erkennbar und nutzbar machen.

Analyse der Ausgangssituation

SWOT-Profil

▨ Der zweite Teil der strategischen Planung setzt sich mit den strategischen Unternehmenszielen auseinander. Vordergründig werden hier qualitative Unternehmensziele formuliert, die Antwort auf die Fragen geben   >>Was wollen wir, was wollen wir nicht, was unterscheidet uns von anderen? <<. Dennoch kennt auch das strategische Controlling quantitative Ziele, wie beispielsweise Ergebnis und Bilanzziele, Produktivitäts- und Marktkennzahlen oder umsatzbezogene Ziele. Die qualitativen Ziele werden üblicherweise in einem strategischen Leitbild zusammengefasst.

Strategische Unternehmensziele

Der Mindestinhalt eines Leitbildes umfasst dabei die in nachfolgender Abbildung dargestellten Punkte.

Inhalt eines Leitbildes

Abbildung 1-30

Firma	Was soll der Name des Unternehmens nach außen vermitteln?
Leistung	Welche Wertschöpfungstiefe und -breite, Technologie und Fertigungsverfahren sind strategisch bedeutsam?
Produkte	Welche Problemlösungen werden angeboten?
Qualität	Welcher Qualitätsstandard wird angestrebt?
Preis	Wie verhält sich der Preis im Vergleich zur Qualität und zum Wettbewerb?
Marke, Image	Versteht sich das Unternehmen als Markenartikelerzeuger? Welches Image strebt das Unternehmen an?
Vertrieb	Welche Vertriebsformen (Eigen- oder Fremdvertrieb) und welche Vertriebspartner strebt das Unternehmen an?
Aktionsradius	Versteht sich das Unternehmen als regionaler, nationaler, internationaler oder globaler Anbieter?
Zielgruppe	Welche Zielgruppen strebt das Unternehmen an?
Umfeld	Wie gestaltet des Unternehmens sein gesellschaftliches, politisches und soziokulturelles Umfeld?

Quelle: eigene Darstellung auf der Basis von Mann [1987, S. 72]

Dieser zweite Teil wird häufig auch als strategische Planung im engeren Sinne bezeichnet. Dabei gibt es unterschiedlichste strategische Planungsansätze.

Strategie-
formulierung

▓ Der dritte Teil der strategischen Planung ist die eigentliche Strategieformulierung. Es gibt unzählige strategische Konzepte, die an späterer Stelle im Kapitel drei systematisiert und erläutert werden. Sie alle haben eine identische Eigenschaft, sie sind „Wege zum Ziel" (Mann [1990, S. 101]). Die Strategie ist sozusagen der konkrete Fahrplan zur Erreichung der Vision und der Ziele. Demzufolge grenzt sich die Strategie deutlich von anderen Grundbegriffen des strategischen Managements ab. Die nachfolgende Abbildung klärt diese Begrifflichkeiten.

Abbildung 1-31 | *Grundbegriffe des strategischen Managements*

Grundbegriffe des strategischen Managements	Erläuterung
Vision	Der gewünschte Zustand in der Zukunft .
Mission	Die über alles andere gesetzte Absicht , der Grund der Existenz , der Auftrag.
Leitbild	So will das Unternehmen von den Stakeholdern gesehen werden.
strategisches Ziel	Messbare Größe zur Bezifferung der Erfolgspotenziale .
Strategie	Der konkrete Fahrplan zur Erreichung der Vision und der Ziele.

3. Kontrollfunktion des strategischen Controllings

Kontrollaufgaben
des strategischen
Controllings

Die Kontrollaufgaben des strategischen Controllings beziehen sich nach GÄLWEILER auf folgende Aufgabenfelder:

▓ „Die Prüfung strategischer Pläne in Bezug auf ihre Vollständigkeit und auf ihre formelle und materielle Konsistenz.

▓ Die laufende Überwachung der, den strategischen Plänen zu Grunde liegenden, >>kritischen<< internen und externen Prämissen.

▓ Die laufende Überwachung operativer Verhaltensweisen in Bezug auf mögliche, strategisch schädliche, Neben- und Folgewirkungen.

▓ Die regelmäßig oder in jeweils individuell festgelegten Zeitabständen vorzunehmende gesamthafte Überprüfung der strategischen Geschäftssituation anhand einer eigenständigen und eingehenden strategischen Analyse.

▓ Die periodische Überprüfung der Abgrenzung der strategischen Geschäftseinheiten sowie der dafür jeweils geltenden Kriterien.

▓ Die periodische Überprüfung der, für strategische Entscheidungen maßgebenden geschäftspolitischen Verhaltensgrundsätze." (Gälweiler [2005, S. 208]).

Zusammenfassend bleibt festzustellen, dass die Kontrollfunktion des strategischen Controllings, insbesondere durch ständige methodische Weiterentwicklungen, zur Verbesserung der Qualität strategischer Pläne und Entscheidungen beiträgt.

4. Informationsfunktion des strategischen Controllings

Mit der Informationsfunktion des strategischen Controllings werden vordergründig die Beschaffung strategisch relevanter Informationen und deren Weitergabe in der notwendigen Verdichtung an das Management verbunden. Die Informationen unterstützen insbesondere die strategische Planung im engeren Sinne und den Strategieprozess des Managements. Dabei werden folgende Typen von Informationen unterschieden:

Informations-aufgaben des strategischen Controllings

▓ Informationen zur Beschreibung der Wesensmerkmale einzelner strategischer Geschäftsfelder,

▓ Informationen zu wesentlichen Verbundpotenzialen (Lieferanten-, Kunden- Technologiesynergien) zwischen einzelnen strategischen Geschäftsfeldern,

▓ Informationen zur Beschreibung der erfolgreichen Stoßrichtung eines strategischen Geschäftsfeldes,

▓ Informationen zu geplanten Meilensteinen für die Realisierung der Strategie,

▓ qualitative und quantitative Informationen zur Beschreibung der Erfolgspotenziale eines strategischen Geschäftsfeldes,

▓ qualitative und quantitative Informationen zur Ausgestaltung der Ressourcen für die Strategieumsetzung.

Zur Bereitstellung und Aufbereitung dieser Informationen werden im strategischen Controlling umfassende Methoden und Verfahren, so genannte Tools, angewendet. Durch die Vielzahl der Informationsmöglichkeiten besteht im strategischen Controlling die Gefahr, die Information zum Selbstzweck zu entwickeln.

DRUCKER formuliert hierzu folgendes:

„Eine Datenbank, und sei sie noch so umfangreich, ist noch keine Information. Sie ist das Material aus dem die Information entsteht…. Denn ein Unternehmen benötigt nichts so dringend für seine Entscheidungen – und vor allem die strategischen - wie Daten darüber, was außerhalb seiner Grenzen vorgeht. Nur außerhalb des Unternehmens liegen Resultate, Chancen und Bedrohungen (Drucker [1995, S. 96]).

5. Steuerungsfunktion des strategischen Controllings

Steuerungs-
aufgaben des
strategischen
Controllings

Im strategischen Controlling geht es um die Steuerung der Erfolgspotenziale und damit der Gewinnchancen des Unternehmens. Das strategische Controlling hat dabei die Aufgabe, den Erfolg des Unternehmens vorzusteuern. Die Vorsteuergrößen gelten in der langfristigen Beobachtung als Ursachen des Erfolgs. GÄLWEILER formuliert in diesem Zusammenhang: „Vorsteuern heißt, etwas frühzeitiger bemerken und sein Verhalten danach ausrichten"

Vorsteuerung

(Gälweiler [2005, S. 29]). Nimmt man das Gleichnis von Saat und Ernte, dann sind die Erfolgspotenziale die Saat, die in den Folgejahren über den Erfolg zur Ernte gelangt. Das Gleichnis steht jedoch auch für eine andere Erkenntnis; es kann nicht mehr geerntet werden als gesät wurde. Demzufolge sind die Steuerung von Erfolgspotenzialen und damit die Vorsteuergrößen maßgeblich für den zukünftigen Erfolg, die Ernte des Unternehmens. Dabei ist der Begriff der Vorsteuergrößen in der Betriebswirtschaftslehre nicht eindeutig belegt. RAPPAPORT schreibt hierzu: „Vorsteuergrößen sind messbare und leicht kommunizierbare gegenwärtige Leistungen, die einen signifikanten positiven Einfluss auf den langfristigen Wert eines Unternehmens haben. Beispiele sind unter anderem Maße der Kundenzufriedenheit, Qualitätsverbesserung, termingerechte Produkteinführungen, termingerechte Eröffnungen neuer Geschäfte oder neuer Produktionsanlagen, Rate der Kundentreue und Produktivitätsverbesserungen. Die erfolgreiche Erfüllung solcher Initiativen bildet meist die Grundlage langfristiger Wertsteigerungen. Bei den meisten Geschäften reicht es aus - wie meine Erfahrung zeigt -, auf vielleicht drei bis sechs Vorsteuergrößen zu achten, um einen signifikanten Teil des gesamten langfristigen Wertsteigerungspotenzials abzudecken" (Rappaport [1999, S. 152 ff.]).

MANN hingegen orientiert sich bei der Definition der Vorsteuergrößen an seinen, im Abschnitt 1.1 erläuterten Stufen der Unternehmenssteuerung und beschreibt als alleinige Vorsteuergröße des strategischen Controllings die Management-Kraft. „Diese besteht aus dem Vorstellungs-, dem Entscheidungs- und dem Umsetzungs-Vermögen der Führung. Die wichtigste Kraft davon ist das Vorstellungsvermögen... Strategisches Controlling basiert auf den Potenzialen als Steuergröße und dem Vorstellungsvermögen als Vorsteuergröße" (Mann [1990, S. 104]).

Als Maxime für das Vorstellungsvermögen gilt: >>Man muss sich Großes vorstellen können, um Großes zu leisten.<< Aus dem Vorstellungsvermögen als übergeordnete Größe lassen sich die menschlichen Vorsteuergrößen ableiten, die den Prozess von der Vorstellung bis zur Zahl beschreiben.

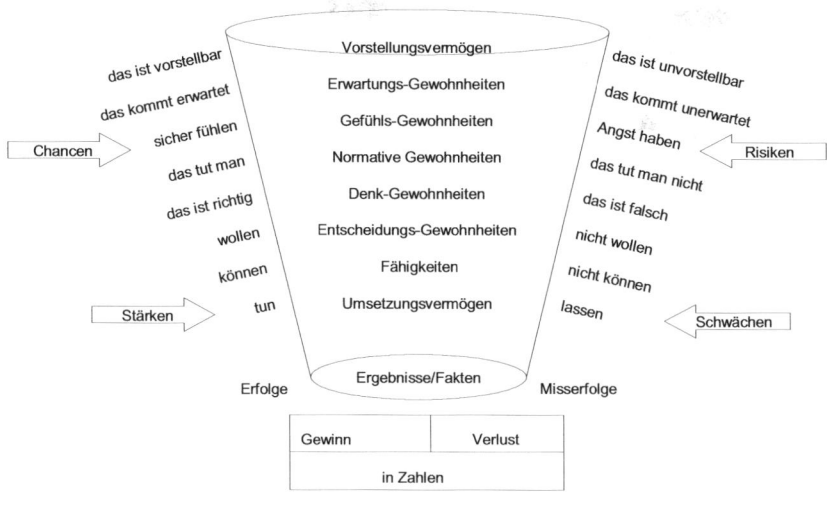

Quelle: eigene Darstellung auf der Basis von Stahl [2000, S. 207]

Die Zahlen kommen nach diesen aufeinander abgestimmten Größen der Vorsteuerung vom menschlichen Tun und Lassen. Darüber hinaus lässt sich aus der Abbildung erkennen, dass die Ergebnisse in den Zahlen sich aus den Gewohnheiten der Menschen in Unternehmen ableiten lassen. Es wäre jedoch falsch die Ergebnisse einzig auf menschliche Vorsteuergrößen zu reduzieren. In der betriebswirtschaftlichen Literatur wird eine Vielzahl anderer Vorsteuergrößen in gleicher Weise genannt.

Dabei stellt sich im Zusammenhang mit der Unternehmenssteuerung die Frage, welche weiteren Vorsteuergrößen für den dauerhaften Erfolg des Unternehmens signifikant sind und wie sich diese systematisieren lassen. Ein Blick auf die Ebenen der betriebswirtschaftlichen Vorsteuerung lässt erkennen, aus welchen verschiedenen Perspektiven weitere Vorsteuergrößen betrachtet werden können. Die nachfolgende Abbildung beschreibt die verschiedenen Perspektiven des strategischen und operativen Controllings in ihrer Wirkungskette zum betriebswirtschaftlichen Erfolg.

Verschiedene Perspektiven des strategischen und operativen Controllings

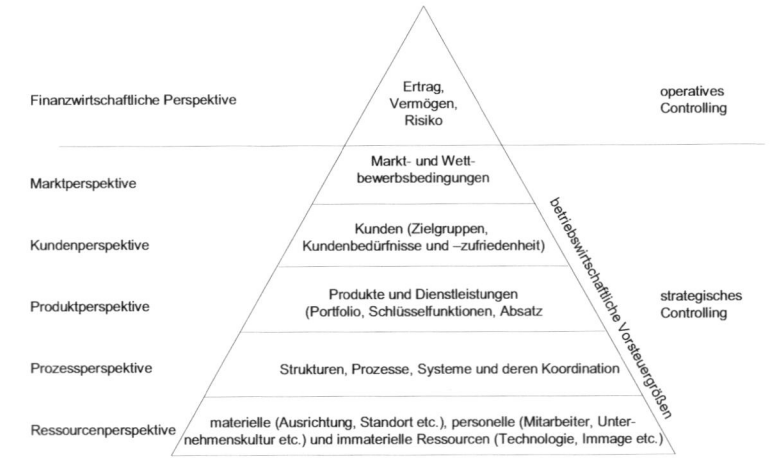

Finanzwirtschaftliche Perspektive	Ertrag, Vermögen, Risiko	operatives Controlling
Marktperspektive	Markt- und Wettbewerbsbedingungen	
Kundenperspektive	Kunden (Zielgruppen, Kundenbedürfnisse und –zufriedenheit)	
Produktperspektive	Produkte und Dienstleistungen (Portfolio, Schlüsselfunktionen, Absatz	strategisches Controlling
Prozessperspektive	Strukturen, Prozesse, Systeme und deren Koordination	
Ressourcenperspektive	materielle (Ausrichtung, Standort etc.), personelle (Mitarbeiter, Unternehmenskultur etc.) und immaterielle Ressourcen (Technologie, Immage etc.)	

betriebswirtschaftliche Vorsteuergrößen

Steuerungsperspektiven

Die Abbildung bringt die verschiedenen Steuerungsperspektiven eines Unternehmens in einen Wirkungszusammenhang. Auffällig ist die Ähnlichkeit zur Balanced Scorecard, die vergleichbare Steuerungsperspektiven als Mezzanine zwischen der Strategie und der operativen Planung erklärt. Die Wirkungskette der Steuerungsperspektiven in der Abbildung lässt sich wie folgt umschreiben.

Unternehmensressourcen

Das Fundament des Unternehmens bilden die Unternehmensressourcen. Neben der materiellen und immateriellen Basis des Unternehmens kommt den personellen Ressourcen eine entscheidende Bedeutung im strategischen Controlling zu. Mit ihrem Wissen und der Leistungsbereitschaft legen sie den Grundstein für den Erfolg des Unternehmens. Der „richtige Mann am richtigen Platz" ist die Ausgangsbasis und damit die erste personelle Vorsteuerebene aus denen menschliche Vorsteuergrößen abgeleitet werden können.

Prozessperspektive

Die Strukturen und Prozesse beschreiben als nächste Stufe wie das Zusammenkommen der Ressourcen im Unternehmen gestaltet ist. In dieser Ebene spielen auch die technische Ausstattung und die angewendeten Technologien eine maßgebliche Rolle.

Produktperspektive

Im Ergebnis entstehen in der dritten Stufe Produkte und Dienstleistungen des Unternehmens. Diese sind sozusagen Output der Ressourcen einerseits sowie der Strukturen und Prozesse im Unternehmen andererseits. Die Produkte und Dienstleistungen gelten insofern als Vorsteuergrößen, da mit deren Einführung und Weiterentwicklung strategische Entscheidungen verbunden sind und bei deren Abänderung die betriebswirtschaftlichen Effekte erst im Zeitablauf in der Finanzperspektive zu beobachten sind.

Die vierte Stufe umschreibt den Erfolg der vorherigen Stufen beim Kunden. Neben wesentlichen Beurteilungsgrößen, wie beispielsweise Kundenzufriedenheit oder Kundenbindung, spielen vor allem die Kundenbedürfnisse beziehungsweise Anwenderprobleme eine herausragende Rolle.

Kunden-perspektive

Die Marktperspektive ist die fünfte und letzte Ebene der Vorsteuergrößen des strategischen Controllings. Der Marktanteil die dabei als herausragende Beurteilungsgröße neben dem Wachstum des Marktes. Diese Vorsteuergröße ist neben anderen oben genannten Perspektiven ein wesentlicher langfristiger Erfolgsfaktor.

Markt-perspektive

Wie bereits eingangs erläutert, werden Vorsteuergrößen sehr unterschiedlich interpretiert. Das nachfolgende Schaubild stellt einige Vorsteuergrößen in die genannten Perspektiven ein.

Vorsteuergrößen

Beispielhafte Darstellung betriebswirtschaftlicher Vorsteuergrößen

Abbildung 1-34

Perspektiven der Vorsteuerung	Vorsteuergrößen nach Gälweiler , Rappaport u .a.
Ressourcenperspektive	Kernkompetenzen
Prozessperspektive	Produktivitätsverbesserung , Termingerechte Öffnung neuer Produktionsanlagen
Produktperspektive	Substitutionszeit kurve , Innovationen, Qualitätsverbesserungen , termingerechte Produkteinführungen
Kundenperspektive	Anwender- und Kundenproblem, Kundenzufriedenheit, relativer Kundennutzen
Marktperspektive	Marktanteile, Relativer Marktanteil, Wachstumsrate des bedienten Marktes

---

Unabhängig von der Zuordnung einzelner Vorsteuergrößen in die verschiedenen Perspektiven bleibt festzuhalten, dass die Reihenfolge der genannten Perspektiven maßgeblich ist. Jede nachfolgende Perspektive ist gleichzeitig ein Engpassfaktor für die vorhergehende Ebene. Mitarbeiter und weitere Ressourcen des Unternehmens werden über Strukturen und Prozesse und mit Unterstützung von Technik und Technologien in einem Unternehmen zur Zusammenarbeit gebracht. Gleichzeitig können Strukturen und Prozesse die Fähigkeiten der Mitarbeiter hemmen und damit als Engpass für die Ressourcenperspektive betrachtet werden. Im Ergebnis der Strukturen und Prozesse und unter Einbringung der technischen und technologischen Voraussetzungen entstehen Produkte, die ebenfalls einen Engpass für die vorangegangenen Ebenen darstellen können. So richten sich beispielsweise

Vorsteuergrößen als Engpassfaktoren

spezielle Strukturen und Prozesse nach der Art und Anzahl der absetzbaren Produkte. Mit den Produkten wird ein spezifischer oder allgemeiner Kundennutzen befriedigt. Die Kundenperspektive ist dabei ein weiterer Engpassfaktor, da nur jene Produkte dauerhaft veräußerbar sind, die den Kundenbedürfnissen entsprechen. Der Markt, als Zusammenfassung aller möglichen Kunden ist gleichzeitig der letzte Engpassfaktor. Wenn der Markt aus unterschiedlichsten Gründen keine Chancen mehr bietet, lassen sich auch keine Kundenbedürfnisse mehr mit den angebotenen Produkten befriedigen. Dieser logische Zusammenhang zwischen den verschiedenen Perspektiven der Vorsteuerung zeigt, dass Vorsteuergrößen gleichzeitig Engpassfaktoren sein können.

1.9 Prozessschritte im strategischen Controlling

Das strategische Controlling wird durch einen geordneten Prozess nacheinander ablaufender Schritte realisiert.

Umweltanalyse

Grundsätzlich beginnt das strategische Controlling mit einer Analyse der Unternehmensumwelt des Unternehmens. Hierzu gehört eine Analyse der globalen Umwelt mit rechtlichen und politischen, gesellschaftlichen gesamtwirtschaftlichen und technologischen Faktoren. Darüber hinaus ist die aufgabenspezifische Umwelt des Unternehmens zu analysieren. Darunter versteht man eine Analyse der Branche, des Marktes und der Konkurrenzsituation des Unternehmens.

Unternehmens-analyse

Die zweite Stufe des strategischen Controllings umfasst die Unternehmensanalyse und die Zusammenstellung der Stärken und Schwächen aus interner Sicht. Wesentliche Bestandteile einer Unternehmensanalyse sind die Management-, Potenzial- und Entwicklungsanalyse, auf die an späterer Stelle noch eingegangen wird.

SWOT-Profil

Aus den ersten beiden Stufen ergibt sich das SWOT-Profil des Unternehmens.

SWOT-Profil eines Unternehmens

Abbildung 1-35

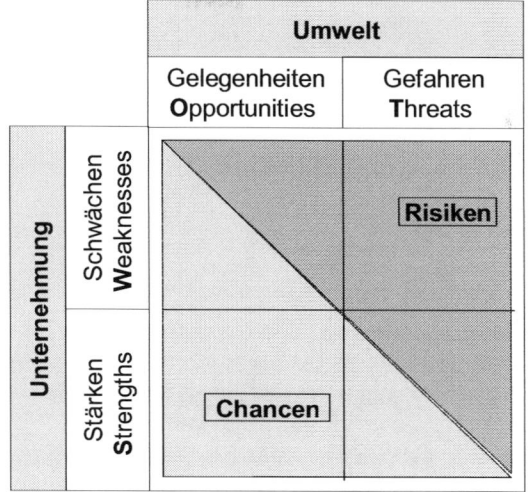

Quelle: eigene Darstellung der Basis von Schneider (2005, S. 61)

In der dritten Stufe entstehen grundsätzliche, qualitative Ziele in Form eines Leitbildes.

Strategische Ziele

Daraus abgeleitet entsteht in der vierten Stufe die strategische Planung der quantitativen Globalziele. Das strategische Controlling beschränkt sich dabei auf wenige Zielsetzungen. Beispiele für mögliche qualitative Zielsetzungen sind:

▓ Ergebnisziele, wie beispielsweise Umsatzrendite, Return on Investment (ROI), Eigenkapitalrendite oder Cost Income Ratio (CIR),

▓ Bilanzziele, wie beispielsweise Verschuldungsgrad, Anlagendeckungsgrad oder Working Capital,

▓ Produktivitätsziele, wie beispielsweise Umsatz oder Gesamtleistung der Beschäftigten,

▓ Marktziele, wie beispielsweise Marktanteile sowie

▓ Umsatzbezogene Ziele wie beispielsweise Kosten oder Deckungsbeiträge in Prozent vom Umsatz.

*Strategische
Konzepte*

Nach der Zielformulierung entsteht in der fünften Stufe die Strategie. In der Literatur werden verschiedene Konzepte der Strategieentwicklung unterschieden:

- Ressourcenorientierte Konzepte

- Industrieökonomische Konzepte sowie

- Systemorientierte Konzepte

Abschließend werden Analysen, Zielvorstellungen und Strategien einschließlich der strategischen Maßnahmen zur strategischen Planung zusammengeführt.

*Strategieum-
setzung*

Nach Abschluss der strategischen Planung erfolgt die Umsetzungsphase. Diese ist gekennzeichnet durch die Einführung eines strategischen Berichtswesens, der Begleitung der eingeleiteten strategischen Maßnahmen mit Kontrollen und weitergehenden Analysen sowie der Nutzung der Feedforward-Steuerung. Dabei bedient sich das strategische Controlling so genannter Frühwarnsysteme zur frühzeitigen Erkennung von unternehmensinternen und -externen Entwicklungstendenzen. Strategisches Controlling kontrolliert den Erfolg der eingeleiteten strategischen Maßnahmen, den Zielerreichungsgrad sowie die Frühwarnindikatoren und induziert daraus strategische Gegensteuerungsmaßnahmen.

*Prozessablauf im
strategischen
Controlling*

Der Prozessablauf des strategischen Controllings wird durch nachfolgendes Schaubild verdeutlicht.

Prozessablauf des strategischen Controllings

Abbildung 1-36

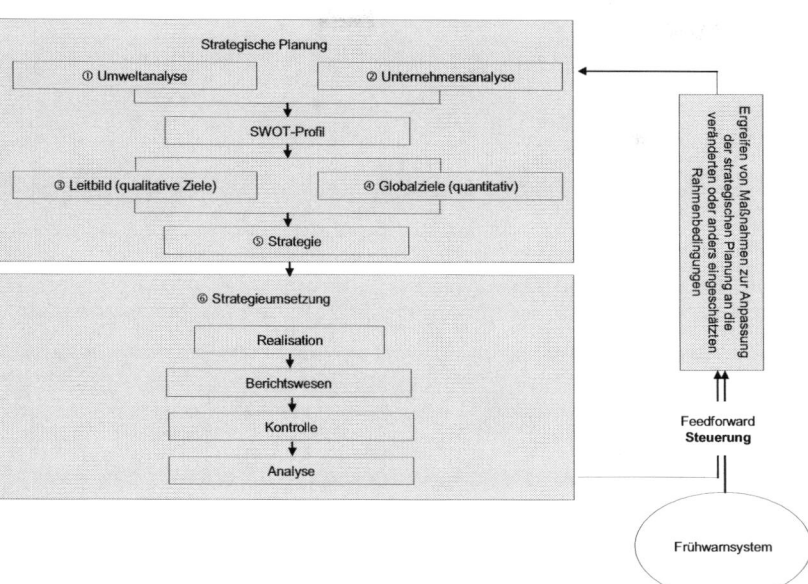

Quelle: eigene Darstellung auf der Basis von Liessmann [1990, S. 316]

Der strategische Controllingprozess ist durch eine Vielzahl strategischer Controllinginstrumente gekennzeichnet. Diese sind Bestandteil des nachfolgenden Kapitels.

Strategische Controllingin-strumente

Teil 2

Strategische

Controllinginstrumente

Inhaltsübersicht Kapitel 2

- Methoden zur Vorbereitung einer Strategie

- Instrumente zur Bestimmung von Stärken und Schwächen im Unternehmen

- Verfahren zur Analyse der Umwelt

- Ableitung von strategischen Notwendigkeiten aus dem Ist-Zustand

- Kontrolle der Strategieeinhaltung

2 Strategische Controllinginstrumente

Die strategischen Controllinginstrumente umfassen Methoden und Verfahren zur Ermittlung von Daten und Informationen sowie deren Auswertung und Interpretation. Die Instrumente werden meistens innerhalb des strategischen Controllings angewendet, um die Stärken und Schwächen des Unternehmens sowie die Gelegenheiten und Gefahren in verschiedenen Vorsteuerebenen des Unternehmens bestimmen zu können. Darüber hinaus bedient sich das strategische Controlling bei der Analyse der Ausgangssituation auch der finanzwirtschaftlichen Perspektive des operativen Controllings, da auch hier Stärken und Schwächen des Unternehmens erkennbar sind.

Definition strategische Controllinginstrumente

In Ergänzung zur Pyramide der Vorsteuergrößen des Kapitels 1 werden nachfolgend die bekanntesten strategischen Controllinginstrumente den einzelnen Ebenen zugeordnet. Diese Systematik erleichtert das Verständnis für die Instrumente und unterstützt die Einordnung der Ergebnisse in das SWOT-Profil. Die Abbildung dient gleichzeitig zur Übersicht des Aufbaus nachfolgender Abschnitte.

Strategische Controllinginstrumente und Vorsteuergrößen

Einordnung der strategischen Controllinginstrumente

Abbildung 2-1

Perspektiven der Analyse		Strategische Contollinginstrumente	Ergebniseinordnung	Abschnitte im Buch
operatives Controlling	Finanzwirtschaftliche Perspektive	Kostenstrukturanalyse, GAP-Analyse, Erfahrungskurvenanalyse, Ergebniskennlinie, Brand-Equity-Analyse, PIMS-Analyse	Stärken und Schwächen	2.6
Strategisches Controlling	Marktperspektive	Marktwachstum-Marktanteils-Portfolioanalyse, Marktattraktivität-Wettbewerbsstärken-Portfolioanalyse, Branchenstrukturanalyse, Konkurrenzanalyse, Benchmarking, Umweltanalyse,	Chancen und Risiken	2.5
	Kundenperspektive	ABC-Analyse, Zielgruppenanalyse, Kundenzufriedenheitsanalyse,		2.4
	Produktperspektive	Lebenszyklusanalyse, Substitutionsanalyse, Conjoint-Analyse, Quality Function Deployment, Produktklinik	Stärken und Schwächen	2.3
	Prozessperspektive	Prozesswertanalyse, Six-Sigma-Analyse		2.2
	Ressourcenperspektive	Unternehmenskulturanalyse, Kernkompetenzanalyse, Technologie-Portfolio-Analyse, Ressourcen-Portfolioanalyse, Human-Ressourcen-Portfolioanalyse		2.1.

2.1 Ressourcenanalysen

2.1.1 Unternehmenskulturanalyse

2.1.1.1 Unternehmenskulturtypologien

Definition Unternehmenskultur

Unternehmenskultur ist die Grundgesamtheit gemeinsamer Werte, Normen und Einstellungen, welche die Entscheidungen, Handlungen und das Verhalten der Organisationsmitglieder prägen. Diese Grundgesamtheit findet ihren Niederschlag in unternehmensspezifischen Symbolen und Handlungsweisen. Sie bestimmt das Leben und die Persönlichkeit der Mitarbeiter im Unternehmen. Dabei vermittelt Sie ihnen Unternehmensidentität, die sich in der Gemeinsamkeit der Werte und in deren Weitergabe ausdrückt." (König [2004, S.49])

Inhaltlich werden verschiedene Unternehmenskultur-Typologien unterschieden. Die Anzahl der in der Literatur verfügbaren Modelle ist groß. Im Weiteren werden die bekanntesten Typologien zur Unternehmenskultur vorgestellt.

Unternehmenskultur nach Ansoff

ANSOFF erfasst die Unternehmenskultur über einen einzigen Indikator die Time Perspective. Danach unterscheidet er fünf Typen der Unternehmenskultur (Ansoff [1979, S.120ff.]).

Abbildung 2-2 | *Unternehmenskulturtypologie nach Ansoff*

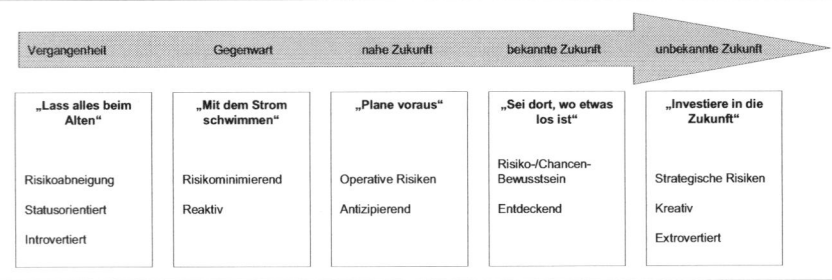

Quelle: eigene Darstellung auf der Basis von Kerth/Pütmann [2005, S.41]

Unternehmenskultur nach Deal und Kennedy

Im Modell von DEAL und KENNEDY werden zwei Indikatoren zur Typologie der Unternehmenskultur unterschieden:

- die Risikoausprägung des Geschäftes, dem sich das Unternehmen hauptsächlich widmet
- die Schnelligkeit des Feedbacks über den Erfolg der gewählten Unternehmensstrategie.

(Deal, T., Kennedy, A [1987, S. 152ff.])

Der Zusammenhang zwischen den beiden Indikatoren wird in einer Matrix verdeutlicht und daraus die verschiedenen Unternehmenskulturtypen abgeleitet.

Abbildung 2-3

Unternehmenskulturtypologie nach Deal/Kennedy

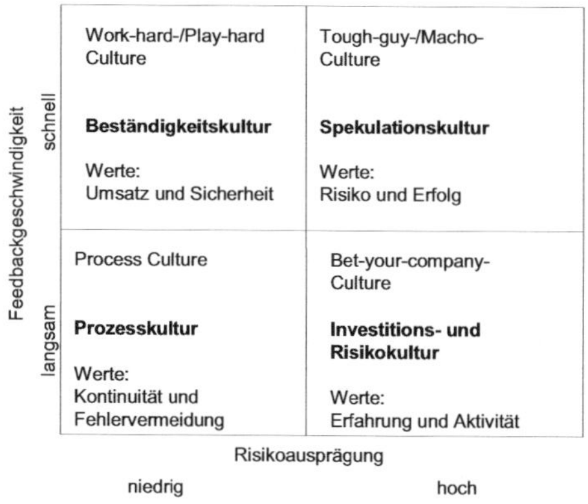

Quelle: eigene Darstellung auf der Basis von Kerth/Pütmann [2005, S. 41]

Unternehmenskultur nach Handy und Harrison

HANDY und HARRISON kommen bei der Untersuchung verschiedener Organisationsformen zu vier Unternehmenskulturtypen, die den Grad der Machtverteilung im Unternehmen widerspiegeln (Breunung [2007, S. 20]). Sie unterschieden dabei zwischen zwei Indikatoren für Unternehmenskulturen:

- Dezentralisierung der Macht
- Standardisierung im Unternehmen

HANDY ordnet den einzelnen Unternehmenskulturtypen Götternamen zu um die Verständlichkeit des Modells zu erhöhen (Stafflage [2005, S.175]).

Abbildung 2-4 | *Unternehmenskulturtypologie nach Handy/Harrison*

Quelle: Stafflage [2005, S. 175]

***Unternehmens-
kultur nach
Trompenaars***

TROMPENAARS und HAMPDEN-TURNER hingegen ordnen die Unternehmenskulturtypen im Spannungsfeld zwischen Gleichheit versus Hierarchie sowie Individualismus versus Kollektivismus ein. Ihre Unternehmenskulturtypen weisen beträchtliche Unterschiede bezüglich der Art des Denkens und Lernens, der Motivation und Entlohnung sowie der Konfliktlösung und Veränderungsbereitschaft auf (Hampden-Turner / Trompenaars [1998, S. 105ff.]). Auch dieses Modell lässt sich in der gewohnten Matrixform darstellen.

Abbildung 2-5 | *Unternehmenskulturtypologie nach Trompenaars/Hampden-Turner*

Quelle: Schweizer [2007, S. 5]

SCHEIN unterscheidet in seinem Modell zur Unternehmenskultur drei Ebenen:

■ Artefakte

Artefakte stellen die oberste Ebene der Unternehmenskultur dar. Sie sind nach außen hin sichtbare Zeichen der Unternehmenskultur und kommen in verschiedenen Formen der Kommunikation (Werbung, PR, Verkaufsgespräche) in bestimmten Handlungsweisen (Verhalten, Gebräuche, Umgangsformen) sowie spezifischen Objekten (Architektur, Kleidungsvorschriften, Fuhrpark) zum Ausdruck.

■ Werte und Normen

Werte und Normen bestimmen die mittlere Ebene der Unternehmenskultur. Sie umfassen teilweise bewusste und unbewusste Elemente (Unternehmensgrundsätze, Verhaltensregeln, Verbote).

■ Grundannahmen beziehungsweise Grundprämissen

Grundannahmen sind grundlegende, geteilte Denk- und Verhaltensmuster der Mitarbeiter. Diese Annahmen werden nicht bewusst wahrgenommen und beschreiben die Beziehungen des Unternehmens zur Umwelt sowie der Mitarbeiter untereinander.

(Schein [1995, S. 29ff.])

Unternehmenskulturtypologie nach Schein

Abbildung 2-6

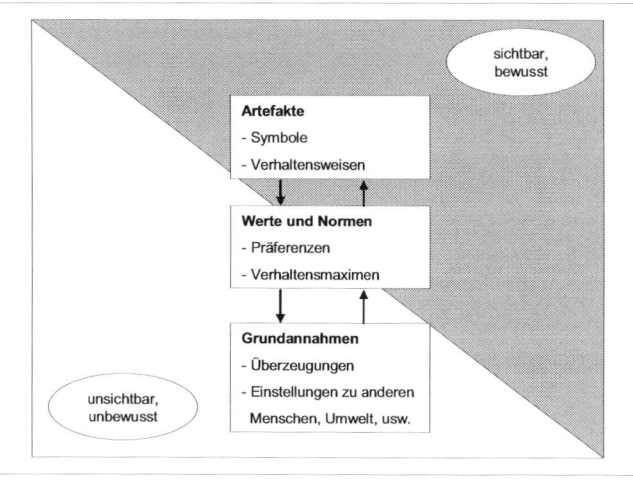

Quelle: Hungenberg [2004, S. 40]

Unternehmens-
kultur nach
Denison und
Mishra

DENISON/MISHRA untersuchten in ihrer Unternehmenskulturtypologie anhand einer Vielzahl von Fallstudien den Einfluss der Unternehmenskultur auf die Effektivität der Organisation. Sie kamen dabei zu zwei Indikatoren zur Unterscheidung von Unternehmenskulturen:

▓ Fähigkeit zur Veränderung sowie

▓ vordergründige Unternehmensorientierung

(Denison/Mishra [1995, S.216])

Aus der Gegenüberstellung der beiden Indikatoren in einer Matrix entstehen vier Dimensionen für Unternehmenskulturen, die in unterschiedlicher Art und Stärke ausgeprägt sein können. Je nach Ausprägungsintensität kann dem Unternehmen aus den Dimensionen eine Typologie zugeordnet werden.

Abbildung 2-7 | *Dimensionen der Unternehmenskulturtypologie nach Denison/Mishra*

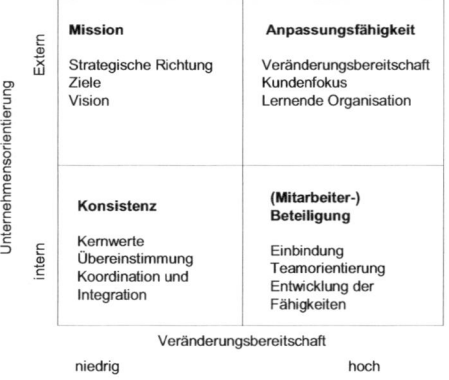

Quelle: Denison / Mishra.[1995, S.216]

Wenn die Dimension der Mission am stärksten ausgeprägt ist, so zeichnet sich die Unternehmenskultur durch eine starke Orientierung an Zielen, Visionen und Leitbildern aus.

Die Dimension Anpassungsfähigkeit hingegen deutet auf Flexibilität, Innovation und lernende Organisationen hin.

Die Konsistenz beschreibt eine beständige, ausdauernde sowie auf Werte ausgerichtete Unternehmenskultur.

Eine stark ausgeprägte Mitarbeiterbeteiligung drückt Eigenverantwortung, Unternehmertum und die Nutzung von Kernkompetenzen aus. Die in der oben stehenden Abbildung, und in der jeweiligen Dimension vermerkten, dienen der Beurteilung der Ausprägung dieses Merkmals. Dies wird im Weiteren noch umfassend beschrieben.

2.1.1.2 Aufbau und Funktionsweise

Die dargestellten Typologien haben gezeigt, dass es sehr unterschiedliche Herangehensweisen und Auswertungsmöglichkeiten zur Unternehmenskultur gibt. Alle dargestellten Typologien betrachten die Unternehmenskultur aus einem spezifischen Blickwinkel und geben einen, in sich geschlossenen, Überblick zu den verschiedenen Typen und deren Abgrenzungsmerkmalen. Die Unternehmenskultur prägt jedoch maßgeblich auch Personalentscheidungen im Unternehmen (Drucker [2007, S. 158ff.]). Die Vorgehensweise einer Unternehmenskulturanalyse hängt im Wesentlichen von der Wahl der Abgrenzungsmerkmale ab.

Aufbau der Unternehmens- kulturanalyse

Der Aufbau der Unternehmenskulturanalyse lässt sich anhand von folgenden Schritten erläutern.

1. Erhebung der Unternehmenskultur

Die Unternehmenskulturanalyse beginnt immer mit einer Datenerhebung. Hierzu eignen sich insbesondere folgende Formen der Informationsbeschaffung:

Datenerhebung in der Unterneh- menskulturana- lyse

- Mitarbeiterinterviews (Einzel- oder Gruppeninterviews)

- schriftliche Befragungen

- Beobachtung

- Workshops

- Projektgruppen

Mit der Datenerhebung werden die unterschiedlichen Kriterien für die Ausprägung von Merkmalen zur Beschreibung der Unternehmenskultur erfragt. Im Weiteren soll am Beispiel des Modells von Denison/Mishra, welches auch in der Abbildung 2-7 erklärt wurde, der konkrete Aufbau der Unternehmenskulturanalyse erläutert werden. Die dabei beschriebene Methodik ist auf alle anderen Unternehmenskulturtypologien übertragbar. Sie unterscheiden sich lediglich hinsichtlich der Datenerfassung und –aufbereitung sowie in der daran anschließenden Typologisierung des Unternehmens.

DENISON verwendet für die Unternehmenskulturanalyse ein so genanntes Kulturradar. Damit lässt sich die Merkmalsausprägung eines Indikators zur

Kulturradar

Beschreibung des Unternehmenskulturtyps vor allem optisch verdeutlichen. Gleichzeitig erleichtert das Kulturradar die Einordnung des Unternehmens in die Typologie. Dabei können alle im vorangegangenen Abschnitt darge-stellten Typologien für das Kulturrad verwendet werden.

Abbildung 2-8 | *Kulturradar nach Denison*

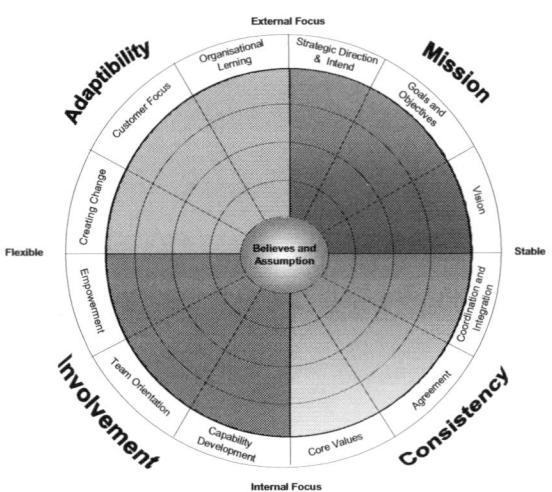

Quelle: denisonconsulting 2008

Dimensionen im Kulturradar

Jede der vier genannten Dimensionen wird durch jeweils drei Merkmale gekennzeichnet, die in der oben stehenden Abbildung ersichtlich werden. Jedes Merkmal wird mit spezifischen Fragestellungen erhoben und über die Auswertung der Datenerhebung zu einer entsprechenden Ausprägungsstär-ke verdichtet (Tavasli [2007, S. 156]).

2. Datenanalyse

Datenanalyse in der Unterneh-menskulturana-lyse

Nach der Erhebung der Daten wird die Ausprägung jeder einzelnen Dimen-sion im Kulturradar verdeutlicht. Je stärker ein Kriterium im Rahmen der Befragung beurteilt wurde, umso weiter zeigt das Raster des Kulturradars für das Kriterium nach außen.

beispielhafte Interpretation der Dimensionen im Kulturradar

Abbildung 2-9

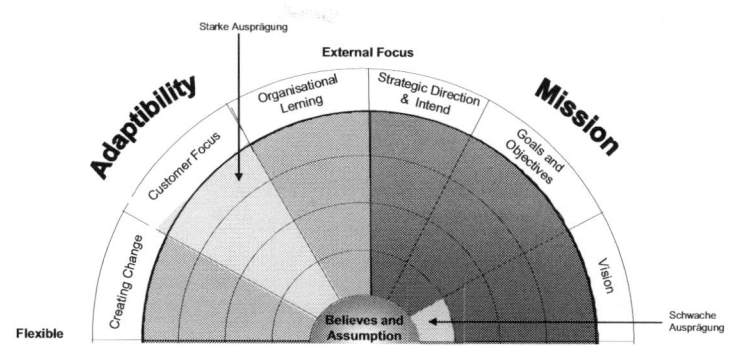

Neben der Interpretation jeder einzelnen Dimension liefert das Kulturradar Ansatzpunkte für dimensionsübergreifende Bereiche und den darin zu beobachtenden Stärken und Schwächen:

▨ externer Fokus

Aus der Kombination der Dimensionen Anpassungsfähigkeit und Mission bringt das Kulturrad die Stärken der Unternehmenskultur in den Bereichen Kundengewinnung, Marktanteil und -potenziale sowie Unternehmensbild nach außen zum Ausdruck.

externer Fokus im Kulturradar

▨ interner Fokus

Aus der Kombination der Dimensionen Mitarbeiterbeteiligung und Konsistenz bringt das Kulturrad die Stärken der Unternehmenskultur in den Bereichen Übereinstimmung zwischen den Mitarbeitern, Einbindung der Mitarbeiter, Problemlösungskompetenz, Qualität und Mitarbeiterzufriedenheit zum Ausdruck.

interner Fokus im Kulturradar

▨ Flexibilität

Aus der Kombination der Dimensionen Anpassungsfähigkeit und Mitarbeiterbeteiligung bringt das Kulturrad die Stärken der Unternehmenskultur in den Bereichen Einbindung der Mitarbeiter, Übertragung von Verantwortung, ständige Fortbildung, Kreativität, Kundenorientierung, Produkt- und Service-Innovationen sowie Reaktionsgeschwindigkeit zum Ausdruck.

Flexibilität im Kulturradar

▨ Stabilität

Aus der Kombination der Dimensionen Mission und Konsistenz bringt das Kulturrad die Stärken der Unternehmenskultur in den Bereichen Klarheit

Stabilität im Kulturradar

der strategischen Ausrichtung hinsichtlich Ziele, Mission und Vision, Übereinstimmung und Sicherheit zum Ausdruck.

3. Maßnahmen ableiten und umsetzen

Maßnahmen aus der Unternehmenskulturanalyse

Als Resultat der Unternehmenskulturanalyse wird eine idealtypische Unternehmenskultur bestimmt. Dabei geht es im Wesentlichen um die Festlegung erreichbarer Werte, die eine gewollte Unternehmenskultur charakterisiert. Daraus leiten sich Maßnahmen ab, die auf die gezielte Verbesserung einzelner Kriterien innerhalb ausgewählter Dimensionen ausgerichtet sind. Zur Umsetzung der Maßnahmen müssen die zu verbessernden Kriterien mit Zielen ausgestattet und die Einhaltung der Ziele im Zeitablauf überwacht werden.

2.1.1.3 Anwendungsgebiete

Anwendung der Unternehmenskulturanalyse

Die Unternehmenskulturanalyse dient der Bestimmung von Stärken und Schwächen auf der Mitarbeiterebene. Damit unterstützt sie die strategische Neuausrichtung von Unternehmen in gleicher Weise wie die Restrukturierung oder Fusion. Sie schärft das Verständnis hinsichtlich kultureller Einflussfaktoren auf erlebte Erfolge und Misserfolge und beantwortet die Frage, ob die kulturellen Voraussetzungen für eine neue strategische Ausrichtung gegeben sind. Sie liefert Ansatzpunkte für Veränderungsprozesse im Rahmen der Umsetzung strategischer Konzepte. Gleichzeitig liefert sie Erklärungsmuster für negative Entwicklungen und Erfahrungen aus der Vergangenheit und damit Ansatzpunkte für die aktive Gestaltung einer neuen Unternehmenskultur (Bischoff [2007, S. 93]).

2.1.2 Kernkompetenzanalyse

2.1.2.1 Problemstellung und Zielsetzung

Definition der Kernkompetenz

Der Begriff der Kernkompetenz (core competencies) wurde von HAMEL/PRAHALAD Anfang der neunziger Jahre geprägt (Hamel/Prahalad [1991, S.66 ff.]).

„Eine Kernkompetenz ist die dauerhafte und transferierbare Ursache für den Wettbewerbsvorteil einer Unternehmung, die auf Ressourcen und Fähigkeiten basiert." (Krüger/Homp [1997, S. 27])

Kernkompetenzen im engsten Sinne sind die innerste Schicht eines mehr-schichtigen Unternehmenskompetenzsystems. Die äußerste Schicht umfasst Fähigkeiten und Ressourcen eines Unternehmens, die so entwickelt und kombiniert werden, dass ein Unternehmen wettbewerbsfähig ist (Kompetenzen erster Ordnung). Die mittlere Schicht umschreibt die Gesamtheit der besonderen Fähigkeiten und Ressourcen eines Unternehmens, die zu Wettbewerbsvorteilen führen (Kompetenzen zweiter Ordnung). Die innerste Schicht der Unternehmenskompetenz beschreibt die Kernkompetenz. Dieser Begriff wird beschränkt auf jene Ressourcen und Fähigkeiten eines Unternehmens, die zum Aufbau neuer Produkte und zum Eintritt in neue Märkte genutzt werden können. Die Transferierbarkeit von Ressourcen und Fähigkeiten auf neue Produkte und Märkte ist die Besonderheit der Kernkompetenzen (Kompetenzen dritter Ordnung).

Schichtenmodell des Unternehmenskompetenzsystems

Abbildung 2-10

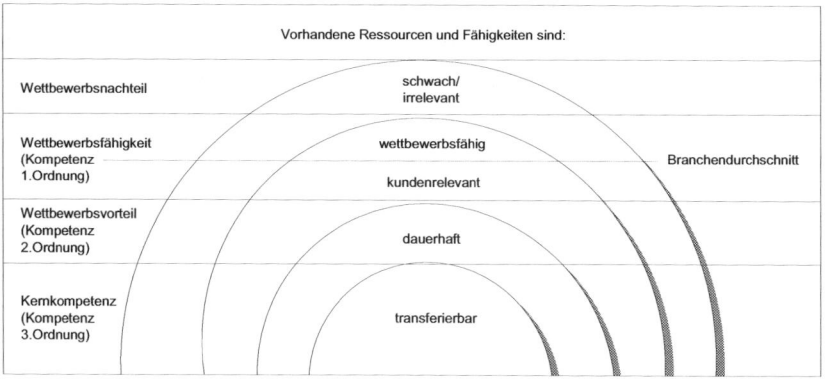

Quelle: Krüger / Homp [1997, S. 27]

Kernkompetenzen sind somit strategisch wichtige Ressourcen und Fähigkeiten die durch folgende Merkmale gekennzeichnet sind:

- ▓ übertragbar auf neue Produkte und/oder neue Märkte,

- ▓ wertvoll für die Kunden,

- ▓ schwer imitierbar oder substituierbar.

Abbildung 2-11	*Merkmale von Kernkompetenzen*

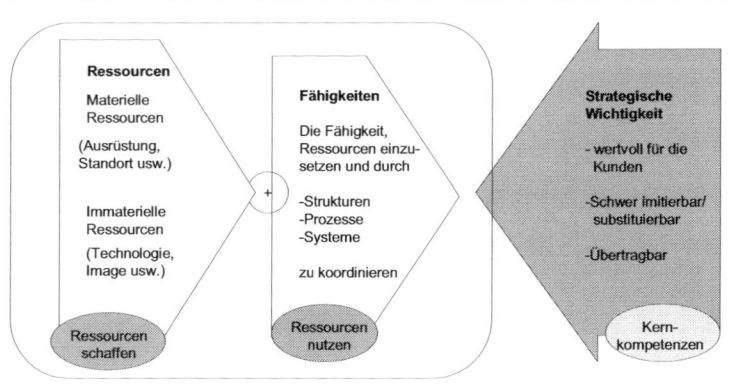

Quelle: Hungenberg [2004, S. 136]

Ziel der Kernkompetenz-analyse

Die Kernkompetenzanalyse hat das Ziel, die besonderen Ressourcen und Fähigkeiten zu identifizieren, die den strategischen Unternehmenserfolg bestimmen. Durch das aktive Nutzen der Kernkompetenzen und deren Weiterentwicklung kann ein Unternehmen seine Wettbewerbsposition effizient verbessern, da es Produkte und Leistungen anbieten kann, die auf unverwechselbare Weise Kundenbedürfnisse befriedigen.

Kernkompetenzen werden häufig mit Kernprodukten verwechselt. Den Unterschied beschreiben HAMEL/PRAHALAD bildhaft wie folgt:

Kernprodukte

Das Unternehmen ist ein Baum. „Der Stamm und die dicken Äste stellen die Kernprodukte dar, die dünneren Zweige sind Geschäftseinheiten, die Blätter, Blüten und Früchte die Endprodukte. Das Wurzelgeflecht, das den Baum nährt und hält, ist die Kernkompetenz. Wer nur auf die Endprodukte sieht, kann die Stärke eines Konkurrenten nicht einschätzen - sowenig wie einer die Gesundheit eines Baums richtig beurteilt, der nur seine Blätter betrachtet." (Hamel/Prahalad [1991, S. 68])

Kompetenzbaum

Diese Beschreibung wurde bildhaft in einen so genannten Kernkompetenzbaum übertragen, wie nachfolgende Abbildung zeigt.

Kernkompetenzen nach Hamel/Prahalad

Abbildung 2-12

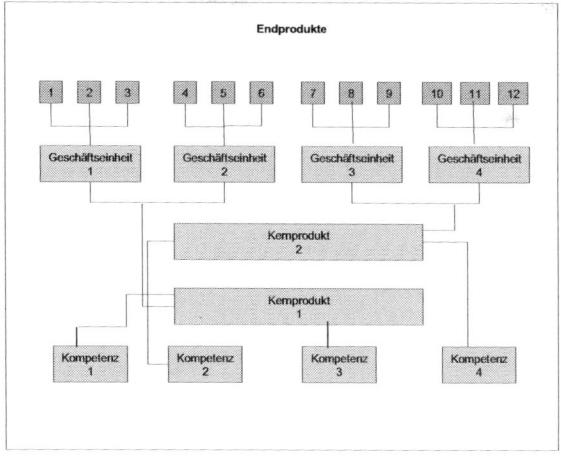

Quelle: Hamel/ Prahalad [1991, S. 73]

2.1.2.2 Aufbau und Funktionsweise

Zum Aufbau und zur Funktionsweise der Kompetenzanalyse gibt es mehrere Möglichkeiten. STEINLE hat hierzu eine konkrete Vorgehensweise entwickelt, an die im Weiteren angeknüpft wird. Seine Schrittfolge wird in nachfolgender Grafik zusammengefasst.

Aufbau der Kernkompetenzanalyse

Aufbau der Kompetenzanalyse nach Steinle

Abbildung 2-13

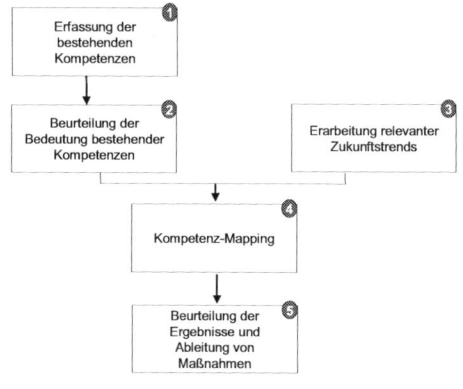

Quelle: eigene Darstellung auf der Basis von Steinle [2005, S. 275]

Erfassung von Kernkompetenzen

1. Erfassung der bestehenden Kernkompetenzen

In der ersten Stufe wird beschrieben, über welche Ressourcen und Fähigkeiten das Unternehmen grundsätzlich verfügt. Dabei wird zwischen allgemeinen und spezifischen Kompetenzen unterschieden. Während die allgemeinen Kompetenzen alle Ressourcen und Fähigkeiten umfassen, die dem Unternehmen in seiner Gesamtheit zur Verfügung stehen, lassen sich spezifische Kompetenzen nach folgenden Kriterien systematisieren:

▨ Bezug zu einzelnen Produkten oder Dienstleistungen,

▨ Regelmäßigkeit der Nutzung,

▨ Bezug zu einzelnen Marktsegmenten,

▨ Bezug zu einzelnen Kunden,

(Simon, Gathen [2002, S. 53f.])

Beurteilung von Kernkompetenzen

2. Beurteilung der Bedeutung bestehender Kompetenzen

Zur Beurteilung der Bedeutung bestehender Kompetenzen steht eine Vielzahl von quantitativen und qualitativen Verfahren zur Verfügung. Bei der quantitativen Analyse werden die bestehenden Kompetenzen systematisch in einer Matrix verarbeitet. Dabei wird zunächst rechnerisch ermittelt, wie oft diese Kompetenzen einzeln oder in Kombination zur Erzeugung von Produkten beziehungsweise Dienstleistungen genutzt werden. Diese Vorgehensweise soll zum besseren Verständnis in der nachfolgenden Abbildung verdeutlicht werden.

Kompetenz-Cluster

Die in der Abbildung dargestellten Prozentwerte werten auch als Kompetenz-Cluster-Indizes bezeichnet und wie folgt ermittelt:

$$\text{Kompetenz} - \text{Cluster} - \text{Index } I_{i,j} = \frac{\text{Anzahl der Produkte, bei denen auf die Kompetenzen i und j zurückgegriffen wird}}{\text{Gesamtzahl der Produkte}}$$

Abbildung 2-14

Beispielhafte Matrix zum Kompetenzeinsatz

Kompetenz	1	2	3	4	5
1	70				
2	15	40			
3	60	10	70		
4	20	30	10	30	
5	40	20	60	10	80

Alle Angaben in %

Quelle: Kerth/Pütmann [2005, S. 52]

In dieser Darstellung kommt zum Ausdruck, dass die Kompetenz 1 in 70% aller Produkte genutzt wird, jedoch in Kombination mit der Kompetenz 2 nur in 15% aller Produkte einfließt.

Anschließend werden die Kompetenzen nach der Häufigkeit des Einsatzes sortiert. Dabei wird in der nachfolgenden Abbildung deutlich, dass die Kompetenzen 1,3 und 5 von besonderer Relevanz sind, da sie häufig miteinander kombiniert werden.

Bedeutung der Kernkompetenzen

Beispielhafte Matrix zur Bestimmung der bedeutenden Kompetenzen

Abbildung 2-15

	4	2	5	3	1
4	30				
2	30	40			
5	10	20	80		
3	10	10	60	70	
1	20	15	40	60	70

Alle Angaben in %

Quelle: Kerth/Pütmann [2005, S. 52]

Aus der Abbildung wird deutlich, welche Kompetenzen für das Unternehmen von besonderer Bedeutung und damit so genannte Kernkompetenzen sind.

3. Bestimmung relevanter Zukunftstrends

In dieser Phase der Kompetenzanalyse geht es darum, die zukünftig relevanten Trends, die wertvoll für den Kunden sein können (Kundenwert), zu bestimmen. Darüber hinaus ist in diesem Zusammenhang das Potenzial abzuschätzen, inwieweit die Kompetenzen auf neue beziehungsweise weiterentwickelte Produkte und neue Märkte übertragbar sind.

Zukunftstrends in der Kernkompetenzanalyse

4. Kompetenz-Mapping

In dieser Stufe geht es um die Bestimmung der Kernkompetenzen des Unternehmens. Hierzu wurde das VRIO-Konzept von BARNEY entwickelt (Barney [2002, S. 163ff.]).

Kompetenz-Mapping

In diesem Konzept werden Kompetenzen des Unternehmens hinsichtlich folgender Merkmale analysiert:

VRIO-Konzept

▓ ihres Wertes (<u>V</u>alue)

Hat die Kompetenz einen Wert im Sinne eines Wettbewerbsvorteils?

▓ ihrer Seltenheit (<u>R</u>areness)

Wie ist die Kompetenz zwischen den einzelnen Wettbewerbern im Markt verteilt? Ist sie selten?

▓ ihrer Imitierbarkeit (Imitability)

Wie aufwändig ist es für Wettbewerber, diese Kompetenz nachzubilden oder zu erwerben?

▓ der Fähigkeit der Organisation, das Potenzial der Kompetenz abzuschöpfen (Organization)

Ist die Organisation in der Lage diese Kompetenz zu erhalten und weiterzuentwickeln?

Merkmale von Kernkompetenzen

Kompetenzen, auf die alle vier genannten Merkmale zutreffen, stellen die Kernkompetenzen des Unternehmens dar, wie nachfolgende Abbildung verdeutlicht.

Abbildung 2-16

VRIO-Schema und Schlussfolgerungen nach Barney

Ist die Ressource oder Fähigkeit...

von Wert?	selten?	schwer imitierbar?	abschöpfbar?	Implikationen für den Wettbewerb	Vermutete Performance	Kompetenzgrad
Nein	-	-	Nein	Wettbewerbsnachteil	Unter Normalwert	
Ja	Nein	-	↑	Wettbewerbsparität	Normalwert	Kompetenz 1. Ordnung
Ja	Ja	Nein		Temporärer Wettbewerbsvorteil	Über Normalwert	Kompetenz 2. Ordnung
Ja	Ja	Ja	↓ Ja	Anhaltender Wettbewerbsvorteil	Deutlich über Normalwert	**Kernkompetenz**

Quelle: eigene Darstellung auf der Basis von Prockl [2007, S. 266]

Ergebnisbeurteilung

5. Beurteilung der Ergebnisse und Ableitung von Maßnahmen

Bei der Beurteilung der Ergebnisse geht es im Wesentlichen um die Gegenüberstellung der Relevanz und Performance einzelner Kompetenzen.

Konpetenzportfolio

HINTERHUBER hat hierzu ein Kompetenzportfolio entwickelt, das insbesondere zur Ableitung von Maßnahmen geeignet ist.

Kompetenzportfolio zur Beurteilung der Kernkompetenzen nach Hinterhuber

Abbildung 2-17

Quelle: eigene Darstellung auf der Basis von Hinterhuber /Stuhec [1997, S. 11]

Aus der Abbildung wird deutlich, dass:

Felder des Kompetenzportfolios

▓ Standard-Kompetenzen aufgrund ihrer geringen Performance und Relevanz Ansatzpunkte für Outsourcing liefern,

▓ Kompetenz-Potenziale aufgrund der niedrigen Relevanz im eigenen Unternehmen anderen als Leistung angeboten werden können,

▓ Kompetenzlücken aufgrund der niedrigen Performance zwingend zu schließen sind, was den eigentlichen Weiterentwicklungsbedarf im Bereich der Kompetenzen eines Unternehmens ausmacht sowie

▓ strategische Kernkompetenzen durch hohe Relevanz und hohe Performance ausgezeichnet werden.

2.1.2.3 Anwendungsgebiete

Die Kernkompetenzanalyse ist geeignet, um Ressourcen und Fähigkeiten hinsichtlich ihrer strategischen Bedeutung zu erkennen und den strategischen Notwendigkeiten anzupassen. Sie bietet damit Ansatzpunkte für In- oder Outsourcing und damit verbundene Selektionsstrategien. Gleichzeitig ist sie geeignet, um Wettbewerbsvorteile durch die Übertragung von Kernkompetenzen auf neue Produkte nutzbar zu machen (Best [2009, S. 59]).

Anwendung der Kernkompetenzanalyse

2.1.3 Weitere Portfolioanalysen

Bei einer Portfolioanalyse werden in der Regel zwei Dimensionen zur Beschreibung einer Problemsituation in einer Matrix abgetragen. Die beiden Dimensionen werden durch jeweils zwei oder drei Ausprägungen beschrieben und in der Matrix in eine Beziehung zueinander gestellt. Die, aus der Matrix sich ergebenden, vier bzw. neun Felder bilden die Ausgangsbasis für die Ableitung von strukturierten Maßnahmepaketen mit strategischer Wirkung. Im Zusammenhang mit den materiellen, immateriellen und personellen Ressourcen eines Unternehmens gibt es eine Vielzahl von Ansatzpunkten für Portfolioanalysen. Im Weiteren werden dafür drei Beispiele vorgestellt.

2.1.3.1 Technologie-Portfolioanalyse

Aufbau des Technologieportfolios

Mit Hilfe der Technologie-Portfolioanalyse werden die in einem Unternehmen angewendeten Technologien in einer zweidimensionalen Matrix betrachtet. Der Ablauf einer Technologie-Portfolioanalyse erfolgt nach PFEIFFER in folgenden Schritten:

1. Erhebung verwendeter Technologien,

2. Ermittlung der Technologieattraktivität und der Ressourcenstärke,

3. Darstellung des Technologie-Portfolios im Ist-Zustand,

4. Formulierung des Ziel-Portfolios,

5. Ableitung von Handlungsempfehlungen.

(Pfeiffer[1983, S. 77 ff.])

Dimensionen Technologieportfolios

Die beiden Dimensionen des Technologie-Portfolios sind:

- Technologieattraktivität und

- Ressourcenstärke

Die Technologieattraktivität beschreibt, als unternehmensexterner und weitgehend unbeeinflussbarer Faktor, die Summe der Vorteile, die sich durch Realisierung von strategischen Weiterentwicklungspotenzialen in der Technologie erzielen lassen. So weisen beispielsweise Technologien, die sich in der Einführung und Wachstumsphase befinden und in der Regel so genannte Schlüsseltechnologien darstellen, eine hohe Technologieattraktivität auf. Dagegen haben Technologien, die sich in der Phase des Rückgangs befinden eine geringe Technologieattraktivität. Neben der Lebenszyklusbetrachtung können auch andere Kriterien zur Beurteilung der Technologieattraktivität herangezogen werden, wie zum Beispiel Entwicklungsstand und Anwendungsbreite der Technologie (Höft [1992, S. 186 ff.]).

Die Ressourcenstärke beschreibt die Fähigkeit eines Unternehmens, die Technologie umzusetzen. Als Faktoren für die Ressourcenstärke gelten:

Ressourcenstärke

- Finanzstarke (z.B. Höhe des Budgets für Forschung und Entwicklung,
- Know-how,
- relative Technologiebeherrschung,
- relative Qualitätsposition,
- zeitlicher Vorsprung/Rückstand,
- Absicherung durch Patente beziehungsweise Lizenzen

(Höft [1992, S. 187]).

Die Bestimmung eines Technologieportfolios und die Ableitung von Maßnahmen daraus beschreibt nachfolgende Abbildung.

Bestimmung des Technologieportfolios

Abbildung 2-18

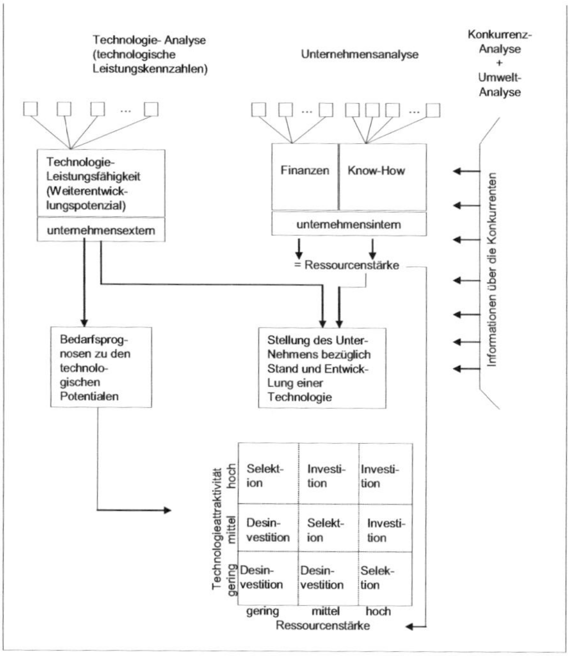

Quelle: eigene Darstellung auf der Basis von Zäpfel [2000, S. 124]

Technologieport-folio nach Little

Eine spezielle Form der Darstellung wurde von der Unternehmensbera-tungsgesellschaft Arthur D. Little publiziert und dient ebenfalls der Ermitt-lung der Wettbewerbsstellung einer Technologie (Little [1991, S. 129ff.]).

In dieser Darstellung werden die Dimensionen:

■ relative Technologieposition, die im Vergleich zu Wettbewerbern angibt, über welche Voraussetzungen (Know-How, Patente und Lizenzen, For-schungskooperationen, Forschungseinrichtungen, Personal, Fertigungs-technik usw.) das Unternehmen verfügt sowie

■ Technologielebenszykluskurve anhand derer abgeschätzt werden kann, welches Potenzial eine Technologie zukünftig noch hat.

(Servatius [1985, S. 123 ff.])

Abbildung 2-19 | *Technologieportfolio nach Arthur D. Little*

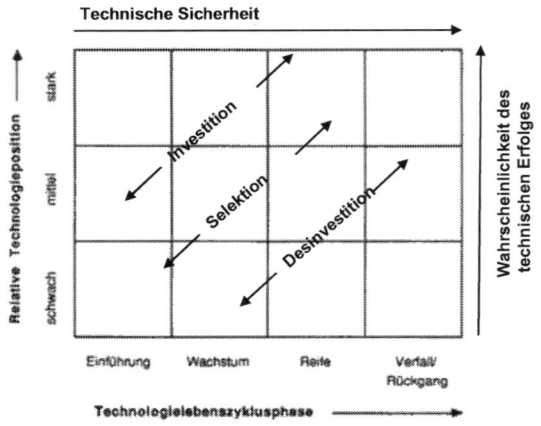

Quelle: eigene Darstellung auf der Basis von Höft [1992, S. 190]

Technologieport-folio nach Mc Kinsey

Im Gegenzug dazu vergleicht die Unternehmensberatungsgesellschaft Mc-Kinsey in ihrem Technologieportfolio die Dimensionen:

■ Technische Realisationsmöglichkeit, abgeleitet aus dem technologischen Potenzial und der damit verbundenen Wettbewerbsfähigkeit sowie

■ Marktchancen der Technologie, abgeleitet aus der Wettbewerbsposition und der Marktattraktivität.

Technologieportfolio nach McKinsey

Abbildung 2-20

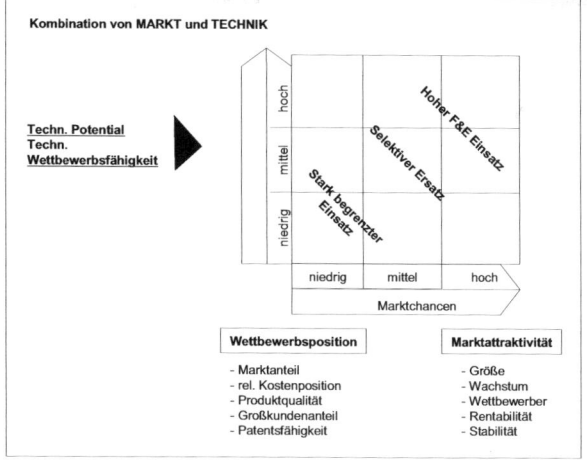

Quelle: Höft [1992, S.195]

Wie die verschiedenen Technologieportfolien gezeigt haben, lässt sich auf deren Basis feststellen, in welchem Technologien es sinnvoll ist, zu investieren oder zu desinvestieren. Darüber hinaus ergeben sich Selektionsbereiche, in denen das Unternehmen abwägen muss, ob die technologische Lücke zu schließen ist oder der Rückzug aus der Technologie vollzogen werden soll.

Ziel eines Tech-nologieportfolios

2.1.3.2 Ressourcen-Portfolioanalyse

Die Ressourcen-Portfolioanalyse ist eine zweistufige Matrixanalyse.

In der ersten Stufe werden die Ressourcen hinsichtlich ihrer

Ressourcenport-folio

▨ Verfügbarkeit und

▨ Kostenentwicklung

gegenübergestellt.

Dabei werden jeweils drei Merkmalsausprägungen für beide Kriterien ermittelt. Während bei der Verfügbarkeit der Ressource zwischen sicherer, unsicherer aber substituierbarer und unsicherer Disponibilität unterschieden wird, ist bei der Kostenentwicklung der Ressource eine geringe, durchschnittliche oder hohe Belastung möglich.

Die Ergebnisse der Ressourceneinstufung werden in der gewohnten Matrixform zusammengestellt und in unkritische, durchschnittliche und kritische Bereiche unterteilt, wie nachfolgende Abbildung verdeutlicht.

Abbildung 2-21   Ressourcen-Matrix

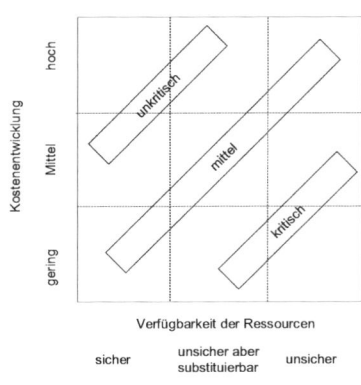

Quelle: Albach [1978, S.702 ff.]

Ressourcen-Portfolioanalyse

In der Ressourcen-Portfolioanalyse werden nach Betrachtung und Beurteilung der Ressourcen in einer eigenständigen Matrix zwei weitere Dimensionen in gleicher Weise gegenübergestellt. Produkte werden an der Produktlebensphase und der Marktattraktivität gemessen, in einer Matrix beurteilt und ebenfalls in unkritische, durchschnittliche und kritische Bereiche eingeteilt. Anschließend werden beide Matrizen zusammengeführt.

Geschäftsfeld-Ressourcen-Portfolio

Im Ergebnis entsteht das Geschäftsfeld-Ressourcen-Portfolio, welches von ALBACH erstmalig vorgestellt wurde (Albach [1978, S. 702 ff.]). Dabei werden die beiden Matrizen aus der Ressourcen- und der Produktdarstellung zu einer Geschäftsfeld-Ressourcen-Matrix verdichtet, wobei die vorangegangene Beurteilung der Bereiche in unkritisch, durchschnittlich und kritisch maßgeblich für die Skalierung der Matrix ist.

Aus der nachfolgenden Abbildung wird deutlich, dass die Ressourcen-Portfolioanalyse im Ergebnis die Geschäftsfelder offen legt, die aufgrund der Ressourcen- und Produktbeurteilung gefährdete beziehungsweise ungefährdete Bereiche darstellen. Darüber hinaus wird deutlich, in welchen Geschäftsfeldern die strategische Entwicklung offen ist.

Geschäftsfeld-Ressourcen-Portfolio nach Albach

Abbildung 2-22

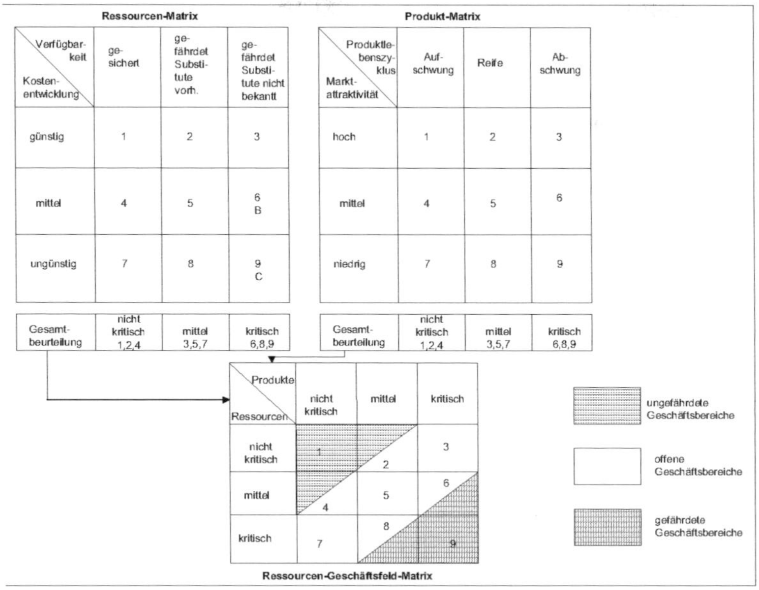

Quelle: Albach [1978, S. 709]

Diese Darstellung unterstützt eine strategische Ausrichtung der Produktpalette basierend auf der grundlegenden Beurteilung der verfügbaren Ressourcen.

2.1.3.3 Human-Ressorcen-Portfolioanalyse

Diese Form der Portfolioanalyse beschäftigt sich ausschließlich mit den personellen Ressourcen des Unternehmens. In der Literatur werden zwei Typen von Human-Ressourcen-Portfolien unterschieden.

Human-Ressourcen-Portfolio

JACOBS et. al. unterscheidet im Portfolio zwischen den Dimensionen:

▓ Personalqualität sowie

▓ strategische Bedeutung der Geschäftsbereiche

(Jacobs/ Thiess/ Söhnholz [1987, S. 205-218])

Dabei ergibt sich folgende Portfoliodarstellung:

Abbildung 2-23	*Human-Ressourcen-Portfolio nach Jacobs*

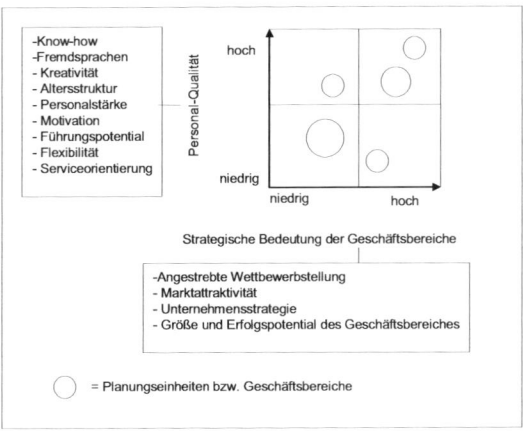

Quelle: eigene Darstellung auf der Basis von [Kraut (2002, S. 242)]

Das Ressourcen-Portfolio nach Jacobs ist geeignet für die Personalentwicklungsarbeit und die –organisation in einem Unternehmen. Aus dem Portfolio ist erkennbar, in welchen Bereichen:

- personelle Umstrukturierungen erforderlich sind (hohe Personal-Qualität bei niedriger strategischer Bedeutung)

- personeller Qualifizierungsbedarf und Insourcingerfordernis besteht (niedrige Personalqualität bei hoher strategischer Bedeutung)

- Outsourcing-Potenzial besteht (niedrige Personalqualität bei niedriger strategischer Bedeutung der Geschäftsbereiche)

- Personalentwicklungsbedarf im Sinne einer permanenten Weiterentwicklung erkennbar ist (hohe Personalqualität bei hoher strategischer Bedeutung).

Eine andere Variante des Human-Ressourcen-Portfolios liefert ODIORNE mit seiner Unterscheidung in die Dimensionen:

- Leistungs- und Entwicklungspotenzial (Potential) sowie

- gegenwärtige Leistung (Performance).

Human-Ressourcen-Portfolio nach Odiorne

Abbildung 2-24

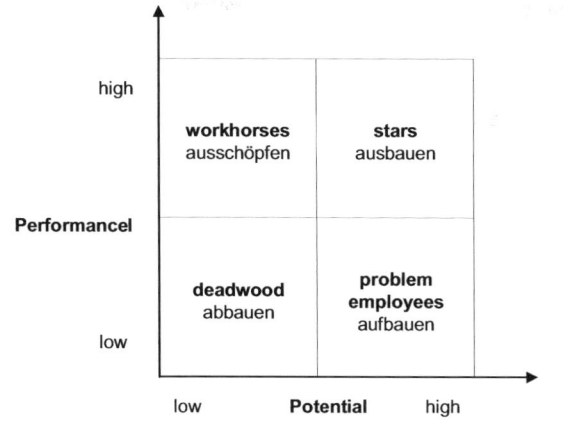

Quelle: eigene Darstellung auf der Basis von Odiorne [1984, S. 66]

ODIORNE hat das Human-Ressourcen-Portfolio entwickelt, um die vergangenheitsorientierte Leistungsbetrachtung mit einer zukunftsorientierten Potenzialbetrachtung zu verbinden. Nach seinen Analysen entfallen auf die Workhorses circa 80% der Fach- und Führungskräfte und auf die Stars circa 15%. Inwieweit diese Zahlen verallgemeinerungsfähig sind, bleibt jedoch offen (Odiorne [1984, S. 66]).

DUCH leitet aus diesem Human-Ressourcen-Portfolio strategische Schlussfolgerungen und Führungsaufgaben ab:

Human-Ressourcen-Portfolio nach Duch

▓ Deadwood sind Fach- und Führungskräfte mit geringen Performance- und Potenzialwerten und stellen unter strategischen Gesichtspunkten eine Gefährdung für die Strategieumsetzung dar. Sie müssen strategisch aufgrund ihres geringen Entwicklungspotentials freigesetzt werden. (Abbauen)

▓ Problem employees erfordern die besondere Aufmerksamkeit des Personalmanagements, da durch individuelle Maßnahmen der Personalentwicklung die Leistung dieser Mitarbeiter aufgebaut werden muss. (Aufbauen)

▓ Workhorses sind Mitarbeiter, deren Fähigkeiten durch einen gezielten Arbeitseinsatz ausgeschöpft werden sollten. Durch intensive und individuelle Führung und Betreuung dieser Mitarbeiter muss ein Absinken des gegenwärtigen Leistungsverhaltens verhindert werden. (Ausschöpfen)

▓ Stars sind die Gruppe jener Mitarbeiter, deren Qualifikationen und auch Erfahrungen durch gezielte Maßnahmen permanent weiterentwickelt werden müssen. (Ausbauen)

(Duch [1984, S.440-468])

2.2   Prozessanalysen

2.2.1   Prozesswertanalyse

2.2.1.1   Problemstellung und Zielsetzung

Merkmale von Unternehmens-prozessen

Unternehmensprozesse sind durch drei Merkmale gekennzeichnet:

▓ Sie produzieren ein Ergebnis von Wert.

▓ Sie besitzen einen internen oder externen Kunden.

▓ Sie können als Regelkreis aufgefasst werden, der unter einer so genann-ten Prozessverantwortung steht.

(Rieger [1996, S. 160])

Prozessstruktur nach Earl

Eine genauere Typologie liefert EARL mit der Prozessstruktur in der bereits bekannten Form der Matrix. Er unterscheidet dabei zwischen den Dimensi-onen:

▓ Wertorientierung sowie

▓ Grad der Strukturiertheit.

Innerhalb der Wertorientierung wird zwischen intern- und extern orientier-ten Prozessen unterschieden. Das Ergebnis intern orientierter Prozesse sind innerbetriebliche Leistungen, währenddessen extern orientierte Prozesse veräußerbare Produkte oder Dienstleistungen hervorbringen.

Aus der Matrix lassen sich wiederum Maßnahmen, Prozesstypen ableiten, die sich in der Praxis der Unternehmensorganisation bereits in Sprach-gebrauch eingebunden haben.

Prozessstrukturmatrix nach Earl

Abbildung 2-25

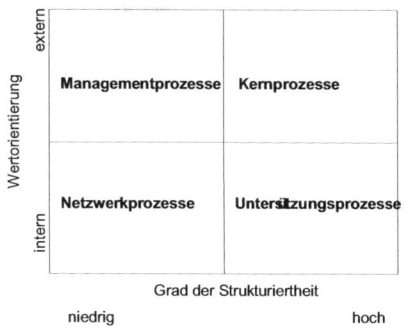

Quelle: eigene Darstellung auf der Basis von Earl, M.J. [1994; S.5-22]

In ähnlicher Weise unterscheidet PORTER zwischen primären und sekundären Prozessen (Porter [2000, S. 66ff.]). Primäre Prozesse sind integrierter Bestandteil der Leistungserstellung, während sekundäre die Leistungserstellung unterstützen. In Porters Modell orientieren sich die sekundären Prozesse ausschließlich an den primären Abläufen. Sein Modell beschreibt das idealtypische Geschäftssystem mit allen möglichen relevanten Unternehmensprozessen, die Porter als Aktivitäten bezeichnet. Dieser Betrachtung liegt der Gedanke zu Grunde, dass die Ursachen für Wettbewerbsvorteile bei der Betrachtung des Unternehmens als Ganzes nur schwierig zu erkennen sind. Daher wird das Unternehmen in primäre und sekundäre Aktivitäten untergliedert und diese hinsichtlich ihres Beitrages zur Wertschöpfung analysiert.

PORTERS Darstellung ist auch als Wertkettenmodell bekannt (Porter [2000, S. 67ff.]). Dabei sind insbesondere die grafische Aufbereitung des Wertschöpfungsablaufs und die Einteilung der betrieblichen Prozesse in primäre und sekundäre Aktivitäten sehr einprägsam.

Prozessstruktur nach Porter

Abbildung 2-26 | *Wertkettenmodell nach Porter*

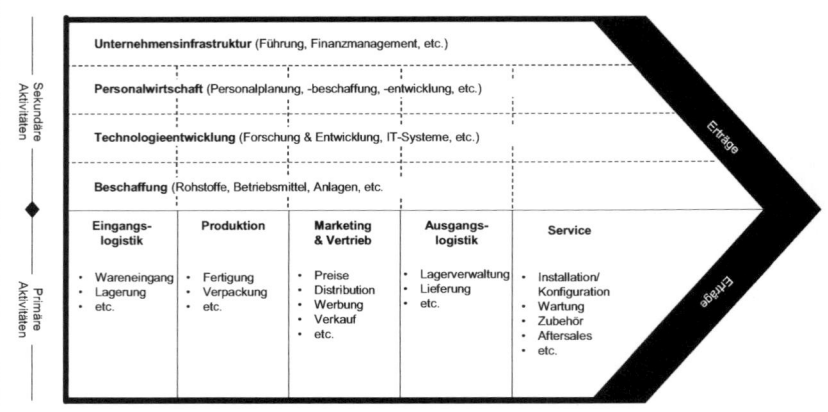

Quelle: Kerth/Pütmann [2005, S. 67]

Prozesswertana-lyse

Die dargestellten Prozesstypologien zeigen die unterschiedlichen Formen der Einteilung und des Verständnisses von Unternehmensabläufen. Auf der Systematisierung der Abläufe baut die Prozesswertanalyse auf.

Die Prozesswertanalyse ist ein von der Unternehmensberatungsgesellschaft Ernst&Young entwickeltes strategisches Controllinginstrument (Reinecke [2006, S. 362]).

Wertkettenana-lyse

Sie wird in der Literatur häufig auch als Wertkettenanalyse bezeichnet. Dabei handelt es sich um eine strukturierte Abbildung, der verschiedenen Prozesse eines Unternehmens mit dem Ziel, diese hinsichtlich ihrer Werthaltigkeit aus Kundensicht zu untersuchen. Mit der Prozesswertanalyse sollen grundsätzlich Informationen für dauerhafte Optimierungsmaßnahmen von Prozessen bereitgestellt werden. Im Mittelpunkt steht dabei die Prozessstruktur nach PORTER (Porter [2000, S. 66ff.]).

Prozesswert durch Kunden-nutzen

Die Prozesswertanalyse ist insbesondere durch die Berücksichtigung des Kundennutzens aus interner und externer Sicht geprägt. Das eigentliche Ziel der Prozesswertanalyse besteht in der kritischen Bewertung der Unternehmensprozesse. Dabei sollen prozessbedingte Ursachen für Wettbewerbsvorteile in gleicher Weise aufgezeigt werden, wie die Möglichkeiten weitere Wettbewerbsvorteile generieren zu können.

2.2.1.2 Aufbau und Funktionsweise

Die Prozesswertanalyse ist nach folgenden Schritten aufgebaut:

1. Abbildung der Prozessstruktur des Unternehmens und der dazugehörigen Prozessabläufe

Aufbau der Prozesswertanalyse

Aufbauend auf Interviews mit den Kostenstellenleitern beziehungsweise Prozessverantwortlichen werden Teilprozesse erfasst und abgebildet. Vor dem Hintergrund der erforderlichen Kostenbewertung ist eine Anlehnung an die Prozesskostenrechnung und ihr Verständnis von Tätigkeiten und Prozessen hilfreich. Dabei geht es vor allem um die Erfassung sich wiederholender Tätigkeiten:

Abbildung der Prozessstruktur

▓ die in einem Prozess zusammengefasst werden können und

▓ denen anschließend Mengengerüste und Wertgrößen zugeordnet werden können.

Aufgrund des erheblichen Arbeitsaufwandes zur Erfassung und Strukturierung von Tätigkeiten und Prozessen wird in der Literatur die Reduktion des Verfahrens auf die Kernprozesse (externe Wertorientierung und hohe Strukturiertheit gemäß Earl) des Unternehmens empfohlen.

2. Bestimmung des Wertschöpfungsgrades der Teilprozesse

In diesem Schritt ist zu untersuchen, ob der Prozess aus Sicht des Kunden einen Mehrwert produziert wird (Stahl/Ambros [2005, S. 92]). Der Wertschöpfungsgrad eines Teilprozesses wird durch den Kundennutzen des Endabnehmers bestimmt. Hierzu müssen zunächst für die einzelnen Prozesse entsprechende Kunden identifiziert werden.

Wertschöpfungsgrad von Teilprozessen

Dabei ist zu beachten, dass einzelne Werte und zu Grunde liegende Aktivitäten von den Endabnehmern der Produkte beziehungsweise der Dienstleistungen unterschiedlich wahrgenommen werden. Darüber hinaus ist zu beachten, dass die Wünsche der Endkunden retrograd über die Wertschöpfungskette bis zum Rohstofflieferanten zu betrachten sind. Dies geht auf die Erkenntnis von Porter zurück, dass Differenzierungen eines Unternehmens vom Wettbewerber nur bei den wertschöpfenden Aktivitäten möglich sind, welche einen für den Endabnehmer relevanten Nutzen schaffen.

„Was der Kunde nicht registriert und honoriert, ist hinsichtlich der Wettbewerbsposition wertlos!" (Kerth/Pütmann [2005, S. 70])

3. Analyse der Kostenpositionen der wertschöpfenden Aktivitäten

Zur Ermittlung der Kosten der wertschöpfenden Aktivitäten empfiehlt sich die Anwendung einer Prozesskostenrechnung (Männel [1998, S. 15ff.]). Dabei werden für einzelne Teilprozesse Prozessbezugsgrößen (Cost Driver)

Prozesskosten

bestimmt. Diese so genannten Kostentreiber sind für das Entstehen der Kosten verantwortlich und stellen Messgrößen zur Quantifizierung des Outputs eines Teilprozesses dar.

Prozessbezugs-
größen

Durch das Verhältnis der gesamten Prozesskosten zu den Prozessbezugsgrößen ergibt sich ein Prozesskostensatz, der die Höhe der Kosten des einzelnen Teilprozesses beinhaltet (Kremin-Buch [2007, S. 80]). Auf diese Weise lassen sich die Kosten jeder einzelnen wertschöpfenden Aktivität bestimmen. Nach der Ermittlung der Prozesskosten ist es erforderlich, die Kostenentwicklung zu prognostizieren und einen Kostenvergleich mit Wettbewerbern anzustellen. Unter Berücksichtigung der Prozesskosten, der Kostentrends und des Wettbewerbsvergleichs lässt sich die relative Kostenposition der wertschöpfenden Aktivität bestimmen. Als Beispiel für diese relative Kostenbetrachtung dient nachfolgender Vergleich.

Abbildung 2-27

Kostenanalyse am Beispiel zweier Möbelhersteller

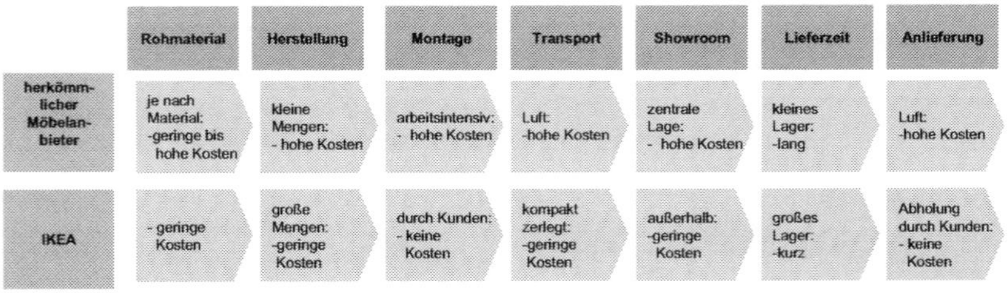

	Rohmaterial	Herstellung	Montage	Transport	Showroom	Lieferzeit	Anlieferung
herkömmlicher Möbelanbieter	je nach Material: -geringe bis hohe Kosten	kleine Mengen: - hohe Kosten	arbeitsintensiv: - hohe Kosten	Luft: -hohe Kosten	zentrale Lage: - hohe Kosten	kleines Lager: -lang	Luft: -hohe Kosten
IKEA	- geringe Kosten	große Mengen: -geringe Kosten	durch Kunden: - keine Kosten	kompakt zerlegt: -geringe Kosten	außerhalb: -geringe Kosten	großes Lager: -kurz	Abholung durch Kunden: - keine Kosten

Quelle: Runia/ Wahl/ Geyer/ Thewißen [2007, S.13]

4. Analyse des Technologieniveaus der wertschöpfenden Aktivitäten

Technologieniveau von Teilprozessen

Die Technologieentwicklung kann erheblichen Einfluss auf die Prozessgestaltung und damit auf die Ergebnisse der Prozesswertanalyse haben. Technologien können sowohl die Kosten als auch die Effizienz von Prozessen erheblich verändern und damit zusätzliche Möglichkeiten zur Differenzierung des Unternehmens im Vergleich zum Wettbewerber eröffnen. Insofern ist, im Rahmen der Prozesswertanalyse, das aktuelle Technologieniveau der wertschöpfenden Aktivitäten in gleicher Weise zu ermitteln wie dessen Entwicklungs- bzw. Innovationspotenzial.

5. Ermittlung der erfolgskritischen Aktivitäten

Erfolgskritische Teilprozesse

Zur Ermittlung der erfolgskritischen Aktivitäten werden zwei Dimensionen in gewohnter Weise gegenübergestellt:

■ Grad der Wertschöpfung der Aktivität sowie

■ relative Wettbewerbsposition der Aktivität

Die relative Wettbewerbsposition ergibt sich aus der relativen Kostenposition (Schritt 3) und dem Technologieniveau (Schritt 4) der Aktivität im Vergleich zum Wettbewerber.

Matrix der erfolgskritischen Aktivitäten

Abbildung 2-28

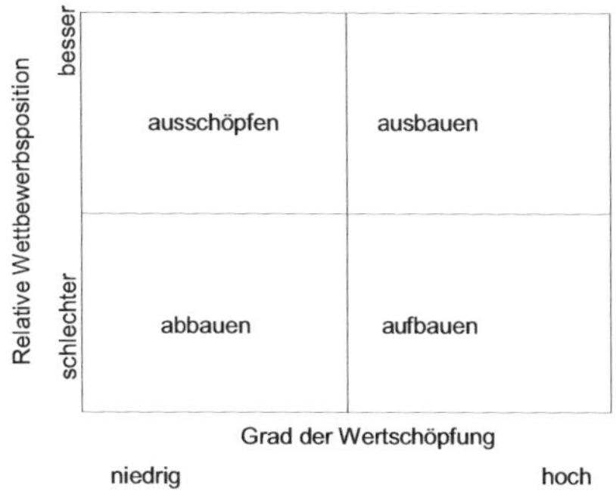

Quelle eigene Darstellung auf der Basis von Camphausen [2007, S. 135]

Aus der Matrix wird erkennbar, welche strategische Bedeutung einzelne Prozesse in der Zukunft des Unternehmens haben und wie sie in der Zukunft entwickelt werden müssen

6. Ableitung konkreter Handlungsempfehlungen

Das strategische Ziel jedes Unternehmens fokussiert auf die Erhöhung der Wettbewerbsfähigkeit. Die Prozesswertanalyse liefert hinsichtlich der Aktivitäten wichtige Informationen zur Verbesserung der eigenen Wertkette. Dazu stehen grundsätzlich drei wesentliche strategische Optionen zur Auswahl.

Handlungsempfehlungen der Prozesswertanalyse

(1) Integration

Einbindung von Aktivitäten in den Geschäftsprozessablauf des Unternehmens. Dabei wird unterschieden zwischen:

Integration

■ Vertikaler Integration (Einbindung von Aktivitäten entlang der Wertschöpfungskette) sowie

■ Horizontaler Integration (Aufnahme von Aktivitäten auf der gleichen Wertschöpfungsstufe)

Abbildung 2-29
Unterscheidung zwischen vertikaler und horizontaler Integration

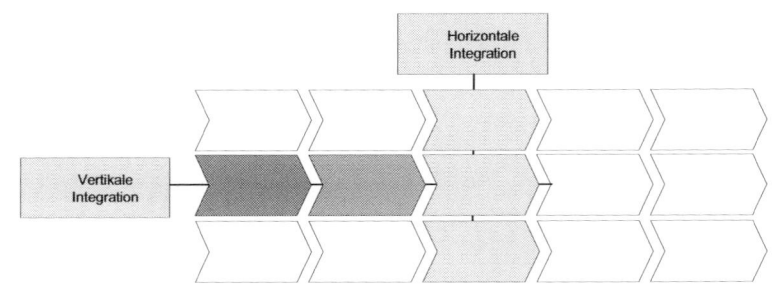

Quelle: Kerth/Pütmann [2005, S. 72]

Integration bietet sich für alle Aktivitäten mit hoher Wettbewerbsposition und Wertschöpfung an.

(2) Outsourcing

Outsourcing

Outsourcing ist das Gegenteil von Integration. Es werden gezielt Aktivitäten ausgelagert. Diese Vorgehensweise bietet sich für alle Aktivitäten mit geringer Wettbewerbsposition und Wertschöpfung an.

(3) Kooperation

Kooperation

Die Kooperation ist eine Mischform zwischen Integration und Outsourcing. Die Kooperationspartner führen spezielle wertschöpfende Aktivitäten gemeinsam durch, ohne die Unternehmen zusammenzuführen.

Dabei lassen sich verschiedenste Beispiele zwischenbetrieblicher Organisationsformen darstellen, die in nachfolgender Abbildung zusammengefasst wurden.

Beispiele für Kooperationen

Abbildung 2-30

In Anlehnung an folgende Autoren:	„make"				„buy"
Picot 1982 (allgemein)	Eigen-erstellung	Kapital-beteiligung	Langfristverträge		Fremdbezug/ spontaner Markt
Siebert 1990 (allgemein bei Vorprodukt-beschaffung)	Eigen-fertigung	Kapital-beteiligung	Vertrags-kooperation		Fremdbezug (mit/ohne Ab-Nahmegarantie)
Benkenstein/ Henke 1993 allgemein	Eigen-fertigung	Alliance	Franchise		kurzfristiger Vertrag
		Joint Venture		Langfristvertrag	
Gerybadze 1991 (allgemein)	volle Integra-tion Fusion	Netzwerk mit/ ohne zentralen Koordinator	Verhandlungs-märkte		Spotmärkte
Picot u.a. 1989 (bei innovativen Unternehmens-Gründungen)	Eigen-fertigung	Kooperations-/ Rahmenverträge	langfristige Verträge		kurzfristige Verträge
Menze 1993 (bei global sourcing)	Direkt-investition	Einkaufs-vertretung	Auftrags-produktion		Import (direkt/indirekt)
Bzur 1991 (allgemein in der Autoindustrie)	Eigen-fertigung	Lieferanten-Ansiedlungen (u.U. mit Beteiligung)	interne Langfrist-vereinbarung		Prozent-Rahmenverträge (lang-/kurzfristig)
Schneider/ Zieringer 1991 (allgemein bei F&E)	interne F&E (zentral/ dezentral)	kooperative Gemeinschaft F&E	koordinierte Einzel- F&E/ F&E-Austausch		externe F&E (Auftrags-/ Vertrags-F&E/ Lizenznahme)
	„Hierachie"				„Markt"

◄── Zunahme des Integrationsgrades

„Quasi-Integration"

Quelle: Schneider [2005, S. 189]

2.2.1.3 Anwendungsgebiete

Die Prozesswertanalyse wird angewendet, um Wettbewerbsvorteile innerhalb der Prozesse zu erkennen und strategisch zu nutzen. Durch die Einordnung der Prozesse nach ihrer Wertschöpfung und Wettbewerbsposition ermöglicht sie eine strukturierte Ableitung von strategischen Maßnahmen im Umgang mit verschiedenen Prozesstypen. Darüber hinaus liefert die Prozesswertanalyse in Phasen der Expansion (vertikale und horizontale Integration) oder Restrukturierung wichtige Informationen für die strategische Neuausrichtung des Unternehmens.

Anwendung der Prozesswertanalyse

2.2.2 Six-Sigma-Analyse

2.2.2.1 Problemstellung und Zielsetzung

Begriff der Six-Sigma-Analyse

Unter dem Begriff Six-Sigma-Analyse verbirgt sich ein Verfahren zur Aufdeckung von Unwirtschaftlichkeiten in Aktivitäten des Unternehmens. Six-Sigma wird als Controllinginstrument definiert, welches den Unternehmen ermöglicht, „ihre Geschäftsergebnisse drastisch zu verbessern, indem alltägliche Aktivitäten auf eine Art und Weise entwickelt und überwacht werden, die Verschwendung und Ressourcen minimieren, während gleichzeitig die Kundenzufriedenheit gesteigert wird." (Kroslid u.a. [2003, S. 19])

Ziel der Six-Sigma-Analyse

Im Kern handelt es sich dabei um ein statistisch induziertes Verfahren des Qualitätsmanagements von Aktivitäten. Ziel ist es, eine nahezu fehlerfreie Qualität von Prozessergebnissen sicherzustellen. Die Fehlerquote von Prozessergebnissen wird über ein statistisches Maß begrenzt.

Mathematische Grundlagen der Six-Sigma-Analyse

Der Begriff Six-Sigma leitet sich aus der Statistik ab. Die mathematische Basis des Six-Sigma-Konzeptes ist die Gauß'sche Normalverteilung (Krolikowski [2008, S. 10]). Six-Sigma steht für die sechsfache Standardabweichung vom Erwartungswert, was bedeutet, dass auf 1 Million Fehlermöglichkeiten nur 3,4 Fehler entstehen. Da diese Fehlerquote das Qualitätsniveau des Six-Sigma-Konzeptes darstellt, kann davon ausgegangen werden, dass mit der Anwendung des Konzeptes, eine nahezu fehlerfreie Qualität erreicht werden soll.

Prozessfehler

Wenn Prozessergebnisse von einem Sollwert beziehungsweise Erwartungswert abweichen, entstehen dem Unternehmen bereits innerhalb einer bestimmten Toleranzbreite Verluste. Das Six-Sigma-Konzept unterstellt einen funktionalen Zusammenhang zwischen Prozessfehlern und Unternehmensverlusten.

Die nachfolgende Abbildung verdeutlicht diesen Zusammenhang zwischen der statistisch induzierten Betrachtung des Prozesses und dem Verlauf der Verlustfunktion.

Zusammenhang zwischen Verlustfunktion und Toleranzabweichung in der Qualität von Tätigkeiten

Abbildung 2-31

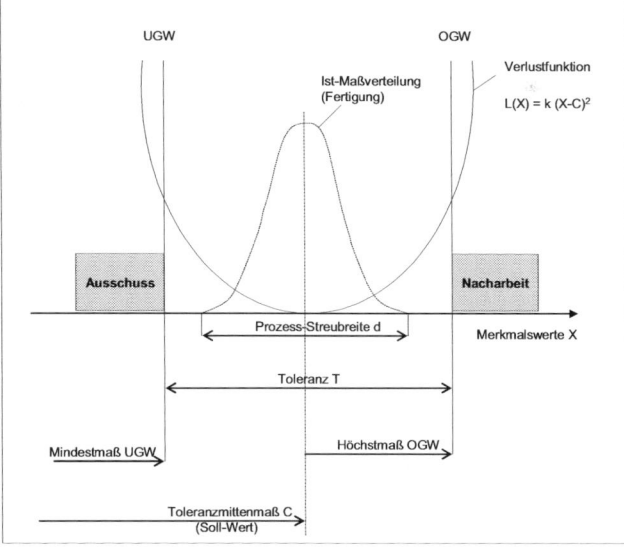

UGW	= unterer Grenzwert
OGW	= oberer Grenzwert
C	= Toleranzmitte
T	= Toleranz des Qualitätsmerkmals
k	= Anzahl der Stichproben zur Messung
X	= Merkmals- oder Ereigniswerte

Quelle: Morgenstern [2004, S.9]

Die Abbildung verdeutlicht, dass Unternehmen zur Minimierung von Verlusten die Streuung von Prozessergebnissen verringern müssen. Dies ist das Ziel der Six-Sigma-Analyse. Sie dient der permanenten Verbesserung der Aktivitäten des Unternehmens, hin zu praktisch fehlerfreien Prozessen (Töpfer/Günther [2008, S. 8]).

Prozess-ergebnisse

Six-Sigma baut auf den bekannten Verfahren des Qualitätsmanagements auf und kann auch als eigenständige Strategie zur Null-Fehler-Qualität beschrieben werden. So hat General Electric, neben zahlreichen anderen Konzernen, Six-Sigma zum Kernelement der unternehmensweiten Strategie entwickelt. In der Endkonsequenz zielt die Six-Sigma-Analyse auf die Erhöhung der Kundenzufriedenheit durch Qualitätsverbesserungen, damit verbundenen auf die Verbesserung der Wettbewerbsposition und durch Ver-

Null-Fehler-Qualität

minderung der Kosten auf die Erhöhung der Gewinne (Toutenburg/Knöfel [2007, S. 3]).

2.2.2.2 Aufbau und Funktionsweise

DMAIC-Cycle Das Six-Sigma-Konzept ist stufenweise aufgebaut. Im Six-Sigma-Konzept wird vom so genannten DMAIC-Cycle gesprochen, wobei der Begriff sich aus den Anfangsbuchstaben der fünf Stufen ergibt (Scheer [2005, S. 16]. Die einzelnen Stufen ordnen sich in einen Kreislauf ein, der als permanenter Controllingzyklus konzipiert ist, um eine kontinuierliche Prozessverbesserung zu erreichen.

Abbildung 2-32 | *Aufbau des Six-Sigma-Konzeptes-DMAIC-Cycle*

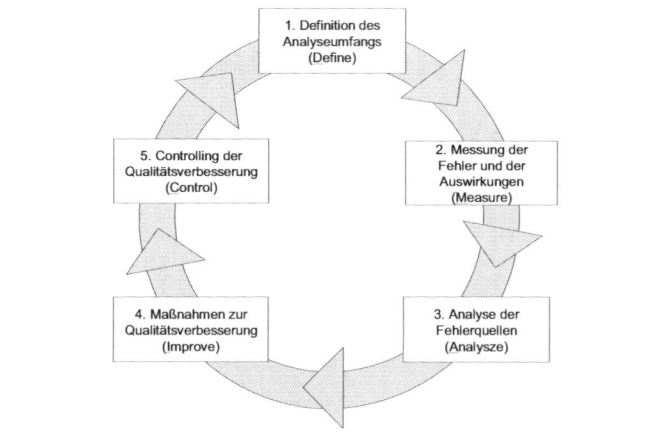

Quelle: eigene Darstellung auf der Basis von Toutenburg/ Knöfel [2007, S.23]

1. Define

Define In der ersten Stufe des Six-Sigma-Konzeptes geht es im Wesentlichen um

- die Problembeschreibung,

- die Festlegung der zu untersuchenden Aktivitäten,

- die Bestimmung der Qualitätsmerkmale der zu untersuchenden Aktivitäten sowie

- die Ermittlung der möglichen Fehlerarten.

Dabei bedient sich die Six-Sigma-Analyse zunächst so genannter CTQ`s (critical to quality). CTQ's sind Merkmale, die aus Sicht der Qualität von Produkten, Prozessen und Systemen zu beachten sind (Fehlmann [2005, S. 140]). Dabei wird unterschieden zwischen:

CTQ

critical to quality

▨ Kundenkritischen Merkmalen, die im Rahmen von Kundeninterviews, -umfragen oder weitergehenden Kundendaten beispielsweise aus dem Beschwerdemanagement erhoben werden,

▨ Prozesskritischen Merkmalen, die von den in den Produktionsprozess eingebundenen Mitarbeitern genannt werden oder auf unabhängigen Messungen beruhen sowie

▨ Vorgabekritische Merkmale, die beispielsweise auf gesetzlichen Anforderungen, Richtlinien oder Standards beruhen.

Zum besseren Verständnis sollen die CTQ's am Beispiel einer Mineralwasserflasche erläutert werden.

CTQ's am Beispiel einer Mineralwasserflasche

Abbildung 2-33

kundenkritische Merkmale	prozesskritische Merkmale	vorgabenkritische Merkmale
feste Verschlusskappe, angenehmes Trinken, liegt gut in der Hand, sauber, stabil, ästhetisch	feste Form, einfach zu etikettieren, einfach zu säubern, einfach zu transportieren	recyclinggerechte Flasche, umweltfreundlich, Normmenge, Normform

Quelle: Kroslid u.a. [2003, S. 44]

CTQ's müssen im Anschluss an ihre Bestimmung durch ein oder mehrere Messgrößen definiert werden, um die nächste Stufe des DMAIC-Cycle umsetzen zu können. Neben der Bestimmung der CTQ's werden in der ersten Phase (Define) folgende Eckwerte des konkreten Six-Sigma-Konzeptes festgelegt:

Messgrößen für CTQ's

▨ Problemformulierung und Projektbegründung,

▨ Projektumfang,

▨ Zielformulierung und Projektbeschreibung,

▨ Projektbeteiligte,

▨ Projektablauf.

2. Measure – Kern der Six-Sigma-Analyse

Measure

In der Measure-Phase werden die Messgrößen für CTQ´s erhoben und daraus die Fehler pro Million Möglichkeiten (FpMM) errechnet (Schmelzer/Sesselmann [2007, S. 292]).

Messgrößen in der Six-Sigma-Analyse

Dabei werden zwei Arten von Messgrößen unterschieden:

- ▪ Kontinuierliche Werte, wie beispielsweise Länge, Masse oder Temperatur, die auf einer Skala abgetragen werden können sowie

- ▪ Diskrete Werte, wie beispielsweise fehlerhaft oder fehlerfrei, die durch Zählung ermittelt werden.

Der Unterschied zwischen kontinuierlichen und diskreten Werten soll anhand eines einfachen Beispiels verdeutlicht werden. Gleichzeitig dient das Beispiel der Darstellung der Ermittlung der FpMM-Werte.

Darstellung der Six-Sigma-Analyse-Ergebnisse

In einem Unternehmen soll der Transportprozess für eine konstante Wegstrecke analysiert werden. Dazu wurden für die letzten siebzig Tage die beobachteten Fahrzeiten erhoben und in einem Histogramm abgetragen.

Abbildung 2-34

Beispielhafte Darstellung von Beobachtungswerten in einem Histogramm

---

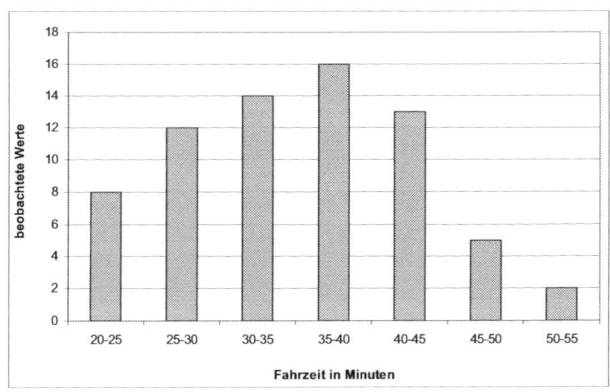

Quelle: eigene Darstellung auf der Basis von Morgenstern [2004, S.10]

Durch die Abbildung wird zunächst deutlich, dass aufgrund des längsten beobachteten Wertes für eine pünktliche Lieferung mindestens 55 Minuten eingeplant werden müssten. Das Unternehmen hat als oberen Grenzwert für die Lieferung jedoch eine reine Fahrzeit von 50 Minuten festgelegt.

Aus den kontinuierlichen Daten wurde ein Mittelwert von 35 Minuten bei einer Standardabweichung von 8 Minuten errechnet. Der obere Grenzwert liegt 15 Minuten vom Mittelwert entfernt, was dem 1,875-fachen der Standardabweichung entspricht. Damit hat das Unternehmen in diesem konkreten Fall 1,875-Sigma vorgegeben, was (aus der Umrechnung der Normalverteilung) einer Fehlerquote von circa 28.700 Fehlern bei einer Million Möglichkeiten entspricht.

Beispiel für Six-Sigma-Analyse

Wird das Beispiel auf die diskrete Betrachtungsweise übertragen, so wurden in 70 Fällen zwei Fahrzeiten oberhalb des Grenzwertes von 50 Minuten festgestellt. Dies entspricht bei 70 Fällen einer prozentualen Fehlerquote von 2,86%, was den Rückschluss erlaubt, dass bei einer Million Möglichkeiten 28.600 Fehler auftreten. Die Abweichungen zwischen der kontinuierlichen und diskreten Betrachtungsweise sind vergleichsweise gering und lassen sich auf die angewendeten Verfahren zurückführen.

Zur Vorbereitung der nächsten Stufe (Analyze) werden die Analyseergebnisse über alle CTQ's hinweg ausgewertet. Dabei werden die FpMM-werte in prozentualen Fehlerquoten ausgedrückt und kumuliert dargestellt.

Auswertung der Six-Sigma-Analyse

Die Ergebnisse lassen sich dabei grafisch für die Analyse aufbereiten. In der Regel wird hierzu ein Pareto-Diagramm verwendet, in dem die relative Häufigkeit der Einflussgrößen dargestellt wird (Morgenstern [2004, S. 4]). Ein Pareto-Diagramm ist ein Säulendiagramm, in dem die einzelnen Werte der Größe nach geordnet und kumuliert abgebildet werden. Dabei befindet sich der größte Wert links, der kleinste Wert wird rechts im Diagramm abgebildet. Das Pareto-Diagramm ist nach dem italienischen Ökonomen Vilfredo Pareto benannt und findet vor allem in der Statistik Anwendung.

Pareto-Diagramm

Diese Darstellung ermöglicht eine Konzentration auf die wesentlichen Einflussgrößen. Unter Anwendung des Pareto-Prinzips wird sich auf die CTQ's konzentriert, die ca. 80% aller beobachteten Fehler ausmachen.

Die nachfolgende Abbildung zeigt ein beliebiges Beispiel von beobachteten CTQ's zusammengefasst in einem Pareto-Diagramm.

Abbildung 2-35 | *Beispielhafte Darstellung der Ergebnisse einer Six-Sigma-Analyse*

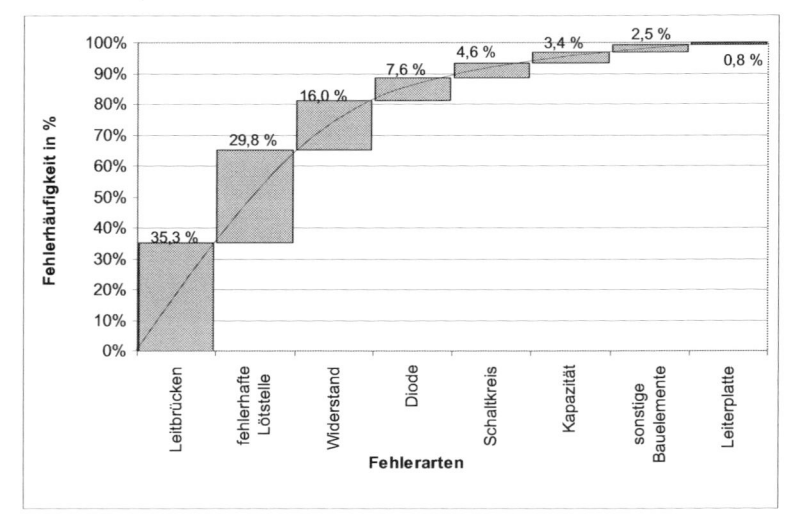

Quelle: Morgenstern [2004, S.5]

Diese Art der Darstellung ermöglicht die Fokussierung der weiteren Analyseschritte auf die wichtigsten Fehlerarten, die zirka 80% der beobachteten Fehlerhäufigkeiten umfassen. In obiger Abbildung sind es die ersten drei aufgeführten Fehlerarten.

3. Analyze

Analyze | In dieser Phase des Six-Sigma-Konzeptes geht es insbesondere um die konkrete Analyse der Messergebnisse und dabei um die Analyse und Beurteilung der Abweichung der Prozessleistung von den gestellten Anforderungen. Bei kleineren Abweichungen dient die Prozessverbesserung der Erhöhung der Qualität, während bei großen Abweichungen in der Regel eine Design- bzw. Produktverbesserung erforderlich ist. Als Analysemethoden können sowohl mathematisch-statistische als auch qualitative Verfahren angewendet werden. Die Größe der Abweichungen, die ausschlaggebend ist für die Prozess- oder Produktverbesserung, wird situationsabhängig festgelegt.

Im Ergebnis der Analyze-Phase werden Prozess- oder Designverbesserungsziele festgelegt (Gamweger/Jöbstl [2005, S. 46]).

Abbildung 2-36

Schwerpunkte der Analyze-Phase

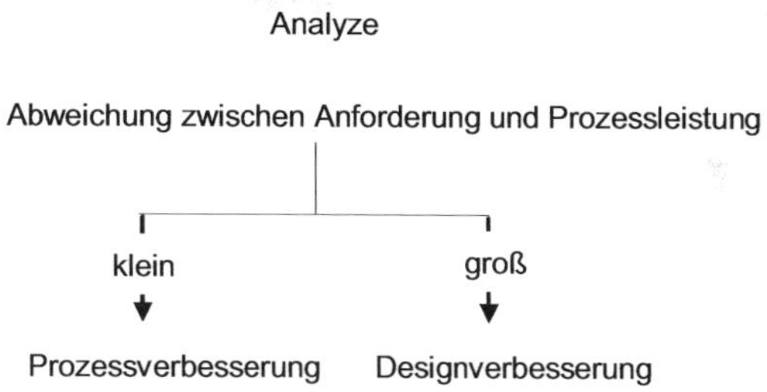

Analyze

Abweichung zwischen Anforderung und Prozessleistung

klein   groß

Prozessverbesserung   Designverbesserung

4. Improve

In der Improve-Phase werden Lösungskonzepte zur Qualitätsverbesserung auf Prozess- oder Designebene entwickelt. Diese Konzepte werden einer Kosten-Nutzen-Analyse unterzogen, um die beste Lösung zu identifizieren. Im Ergebnis wird diese in Unternehmen eingeführt und dabei eine schrittweise Annäherung an die Verbesserungsziele angestrebt. Verbesserungsziele können auf drei sich ergänzende Arten erreicht werden:

Improve

▓ Erhöhung der Vorhersagbarkeit,

▓ Reduzierung von Variationen (Streubreite beziehungsweise Sigma),

▓ Verbesserung des Mittelwertes

(Hutwelker [2008, S. 199]).

Das grundsätzliche Ziel der Verbesserung ist jedoch die Verminderung der Fehlerquote und damit verbunden die Verbesserung der Qualität.

5. Control

In dieser abschließenden Phase des Six-Sigma-Konzeptes sind folgende Schwerpunkttätigkeiten umzusetzen:

Control

▓ Überprüfung der Einhaltung der Verbesserungsziele,

▓ Ermittlung der angestrebten Kosten-Nutzen-Relation,

▓ Implementierung der vorangegangenen Schrittfolge als permanenten Prozess,

▓ Dokumentation der regelmäßigen Messergebnisse,

▓ Kommunikation der kontinuierlichen Analyse.

Mit dieser Phase wird Six-Sigma zu einem kontinuierlichen Controlling-Prozess.

2.2.2.3   Anwendungsgebiete

Anwendung der Six-Sigma-Analyse

Die Six-Sigma-Analyse unterstützt die strategische Ausrichtung des Unternehmens im Qualitätswettbewerb. Sie dient als Basisinformation für:

- die Reduktion der Qualitätskosten und

- die Verbesserung der Prozessqualität.

Sie wird folgerichtig insbesondere in der Produktentwicklung bzw. –weiterntwicklung eingesetzt (Wappis/Jung [2008, S. 331]).

2.3   Produktanalysen

2.3.1   Lebenszyklusanalyse

2.3.1.1   Problemstellung und Zielsetzung

Lebenszyklus

In der Literatur sind sehr unterschiedliche Beschreibungen von Lebenszyklusanalysen zu finden. In der gängigsten Form wird der Lebenszyklus von Produkten beschrieben.

Die Anwendung des Produktlebenszyklus erstreckt sich auf:

- einzelne Produkte und Produktformen,

- Produktgruppen und –klassen,

- Marken

(Fischer [2001, S. 82]).

Lebenszyklus-analyse

Darüber hinaus kann der Produktlebenszyklus sowohl innerhalb eines Unternehmens als auch für ein spezielles Produkt global am Markt analysiert werden (Höft [1992, S. 27]). In der Literatur wird diese Methode auch häufig als Produkt-Lebenszyklusanalyse bezeichnet. Die Lebenszyklusanalyse findet jedoch auch in folgenden Modellen Anwendung:

- Technologielebenszyklus

▓ Lebenszyklus von Organisationen

▓ Branchenlebenszyklus/Industrielebenszyklus

▓ Lange Wellen Theorie (volkswirtschaftliche Zykluskonzepte)

(Höft [1992, S. 15 ff.]).

Im Weiteren werden lediglich Produktlebenszyklusanalysen beschrieben, da sie das Hauptanwendungsgebiet dieser Methodik darstellen. Aus diesem Grund wird das Konzept der Lebenszyklusanalyse auch zur Gruppe der Produktanalysen gezählt.

Produktlebens-zyklusanalysen

Unter Produktlebenszyklus versteht man im Allgemeinen die Entwicklung von Absatz-, Gewinn- und/oder Umsatzzahlen bezogen auf ein Produkt beziehungsweise eine Produktgruppe im Zeitablauf (Simon / Gathen [2002, S. 232]).

Eine marktorientierte Unternehmensstrategie stellt neben Fragen zur Preis-, Marketing- und Vertriebswegepolitik, insbesondere auch grundsätzliche, produktpolitische Überlegungen auf die Agenda der Unternehmensführung und damit des strategischen Controllings. Die Lebenszyklusanalyse unterteilt die Entwicklung eines Produktes im Zeitablauf aufgrund der beobachteten Absatz-, Gewinn- und Umsatzgrößen in verschiedene Lebensphasen. In der Literatur schwanken die Angaben zwischen drei und sechs Phasen, wobei in den meisten Veröffentlichungen in vier Lebensphasen unterschieden werden:

Lebensphasen im Produktlebens-zyklus

▓ Einführungsphase

▓ Wachstumsphase

▓ Reifephase

▓ Rückgangsphase

(Pracht [2005, S. 62f.]).

Folgende Abbildung verdeutlicht die oben beschriebenen Lebensphasen am Beispiel der Kennzahlen Umsatz und Gewinn in einem idealtypischen Verlauf.

Abbildung 2-37	*Idealtypischer Produktlebenszyklus*

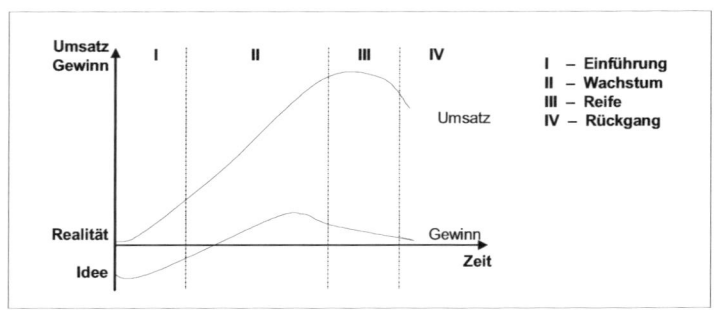

Quelle: Kotler/ Bliemel [2005, S.574]

Die in der Abbildung beschriebenen idealtypischen Phasen können wie folgt charakterisiert werden:

Einführungs-phase

In der Einführungsphase sind Produkte durch eine weitestgehende Unbekanntheit gekennzeichnet. Geringe Umsätze und hohe Anlaufkosten für Produktentwicklung, Vertrieb und Marketing lassen die Gewinne negativ ausfallen. Hier sollten die Bekanntheitssteigerung der Produkte und die Schaffung einer schwer imitierbaren Marktstellung im Vordergrund der Bemühungen stehen.

Wachstumsphase

Ist die Steigerung des Bekanntheitsgrades erfolgreich verlaufen, so tritt das Produkt in die zweite Phase ein, die Wachstumsphase. Sie kennzeichnet einen wachsenden Bekanntheitsgrad des Produkts, der sich durch überproportional steigende Umsätze bemerkbar macht. Die Gewinne erreichen nun – trotz einer zunehmenden Anzahl von Wettbewerbern – schnell ein positives Vorzeichen. Der einsetzende Wettbewerbsdruck kann jedoch einen ersten Druck auf die Preise ausüben, so dass sich bereits in der Wachstumsphase Produktverbesserungs- und Produktdiversifizierungsmaßnahmen als notwendig erweisen können.

Reifephase

Die Phase, bei der die Umsätze ihr Maximum erreichen, zu stagnieren beginnen und in der die Gewinne bereits rückläufig sind, wird als Reifephase bezeichnet. Die Ursachen dafür sind in einer Sättigung des Absatzmarktes zu suchen, aber auch der zunehmende Wettbewerb aufgrund einer zunehmenden Anzahl von Wettbewerbern und Anbietern von evtl. gar besseren Produkten tragen dazu bei.

Rückgangsphase

In der sich anschließenden Rückgangsphase, auch als Degenerationsphase bezeichnet, sinken die Umsätze deutlich. Sich verändernde Kundenwünsche, eine geringere Nachfrage, Innovationen in artverwandten Produkten und der damit einziehende Preisdruck üben deutlichen Druck auf die Gewinne aus. Am Ende der Rückgangsphase steht schließlich die Eliminierung des Produktes, sofern es nicht gelingt, durch Innovationen oder Produktverbesserungen eine Lebenszyklusverlängerung oder -revitalisierung zu erreichen. REICHMANN schlägt hier die Bezeichnung einer „Reborn Cash Cow" vor (Reichmann [2006, S. 472]).

Dieses Konzept der Betrachtung des Lebenszyklus eines Produktes wurde ursprünglich in der Adaptions- und Diffusionsforschung entwickelt. „Die Grundannahme des Konzepts orientiert sich an dem in der Natur beobachtbaren Prozess von Geburt, Wachsen, Reifen, Altern und Tod". (Greve [2006, S. 20]) *Diffusionsforschung*

Mit dieser Einteilung bietet die Lebenszyklusanalyse die Möglichkeit, Produkte zu beurteilen. Im Gegensatz zu rein statischen Betrachtungen – wie der Darstellung des aktuellen Umsatzes eines Produktes zu einem Zeitpunkt im Unternehmen – handelt es sich – wie der Name Lebenszyklus bereits andeutet – um eine dynamische Betrachtung. Im Mittelpunkt steht demzufolge nicht die Analyse der aktuellen Situation eines Produktes gemessen an Absatz- oder Umsatzgrößen, sondern seiner Entwicklung im Zeitablauf (Kuß / Tomczak [2004, S. 17]). In dem Lebenszyklus-Konzept wird damit ein enger Zusammenhang zwischen dem Wachstum gemessen am Absatz und den Erfolgsgrößen, d.h. Umsatz, Gewinn, Deckungsbeitrag etc., postuliert (Steinmann / Schreyögg (2005, S. 244]). Das Ziel der Lebenszyklusanalyse besteht darin, die unterschiedlichen Produkte eines Unternehmens nach der erreichten Lebensphase zu beurteilen und damit Anhaltspunkte über die Struktur der Produktpalette zu liefern und daraus Gesetzmäßigkeiten für die Produktstrategie des Unternehmens abzuleiten. *Ziel der Lebenszyklusanalyse*

2.3.1.2 Aufbau und Funktionsweise

Die Produktlebenszyklusanalyse ist dreistufig aufgebaut.

1. Datenerhebung

In der ersten Stufe erfolgt die Festlegung der Aggregationsebene der Produktbetrachtung sowie der zu betrachtenden Entwicklungsgrößen. Zu den relevanten Messgrößen gehören, wie bereits eingangs beschrieben, folgende Kennzahlen: *Datenerhebung in der Lebenszyklusanalyse*

- produzierte/verkaufte Stücke
- Umsatz
- Cashflow
- Deckungsbeitrag
- Gewinn

Bei der Erhebung der Daten ist zu beachten, dass Einflussfaktoren die Messgrößen im Zeitablauf verzerren können. Dementsprechend sind die Daten im Prozess der Erhebung um diese Sondereinflüsse zu bereinigen. Zu diesen Einflussfaktoren gehören saisonale Schwankungen, Preis- und Wechselkursschwankungen, sowie Inflation. Zur Erhöhung der Genauigkeit sind die Daten in sehr kurzen Zeitintervallen zu erheben. Übliche Zeitintervalle sind Monats- oder Quartalsdaten.

2. Phasenabgrenzung im Produktlebenszyklus

Phasenabgrenzung in der Lebenszyklusanalyse

Zur Abgrenzung, der mit den Daten erhobenen Produktentwicklung in einzelne Lebensphasen, sind zunächst die grundsätzlichen Merkmale einer Lebenszyklusanalyse zu beachten:

■ Die entsprechenden Objektindikatoren werden für einen begrenzten Zeitraum erfasst und beschrieben.

■ Die Entwicklung zeigt einen S-förmigen oder glockenförmigen Verlauf bis zum Erreichen einer gewissen Sättigung oder eines Verschwindens vom Markt.

■ Es wird von idealtypischen Phasen ausgegangen, markante Punkte der Kurve (wie z.B. Wendepunkte) werden zur Abgrenzung dieser Phasen herangezogen.

Abgrenzungsverfahren

Die Abgrenzung der Lebensphasen ist nicht immer eindeutig. In der Literatur haben sich zwei Verfahren der Phasenabgrenzung durchgesetzt, dass mathematisch-statistische sowie das grafische Verfahren (Kreutzer [2008, S. 134]).

Mathematisch-statistisches Abgrenzungsverfahren

Im mathematisch-statistischen Verfahren bilden die jährlichen Änderungsraten der relevanten Messgrößen die Basis für quantitative Abgrenzungskriterien in einzelne Lebensphasen. Die nachfolgende Abbildung zeigt ein Beispiel für die Anwendung des mathematisch-statistischen Verfahrens zur Abgrenzung der Lebensphasen.

Mathematisch-statistisches Verfahren zur Phasenabgrenzung beim Produktlebenszyklus

Abbildung 2-38

Einführung:	S_i kleiner als 5% des (geschätzten) Umsatzmaximums
Wachstum:	S_i* größer + 0,05
Wachsende Reife:	Si* zwischen + 0,05 und + 0,01
Reife:	Si* zwischen + 0,01 und – 0,01
Sinkende Reife:	Si* zwischen – 0,01 und -0,05
Verfall:	Si* größer -0,05

Si = jährliche Verkäufe des Produkts i dividiert durch die Summe der Verkäufe aller Produkte einer Produktklasse bzw. Konsumgüter generell
Si* = jährliche prozentuale Veränderung von Si

Quelle: Polli/ Cook [1969, S.391]

Grafisches Abgrenzungsverfahren

Im grafischen Verfahren werden ebenfalls Kriterien für die Abgrenzung der Lebensphasen festgelegt, die sich jedoch aus dem grafischen Verlauf unterschiedlicher Messgrößen ergeben. Im nachfolgenden Schaubild wurden folgende Kriterien zur Abgrenzung verwendet:

- Einführungsphase endet mit Erreichen der Gewinnzone,
- Wachstumsphase endet mit dem Rückgang der Gewinne,
- Reifephase endet mit Erreichen der negativen jährlichen Änderungsrate des Absatzes sowie
- Sättigungsphase als Teil des Rückgangs endet mit Erreichen der Verlustzone.
- Die Wendepunkte zwischen den einzelnen Phasen sind aus der nachfolgenden Abbildung erkennbar und dokumentieren den idealtypischen Produktlebenszyklus.

Abbildung 2-39 | *Grafisches Verfahren zur Phasenabgrenzung beim Produktlebenszyklus*

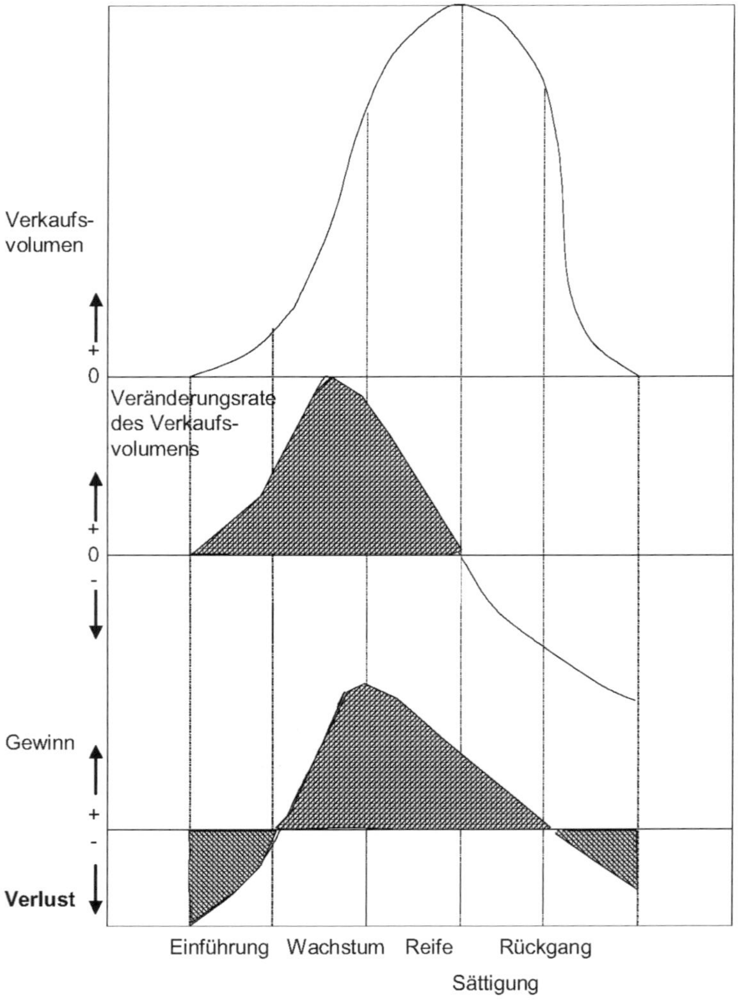

Verkaufs-
volumen

+
0

Veränderungsrate
des Verkaufs-
volumens

+
0
−

Gewinn

+
−

Verlust

Einführung Wachstum Reife Rückgang

Sättigung

Quelle: Scheuing [1969, S.115]

3. Ableitung von Maßnahmen

Die einzelnen Lebensphasen des Produktlebenszyklus weisen eine Reihe von qualitativen Merkmalen auf, die mit zahlreichen Konsequenzen für Unternehmen und Produktnutzern verbunden sind. Nach der Einordnung der Produkte in das Lebensphasenkonzept, verbunden mit der Aussage in welcher Lebensphase sich welches Produkt befindet, lassen sich daraus konkrete Maßnahmen aus Sicht eines Unternehmens ableiten.

Maßnahmen in der Lebenszyklus-analyse

In der nachfolgenden Abbildung werden beispielhaft die Merkmale und Maßnahmen in den einzelnen Lebensphasen des Produktlebenszyklus dargestellt.

Merkmale und Maßnahmen für die einzelnen Phasen des Produktlebenszyklus

Abbildung 2-40

	Einführung	Wachstum	Reife	Rückgang
Merkmal				
Umsätze	niedrig	schnelles Wachstum	langsames Wachstum	Abnahme
Gewinne	nicht beachtenswert	Spitzenwerte	Absinkend	niedrig oder Null
Cash-Flow	negativ	mäßig	hoch	niedrig
Kunden	innovativ	Massenmarkt	Massenmarkt	Nachzügler
Konkurrenten	wenige	zunehmend mehr	viele	zunehmend weniger
Maßnahmen				
Hauptstrategie	Markt ausdehnen	Marktpenetration erhöhen	Marktanteil verteidigen	Produktivität sichern
Marketings-Ausgaben	hoch	hoch	abfallend	niedrig
Nachdruck auf:	Bekanntmachung	Markenpräferenz	Markentreue	Rationalisierung
Distribution	selektiv	intensiv	intensiv	selektiv
Preis	hoch	niedriger	am Tiefpunkt	ansteigend
Produkt	Grundmodell	verbessert	differenziert	rationalisiert

Quelle: Simon/ von der Gathen [2002, S.237]

2.3.1.3 Anwendungsgebiete

Wie bereits oben erwähnt, kann das Lebenszykluskonzept auf eine Vielzahl von Objekten angewendet werden (o.V. [2004, S. 1.881]). Wird das Lebenszykluskonzept auf Produkte eines Unternehmens – was der häufigsten Form entsprechen dürfte –angewandt, so sind die erklärten Ziele der strategischen Grundsatzarbeit eines Unternehmens:

▓ die aktuelle Phase eines Produktes zu identifizieren,

▓ dieses in das gesamte Produktportfolio einzuordnen,

▓ das gesamte Portfolio auf eine nachhaltige Basis zu stellen, in dem rechtzeitig Produkte neu auf den Markt gebracht werden, sobald sich das Verschwinden eines anderen Produktes abzeichnet, sowie

▓ die Lebenszykluskurve des einzelnen Produktes vor dem Rückgang zu bewahren (bspw. mittels Marketing-Maßnahmen).

Darüber hinaus fließt die Produktlebenszyklusanalyse in zahlreiche Portfoliobetrachtungen ein. Dabei wird den einzelnen Phasen des Produktlebenszyklus ein zweites Kriterium in einer Matrix zur Beurteilung gegenübergestellt. Bekannt sind folgende Portfoliokonzepte:

▓ Marktattraktivität-Produktlebenszyklus-Portfolio

▓ Wettbewerbsposition-Produktlebenszyklus-Portfolio

(Heinen [1984, S. 115 ff]).

Darüber hinaus baut die Marktwachstum-Marktanteils-Portfolioanalyse auf dem Konzept des Produktlebenszyklus auf und leitet daraus so genannte Norm-Strategien ab.

2.3.2 Substitutionsanalyse

2.3.2.1 Problemstellung und Zielsetzung

Von Substitution wird gesprochen, wenn Käufer eines Produktes (einer Marke) zu einem anderen Produkt wechseln. Diese Wanderungsbewegungen von Kunden kann sowohl zwischen konkurrierenden Unternehmen als auch innerhalb eines Unternehmens zwischen konkurrierenden Produkten beobachtet werden.

Dabei unterscheiden Unternehmen zwischen gewollter und ungewollter Substitution.

Wenn ein Kunde vom Produkt eines Unternehmens zum Produkt des Wettbewerbers wechselt, dann ist das für das Ursprungsunternehmen grundsätzlich eine ungewollte Substitution mit negativen Folgen für die Menge und den Wert der Produktart des Ursprungsunternehmens. Dagegen partizipiert das nachfolgende Unternehmen sowohl mengen- als auch wertmäßig von dieser Wanderungsbewegung.

Ungewollte Substitution

Wenn ein Kunde neben bereits bestehenden Produkten auch weitere Angebote eines Unternehmens nutzt bzw. erwirbt (Cross-Selling-Effect) kann dieses Unternehmen in gleicher Weise sowohl mengen- als auch wertmäßig von dieser Zunahme an Kundenloyalität partizipieren. Dennoch handelt es sich auch in diesem Fall um eine Form der Substitution, da als Alternative zum Erwerb dieses Produktes ein Konkurrenzangebot unterstellt wird, das mit dem Kauf substituiert wurde. Dieses Beispiel steht für eine gewollte Substitution.

Gewollte Substitution

Tauscht ein Kunde ein Produkt mit einem anderen Angebot aus der Angebotspalette eines Unternehmens so kann der Effekt aus dieser Form der Kannibalisierung innerhalb der eigenen Produktpalette wertmäßig sowohl positiv (bei einer Steigerung des Deckungsbeitrag) als auch negativ (bei einer Verringerung des Deckungsbeitrags) sein.

Zusammenfassend kann festgehalten werden, dass eine wertmäßige Steigerung als gewollte Substitution gewertet werden kann, während die wertmäßige Minderung aus der Substitution ungewollt ist. Die nachfolgende Abbildung verdeutlicht die verschiedenen Substitutionseffekte.

Wertmäßige Auswirkung der Substitution

Abbildung 2-41	*Substitutionseffekte*

gewollte Substitution

	Effekt für das Unternehmen	
	mengenmäßige Betrachtung	wertmäßige Betrachtung
Produkt in t_0: Wettbewerb Produkt in t_1: eigenes Unternehmen	+	+

Produkt in t_0: eigenes Unternehmen
Produkt in t_1: zusätzliches Produkt
    eigenes Unternehmen
    „Loyalitätsgewinn"
	+	+

Produkt in t_0: eigenes Unternehmen
Produkt in t_1: eigenes Unternehmen
    mit höherem Deckungsbeitrag
    „positive Kannibalisierung"
	0	+

ungewollte Substitution

	Effekt für das Unternehmen	
	mengenmäßige Betrachtung	wertmäßige Betrachtung
Produkt in t_0: eigenes Unternehmen Produkt in t_1: Wettbewerb	-	-

Produkt in t_0: eigenes Unternehmen
Produkt in t_1: eigenes unternehmen
    mit niedrigerem Deckungsbeitrag
    „negative Kannibalisierung"
	0	-

Quelle: eigene Darstellung auf der Basis von Kullmann [2006, S.112]

Substitutions-
risiko

Das Substitutionsrisiko umfasst die Gefahr des Eintretens ungewollter Substitution und damit verbunden die Gefahr der Verdrängung eines Produktes durch ein anderes. Empirische Untersuchungen haben ergeben, dass:

▨ Substitutionen über die Produktlebenszeit sehr unterschiedlich verlaufen können,

▨ dabei aber einem nahezu gleichförmigen Verlaufsmuster folgen.

Diese Gleichförmigkeit von Substitutionen lässt sich anhand nachfolgender Abbildungen erklären.

Substitutionsrisiko im Zeitablauf

Abbildung 2-42

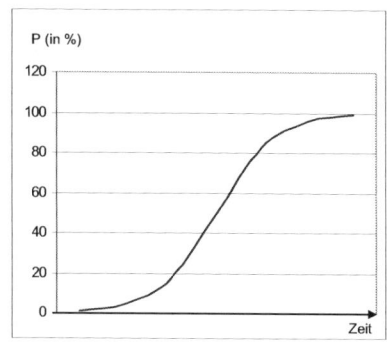 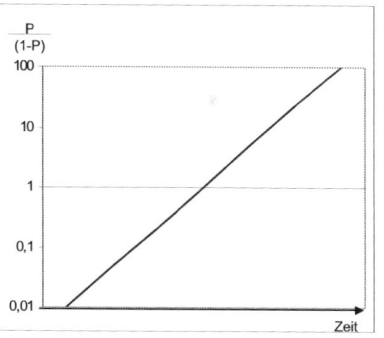

Quelle: eigene Darstellung auf der Basis von Gälweiler [2005, S.49]

Die beiden Diagramme unterscheiden sich in der Ordinate. Im linken Diagramm wurde auf der linear skalierten Ordinate der Anteil (P) des Substitutionsproduktes in Prozent abgetragen. Im rechten Diagramm wird das Verhältnis von Substitutionsprodukt zu substituiertem Produkt (P/(1-P)) auf einer logarithmisch skalierten Ordinate dargestellt.

Substitutionsrisiko im Zeitablauf

Die Funktion $\dfrac{P}{(1-P)}$ sagt aus, wie viele Substitutionsprodukte auf ein substituiertes Produkt entfallen. Die empirisch nachgewiesene Gleichförmigkeit des Substitutionsablaufs besteht darin, „dass eine einmal begonnene Substitution, sobald sie nur wenige Prozent erreicht und damit die Einsatzfähigkeit der neuen Problemlösung bewiesen hat, dann mit dieser anfänglichen Substitutionsgeschwindigkeit weiterläuft bis sie den gesamten Markt erreicht hat" (Gälweiler [2005, S. 50]).

Aufgrund des gleichförmigen Verhaltensmusters von durch Innovationen bewirkten Substitutionen kann aus wenigen frühen Informationen der zukünftige Substitutionsprozess relativ stabil prognostiziert werden. Dennoch muss einschränkend festgehalten werden, dass der grafische Kurvenverlauf in gleicher Weise schwer ermittelbar ist, wie die Bestimmung der aktuellen Position auf der Kurve (Pepels [2004, S. 417]).

Verhaltensmuster von Substitutionen

Die Substitutionsanalyse dient der näherungsweisen Bestimmung des Substitutionsrisikos. Sie untersucht, wie leicht ein Produkt durch ein anderes ersetzt werden kann. Dabei gilt jedoch grundsätzlich, dass Substitution ein natürlicher Effekt des technischen Fortschritts ist (Wildemann [2008, S. 71]).

Technologische Sprünge

Nachfolgende Abbildung verdeutlicht, dass die Substitution eine Folge der Technologieevolution beziehungsweise technologischer Sprünge sein kann.

Abbildung 2-43

Beispielhafte Darstellung von Substitutionseffekten

Technologie- Evolution

Technologie- Sprünge

⇨ ... und -substitution sind natürliche Effekte des technischen Fortschritts.

Quelle: Wildemann [2008, S.71]

2.3.2.2 Aufbau und Funktionsweise

Aufbau der Substitutions- analyse

Das Substitutionsrisiko für ein Produkt oder eine Dienstleistung ist umso höher,

- je niedriger die Wechselkosten des Kunden sind,

- je niedriger der Preis des Produktes beziehungsweise der Dienstleistung ist,

- je höher die Qualität beziehungsweise der Kundennutzen des Substitutionsproduktes ist,

- je weniger sich das Produkt vom Substitutionsprodukt differenzieren lässt (beispielsweise hinsichtlich Qualität, Beschaffenheit, Verfügbarkeit oder Service)

(Kerth/Pütmann [2005, S. 146]).

Zur Einschätzung des Substitutionsrisikos ist es somit erforderlich eine Vielzahl von Informationen zu oben genannten Kriterien zu erheben.

Die Substitutionsanalyse vollzieht sich in folgenden Schritten:

1. Bestimmung der Eigenschaften des substitutionsgefährdeten Produktes

Die erste Stufe der Substitutionsanalyse befasst sich mit der Beschaffung und Aufbereitung von produktbeschreibenden Eigenschaften. Die Ausgangsbasis bildet dabei die analytische Aufbereitung der Kundenanforderungen. Hierzu bieten sich neben den internen Daten, Ergebnisse aus Interviews mit Kunden und Verkäufern sowie Kundenbedarfsanalysen an. Für die Bestimmung von Produkteigenschaften ist die Ermittlung von kaufentscheidenden Kriterien aus Sicht des Kunden maßgeblich.

Produkteigenschaften

Dabei wird zwischen zwei verschiedenen Kaufentscheidungstypologien unterschieden:

Kaufentscheidungstypologien

▦ Klassifizierung von Entscheidungen nach dem Entscheidungsträger sowie

▦ Klassifizierung von Entscheidungen nach dem Ausmaß kognitiver Kontrolle

MEFFERT differenziert Kaufentscheidungen nach der Art und Anzahl der Entscheidungsträger (Meffert [1992, S. 37ff.]).

Klassifizierung von Kaufentscheidungen nach dem Entscheidungsträger

Abbildung 2-44

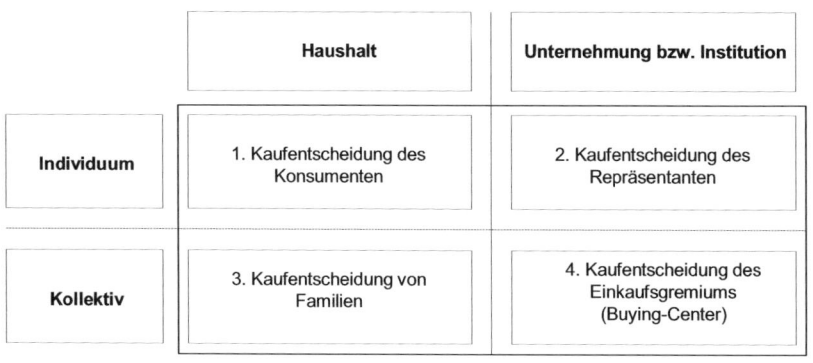

	Haushalt	**Unternehmung bzw. Institution**
Individuum	1. Kaufentscheidung des Konsumenten	2. Kaufentscheidung des Repräsentanten
Kollektiv	3. Kaufentscheidung von Familien	4. Kaufentscheidung des Einkaufsgremiums (Buying-Center)

Quelle: Kuder [2005, S.71]

Bei der Bestimmung der Produkteigenschaften sind Kaufpräferenzen der Entscheidungsträger zu ermitteln. Hierzu müssen Kundenbedarfsanalysen auf die entsprechenden Entscheidungsträgergruppen ausgerichtet werden.

Kaufpräferenzen

Bei der zweiten Kaufentscheidungstypologie geht es um das Ausmaß kognitiver Kontrolle. Diese Kaufentscheidungstypologie lässt sich wie folgt darstellen:

Abbildung 2-45	*Klassifizierung von Kaufentscheidungen nach dem Ausmaß kognitive Kontrolle (Entscheidungsart)*

Impuls-Käufe	Habitualisiertes Kaufverhalten	Limitierte Kaufentscheidung	Extensive Kaufentscheidung

Sehr geringes Ausmaß	Kognitive Kontrolle	Sehr großes Ausmaß

Quelle: Kuder [2005, S.72]

Kognitive Kontrolle

Dabei gilt, dass mit zunehmender kognitiver Kontrolle der Kunde bei der Kaufentscheidung umso planvoller vorgeht. In diesem Kontext lassen sich mit zunehmendem Ausmaß der kognitiven Kontrolle die Produkteigenschaften klarer definieren.

Neben der Bestimmung des typischen Entscheidungsträgers für ein Produkt, muss auch die Art der typischen Kaufentscheidung hinsichtlich des Produktes erhoben werden. Zwischen dem Entscheidungsträger und dem Ausmaß der kognitiven Kontrolle besteht ein idealtypischer Zusammenhang, der für die Einordnung des Produktes und zur Bestimmung der produktspezifischen Eigenschaften maßgeblich ist. Die Kombination aus Entscheidungsträger und Art der Kaufentscheidung ergibt Kaufentscheidungsprämissen, die für jedes Produkt individuell ermittelt werden müssen.

Träger von Kaufentscheidungen

Grundsätzlich kann davon ausgegangen werden, dass mit zunehmender Anzahl von Entscheidungsträgern, das Ausmaß kognitiver Kontrolle zunimmt, wie nachfolgende Abbildung verdeutlicht. Durch diese Darstellung werden beide Kaufentscheidungstypologien miteinander verknüpft.

Idealtypischer Verlauf produktspezifischer Kaufentscheidungsprämissen

Abbildung 2-46

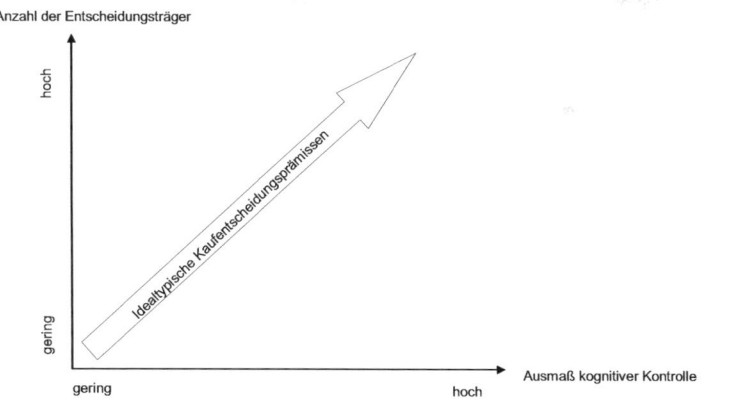

Nach Bestimmung der produktspezifischen Kaufentscheidungsprämissen sind die produktspezifischen Eigenschaften zu definieren und Messgrößen zur Beurteilung festzulegen. Zur Ermittlung der produktspezifischen Eigenschaften bietet die moderne Marktforschung das Instrument des Produkttests an. Bei einem Produkttest wird die Kaufentscheidung für ein substitutionsgefährdetes Produkt mit Vertretern der typischen Entscheidungsträgergruppe simuliert.

Produkttest

Eine Typologie verschiedener Produkttests zeigt nachfolgende Abbildung. Diese Produkttestarten dienen der Bestimmung von Produkteigenschaften, die eine Kaufentscheidung beeinflussen bzw. maßgeblich bestimmen. Innerhalb der Substitutionsanalyse dienen die Produkttests der Bestimmung der Eigenschaften des substitutionsgefährdeten Produktes, welche die Kaufentscheidung beeinflussen.

Produkttestarten

Abbildung 2-47 | *Typen von Produkttests*

Quelle: Stender-Monhemius [2002, S.121]

Kaufentscheiden-
de Produkteigen-
schaften

Im Ergebnis werden kaufentscheidende und produktspezifische Eigenschaften aus den Testergebnissen abgeleitet. Dabei werden drei Typen von Produkteigenschaften unterschieden:

▓ Sucheigenschaften, die jene Produkte charakterisieren, welche der Käufer vor dem Erwerb eines Produktes durch eine umfassende Informationssuche zur vollständigen Beurteilung recherchieren kann. Typische Sucheigenschaften eines Produktes sind Farbe, Form oder Gewicht (Strüker [2005, S. 36]).

▓ Erfahrungseigenschaften, die Merkmale von Produkten kennzeichnen, die der Käufer erst nach dem Kauf beurteilen kann, wie beispielsweise den Geschmack eines Lebensmittels.

▓ Vertrauenseigenschaften, die jene Merkmale eines Produktes beschreiben, deren Ausprägung ein Konsument nicht einwandfrei beurteilen kann. Mit Erwerb des Produktes spricht der Käufer hinsichtlich dieser Eigenschaften dem Unternehmen sein Vertrauen aus. Ein typisches Beispiel für Vertrauenseigenschaften ist die chemische Prüfung von Lebensmitteln (Strüker [2005, S. 37]).

In der nachfolgenden Abbildung werden die produktspezifischen Eigenschaften in Kombination dargestellt und typische Produkte und Dienstleistungen im Wechselspiel zwischen den Eigenschaften dargestellt.

Dreieck Produktspezifischer Eigenschaften	*Abbildung 2-48*

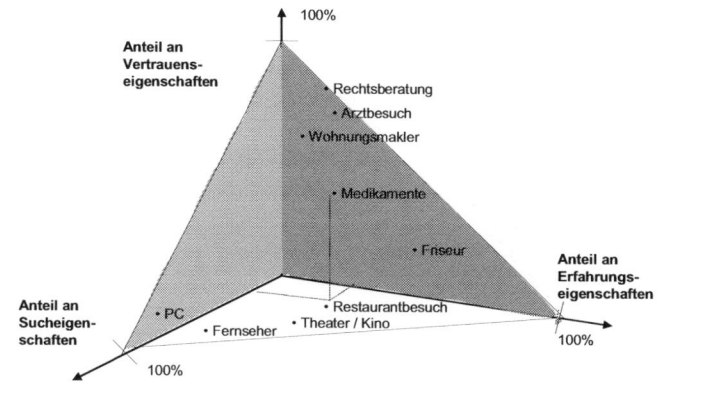

Quelle: Meffert [1999; S.52]

2. Normierung der Produkteigenschaften und Vergleich mit am Markt vorhandenen Produkten

Da die Ausprägungen der Produkteigenschaften in unterschiedlichen Größendimensionen abgebildet werden können, ist es in dieser Phase der Substitutionsanalyse erforderlich, Produkteigenschaften auf einer festgelegten Skala beispielsweise von 0 bis 100 zu normieren. So können unterschiedliche produktspezifische Eigenschaften mit unterschiedlichen Dimensionen über den Grad des Einflusses auf die Kaufentscheidung normiert werden. Hierzu dient auch, die an späterer Stelle dargestellten Instrumente, Conjoint-Analyse und Produktklinik. Diese beiden Instrumente gelten als eigenständige strategische Controllinginstrumente und können ebenso in die Substitutionsanalyse eingebunden werden.

Darüber hinaus sind am Markt vorhandene Produkte beziehungsweise Dienstleistungen mit vergleichbaren produktspezifischen Eigenschaften nach den gleichen Normierungsverfahren zu beschreiben. Im Mittelpunkt

Normierung von Produkteigenschaften

der Auswahl und Einordnung von Substituten für das zu betrachtende Produkt steht die Kernfrage: " in welches Produkt können die Kunden das Geld alternativ investieren?" (Kerth/Pütmann [2005, S. 150]).

Radarscreening Das Radarscreening bietet einen Lösungsansatz zur Identifikation potenzieller Substitute. In das Zentrum des Radarschirms wird das eigene Produkt gestellt. Darum herum werden Kreise abgebildet, die verschiedene Stufen symbolisieren, in die mögliche Ersatzprodukte eingetragen werden. Je stärker potenzielle Substitute die Kundenanforderungen in gleicher Weise erfüllen wie das zentrale Produkt, umso näher stehen die Ersatzprodukte dem Zentrum. Am Beispiel einer regionalen Zeitschrift zeigt nachfolgende Abbildung den Aufbau eines Radarscreens.

Abbildung 2-49 *Exemplarischer Aufbau eines Radarscreens*

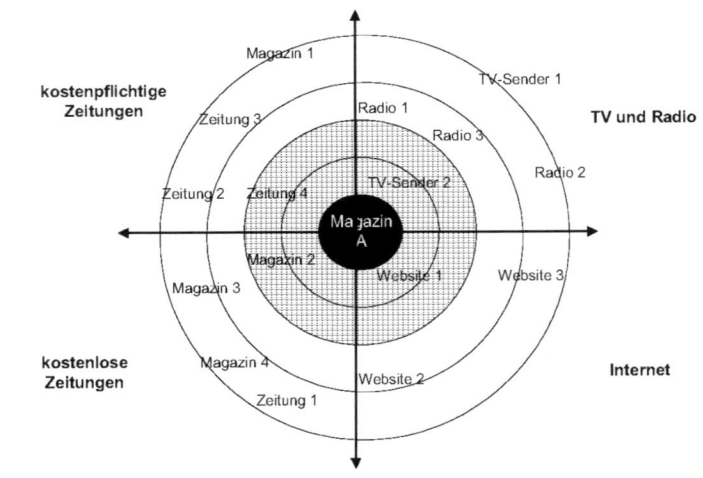

Quelle: Kerth/Pütmann [2005, S.150]

Im Ergebnis des Radarscreenings werden Substitutionsprodukte ermittelt die in einer weiteren Analyse auf ihr Gefährdungspotenzial untersucht werden.

3. Bestimmung des Produktwertes über Nutzenkategorien

Produktwert Neben dem Preis des jeweiligen Produktes ist der Produktwert zu bestimmen. Der Produktwert ist der bewertete Nutzen des Produktes für den Käufer. Dabei kann der Nutzen des Produktes aus Käufersicht sehr unterschiedlich ausgeprägt sein. Dies wiederum erfordert eine Unterscheidung zwischen verschiedenen Nutzenebenen beziehungsweise –kategorien. Diese Differenzierung des Produktnutzens aus Sicht des Kunden ist unter Zuhilfenahme der so genannten Nürnberger Nutzenleiter von VERSHOFEN möglich.

Nürnberger Nutzenleiter nach Vershofen

Abbildung 2-50

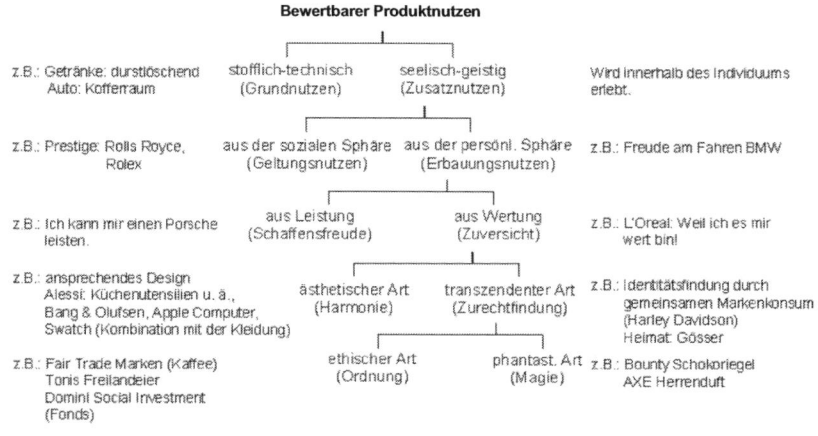

Quelle: eigene Darstellung auf der Basis von Vershofen [1959, S.83 ff.]

Die Nürnberger Nutzenleiter zeigt die verschiedenen, bewertbaren Ebenen des Produktnutzens, die im Rahmen von Kundenbefragungen erhoben und bewertet werden können. Dabei geht es im Kern um die Frage, welche Produkteigenschaften dem Verbraucher einen Nutzen stiften und für ihn damit von Wert sind sowie welchen Geldwert der Kunde einem spezifischen Nutzen zuordnet (Cooper [2002, S. 218]).

Nürnberger Nutzenleiter

4. Bildung von Produktclustern

Zur Bestimmung des Gefährdungspotenzials durch ausgewählte Substitutionsprodukte erfolgt eine so genannte Produktclusterung. Dabei handelt es sich um eine Gegenüberstellung von Produktpreis und -wert sowie eine Zusammenfassung von nahe aneinander liegenden, homogenen Produkten.

Produktcluster

Für die Produkte eines Clusters erfolgt im Weiteren die Bewertung des Substitutionsrisikos. In der nachfolgenden Abbildung werden drei Produkte innerhalb des Clusters identifiziert, die in der Risikoanalyse hinsichtlich des Substitutionsrisikos analysiert werden.

Abbildung 2-51   *Beispielhafte Darstellung einer Produktclusterung*

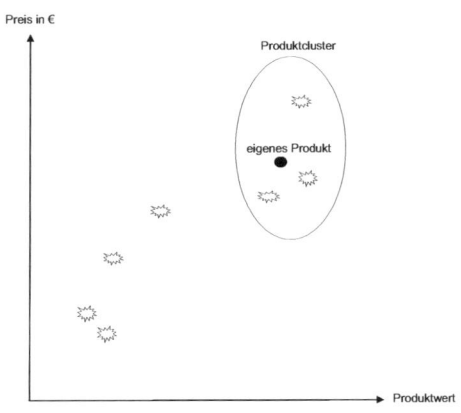

Quelle: eigene Darstellung auf der Basis von Wildemann [2008, S.76]

5. Bewertung des Substitutionsrisikos

Bewertung des Substitutions- risikos

In diesen Schritt wird das Substitutionsrisiko durch eine Analyse ausge- wählter Kennzahlen bewertet. Dabei werden zunächst Produktwert und Produktpreis eines Clusters in Relation gegenübergestellt. Je höher der rela- tive Wert und je niedriger der relative Preis des betrachteten Produktes im Vergleich zu den Substituten ist, umso geringer ist das Substitutionsrisiko.

Wechselkosten

In die Kennzahlenanalyse fließen darüber hinaus die so genannten Wechsel- kosten ein. „Wechselkosten sind monetäre und nicht-monetäre Barrieren, die ein Kunde überwinden muss, wenn er von einem Anbieter zum nächsten wechseln will. PORTER beschreibt Wechselkosten allgemein als einmalige Kosten die ein Kunde mit dem Prozess des Wechsels von einem Anbieter zu einem anderen assoziiert" (Hemberle [2007, S. 3]).

Je höher die Wechselkosten sind umso niedriger ist die Substitutionsgefahr.

6. Maßnahmen zur Verringerung des Substitutionsrisikos

Verringerung des Substitutionsri- sikos

„Die meiste Aufmerksamkeit verdienen Ersatzprodukte,

a) deren Preis/Leistungs-Verhältnis sich gegenüber dem Produkt der Bran- che tendenziell verbessert und

b) deren Hersteller hohe Gewinne erzielen" (Porter [1999, S. 58]).

Zur Verminderung des Substitutionsrisikos können folgende Maßnahmen dienen, die auf Produktebene angewendet werden:

- Anhebung der Wechselbarrieren und –kosten,

- Verbesserung des Produktwertes bei gleichem Preis,

- Senkung des Preises bei unverändertem Produktwert,

- Verbesserung des Produktwertes bei sinkendem Preis,

- überproportionale Verbesserung des Produktwertes im Vergleich zu vorgenommenen Preiserhöhung,

- überproportionale Senkung des Preises im Vergleich zur erfolgten Produktwertverringerung.

(Pepels [2004, S. 554]).

Maßnahmen zur Reduktion des Substitutions-risikos

2.3.2.3 Anwendungsgebiete

Die Substitutionsanalyse ist als strategisches Controllinginstrument zur Vorbereitung einer Produktdifferenzierungsstrategie geeignet. Über die stufenweise Eingrenzung der konkurrierenden Produkte werden Produkteigenschaften identifiziert, die im Mittelpunkt der Weiterentwicklung des Produktes stehen. Dies dient der Abwehr neuer Wettbewerber durch frühzeitige Identifikation des Substitutionsrisikos.

Anwendung der Substitutions-analyse

2.3.3 Conjoint-Analyse

2.3.3.1 Problemstellung und Zielsetzung

Die Conjoint-Analyse ist ein Verfahren zur Bestimmung des Produktnutzens. Dabei werden im Zuge eines Markttests Probanden aufgefordert, Produkte hinsichtlich verschiedener Merkmale und deren Ausprägung in eine Rangfolge zu bringen. Damit werden die Produktpräferenzen von Käufern ermittelt. Die Kernfrage zur Ermittlung der Produktpräferenzen lautet: Welches Produkt würde mit welchem Merkmalen vom Kunden am stärksten bevorzugt werden?

Definition Con-joint-Analyse

Zur Beantwortung dieser Frage eignen sich zwei komplementäre Vorgehensweisen. Einerseits lässt sich die Beurteilung eines Merkmals und dessen

Ausprägung direkt erfragen, etwa >>Wie finden Sie die Farbe Rot bei einem Auto?<< und >>Wie wichtig ist Ihnen das Merkmal Farbe?<<. Aus den Ein-

Kompositioneller Ansatz

zelurteilen lässt sich das Gesamturteil einzelner Autos erschließen. Diese Form der Zusammenführung von Einzelurteilen wird mit dem Begriff der Komposition umschrieben. „Man bezeichnet diese Vorgehensweise daher auch als kompositionellen Ansatz.

Dekompositio-
neller Ansatz

Im Gegensatz dazu ist das Vorgehen der Conjoint-Analyse dekompositionell. Es werden Gesamtbeurteilungen von ausgewählten Objekten erfragt, die anschließend in Einzelurteile bezüglich der Merkmale und Ausprägungen dieser Objekte zerlegt, dekomponiert, werden." (conjointanalysis.net, 2009)

Neben der kompositionellen und dekompositionellen Differenzmethode gibt es auch noch eine hybride Anwendungsform, auf die an dieser Stelle jedoch nicht weiter eingegangen wird.

Einordnung der
Conjoint-
Analyse

Die Einordnung der Conjoint-Analyse in das Methodengerüst zur Präferenzbestimmung zeigt nachfolgende Abbildung.

Abbildung 2-52

Methoden zur Präferenzbestimmung

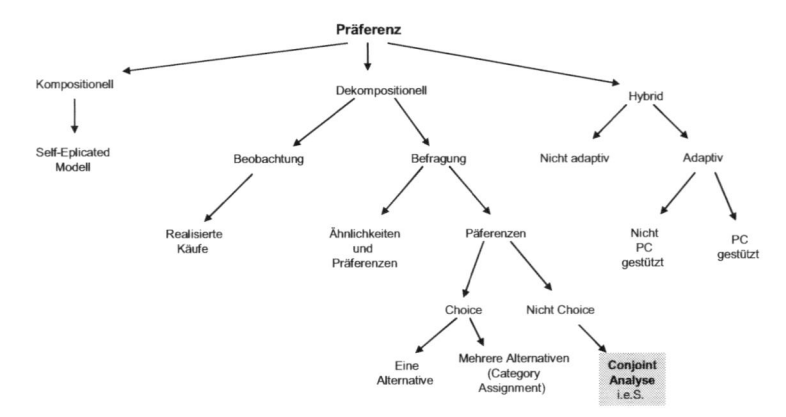

Quelle: Fabian [2005, S.116]

Kernfragen der
Conjoint-
Analyse

Im Kern der Conjoint-Analyse geht es um die Beantwortung nachfolgender Fragestellungen:

- Welche Produktmerkmale sind dem Kunden beziehungsweise Anwender in welcher Form maßgeblich?

- Welche Ausprägungen von Produktmerkmalen bevorzugt der Kunde beziehungsweise Anwender, und welche werden abgelehnt?

Analog zu diesen Fragestellungen ermittelt die Conjoint-Analyse Präferenzen von Käufern beziehungsweise Anwendern auf zwei Ebenen:

Käuferpräferenzen

■ Produktmerkmalsebene (z.B. Innenausstattung eines Fahrzeugs) sowie

■ Merkmalsausprägungsebene (z.B. Ledersitze im Fahrzeug).

Dabei können unterhalb der jeweiligen Merkmalsebene mehrere Ausprägungen stehen, die hinsichtlich der Käuferpräferenzen unterschiedlich bewertet werden können. Mit dieser Form der Untergliederung verfolgt die Conjoint-Analyse das Ziel, Potenziale zur Erhöhung des Produktwertes in verschiedenen Merkmalsausprägungen zu erkennen.

Die Conjoint-Analyse kann als eigenständiges Instrument angewendet werden oder in Kombination mit anderen strategischen Controllinginstrumenten, wie beispielsweise der Substitutionsanalyse eine sinnvolle Ergänzung sein.

2.3.3.2 Aufbau und Funktionsweise

Die Conjoint-Analyse ist nach einer feststehenden Schrittfolge aufgebaut. Die Anwendung der Conjoint-Analyse lässt sich am besten anhand eines praktischen Fallbeispiels verdeutlichen. Das nachfolgende Beispiel wurde auf der Basis von http://www.conjointanalysis.net/CANet/Einfuehrung.html leicht abgewandelt.

Aufbau der Conjoint-Analyse

1. Ermittlung und Auswahl von Produktmerkmalen und Merkmalsausprägungen

In dieser Phase geht es um die Auswahl der Eigenschaftsmerkmale. Diese müssen:

Produktmerkmale

■ für die Kaufentscheidung relevant sein,

■ durch den Hersteller beeinflussbar sein,

■ unabhängig sein, damit die im additiven Modell der Conjoint-Analyse bewerteten Merkmale zu einem Gesamtnutzen zusammengeführt werden können,

■ aus Sicht des Herstellers technisch realisierbar sein,

■ in einer kompensatorischen Beziehung zueinander stehen, das heißt, die Verbesserung eines Eigenschaftsmerkmals kompensiert die Nachteile eines anderen Merkmals.

■ (Backhaus/Erichson/ Plinke/Weiber [2005, S. 562]).

Beispiel für eine Conjoint-Analyse

Beispiel: Ein Autohersteller, der an der Produktion eines neuen Fahrzeugs interessiert ist, beauftragt eine Conjoint-Analyse. Dazu werden folgende Produktmerkmale und Merkmalsausprägungen festgelegt:

	Auto 1	Auto 2
Produkt-merkmale	Merkmalsausprägungen	
Ausstattung	Ledersitze	Velourssitze
Marke	A	B
Preis	30.000 Euro	40.000 Euro
Leistung	120 PS	130 PS
Lackierung	Normal	Metallic

2. Entwicklung des Analysedesigns

Analysedesign

In dieser Stufe wird der Fragebogen zur Bewertung der oben genannten Merkmalsausprägungen entwickelt. Dabei werden Fragen und eine Beurteilungsskala entworfen. Für das Fallbeispiel wurden im Fragebogen hinsichtlich des Merkmals Lackierung folgende Fragen formuliert:

> Wie wichtig finden Sie die Lackierung des Fahrzeugs?
>
> unwichtig 1-----2-----3-----4-----5-----6-----7 wichtig
>
> Wie beurteilen Sie die Metallic-Lackierung bei einem PKW?
>
> schlecht 1-----2-----3-----4-----5-----6-----7 gut

3. Datenerhebung

In dieser Phase bewerten die Probanden anhand des Fragebogens die Produktmerkmale und Merkmalsausprägungen.

4. Aggregation der Ergebnisse und Bewertung der Merkmalsausprägungen

In der Aggregation werden die durchschnittlichen Beurteilungsergebnisse der Ausprägungen mit der Wichtigkeit des Merkmals multipliziert und diese Ergebnisse zu einem Gesamtnutzenwert addiert.

Nachfolgende Tabelle zeigt exemplarisch die Ergebnisse der Conjoint-Analyse für das Ausgangsbeispiel.

Beispielhafte Ergebnisse der Conjoint-Analyse

Abbildung 2-53

Merkmal	Wertung des Merkmals	Ausprägung	Wertung der Ausprägung	Teilnutzen- wert
Sitze	3	Ledersitze	3	9
		Veloursitze	1	3
Marke	2	A	2	4
		B	5	10
Preis	6	30.000 Euro	6	36
		40.000 Euro	4	24
Leistung	5	120 PS	3	15
		130 PS	5	25
Lackierung	4	normal	1	4
		metallic	3	12

Beispiel für eine Conjoint-Analyse

Aus der Bewertung ergeben sich für die beiden Fahrzeuge folgende Gesamtnutzenswerte.

	Auto 1	Auto 2
Produkt- merkmale	Merkmalsausprägungen	
Ausstattung	9	3
Marke	4	10
Preis	36	24
Leistung	15	25
Lackierung	4	12
Gesamt	68	74

5. Analyse der Ergebnisse und Ableitung von Maßnahmen

In dieser Phase geht es um die Festlegung von Maßnahmen zur Verbesserung einzelner Merkmalsausprägungen. Aus den Gesamtnutzenwerten im Beispiel wird erkennbar, dass die Probanden das Auto 2 gegenüber dem Auto 1 bevorzugen. Um die Nachteile des Fahrzeugs 1 zu kompensieren müsste in diesem vereinfachten Beispiel die Lackierung geändert werden.

2.3.3.3 Anwendungsgebiete

Die Conjoint-Analyse wird insbesondere im Rahmen der strategischen Neuausrichtung der Produktpalette angewendet. Sie beantwortet insbesondere die Frage, wie ein neues Produkt im Hinblick auf die Bedürfnisse der Anwender und Konsumenten optimal zu gestalten ist (Broda [2006, S.107]).

Anwendung der Conjoint-Analyse

Damit unterstützt sie alle strategischen Konzepte, die am Kundennutzen orientieren.

Darüber hinaus wird die Conjoint-Analyse jedoch auch in andere Analysverfahren integriert. So dient sie beispielsweise in der Substitutionsanalyse als wesentliches Instrument zur Bestimmung und Normierung von Produkteigenschaften.

2.3.4 Quality Function Deployment

2.3.4.1 Problemstellung und Zielsetzung

Definition von Quality Function Deployment

Quality Function Deployment (QFD) ist ein von AKAO in Japan eingeführtes Verfahren zur Festlegung marktgerechter Produkteigenschaften (Akao [2004, S. 15f.]). Mit Anwendung von QFD wird das Ziel der Qualitätsverbesserung und Produktivitätssteigerung bei Produkten verfolgt. QFD ist durch folgende Merkmale gekennzeichnet:

Merkmale von Quality Function Deployment

◼ strategische Planungs- und Kommunikationsmethode für Produkte,

◼ Methode zur Qualitätsplanung,

◼ zielorientierte und nicht möglichkeitsorientierte Planung,

◼ Dokumentation von Komplexität, Abhängigkeiten und Einflüssen in Produkten,

◼ Übersetzung der Kundenanforderungen in Qualitätsmerkmale des Produktes,

◼ Gewichtung von Beziehungen und Bedeutungen zwischen Produktmerkmalen und Kundenanforderungen,

◼ Berücksichtigung von Wettbewerbsvergleichen.

(Greßler/Göppel [2008, S. 52]).

Vereinfacht dargestellt erfolgt beim QFD-Konzept die Verknüpfung von Kundenanforderungen und Produktmerkmalen anhand von Einflussintensitäten.

Kernfragen von Quality Function Deployment

Dabei arbeitet das QFD-Konzept mit zwei Kernfragen:

◼ Was ist zu tun? (Kundenanforderungen)

◼ Wie kann ich es tun? (Produktmerkmale)

(Ophey [2005, S. 35])

House of Quality

Das QFD-Konzept dient der Bestimmung von Zielgrößen für die Produkt-entwicklung und darauf abgestimmter Prozesse und begleitet die Umset-zung und Zielerreichung kontinuierlich. Das Grundprinzip von QFD liegt in der Anwendung einer Qualitäts-Matrix, welche aufgrund seiner Gestalt auch als „house of quality" bezeichnet wird (Akao [2004, S. XVI]).

Aufbau und Funktionsweise des house of quality

Abbildung 2-54

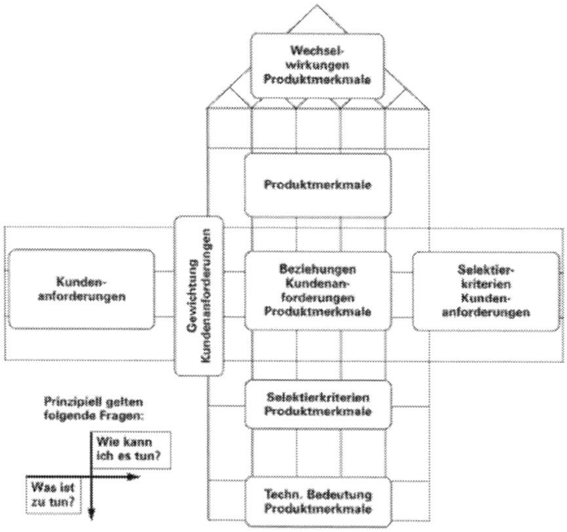

Quelle: Greßler/ Göppel [2008, S.53]

Die beiden angegebenen Kernfragen werden im house of quality in der Wagerechten (Was) und Senkrechten (Wie) abgetragen bzw. beantwortet.

2.3.4.2 Aufbau und Funktionsweise

Quality Function Deployment ist prozessual aufgebaut und besteht aus vier Qualitätsplänen, die aufeinander aufbauen und abgestimmt sind. Der De-taillierungsgrad steigt mit jedem Plan. Darüber hinaus werden von Stufe zu Stufe wichtige beziehungsweise kritische Qualitätskriterien weiter gegeben.

Aufbau von Quality Function Deployment

Abbildung 2-55 | *Prozessablauf des QFD-Konzeptes*

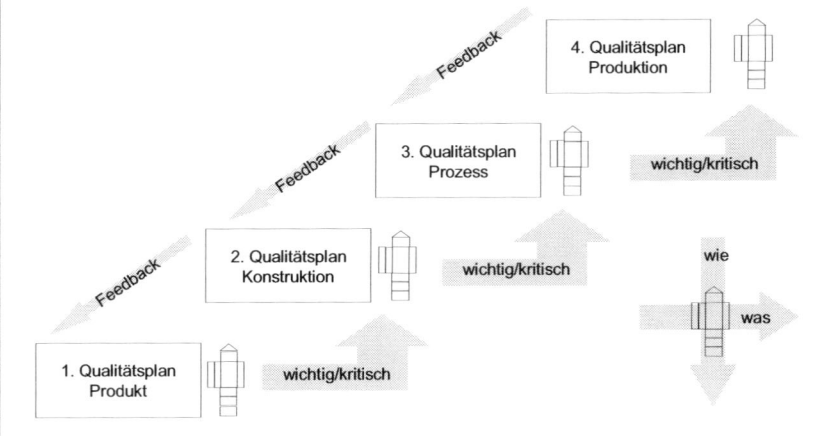

Quelle: eigene Darstellung auf der Basis von Ophey [2005, S.35]

Planungsphasen im Quality Function Deployment

In jeder der vier Planungsphasen wird das house of quality als eine Art Standardformular erstellt. Wie die konkrete Abfolge zur Erstellung des house of quality gestaltet ist wird anhand der ersten Planungsphase dargestellt.

Erste Planungsphase

In der ersten Planungsphase, der Qualitätsplanung auf Produktebene, werden die Kundenanforderungen in Produktmerkmale übersetzt und diese auf messbare technische Merkmale übertragen. Zur Erstellung des Qualitätsplanes Produkt wird das house of quality in einer feststehenden Reihenfolge erstellt, die aus nachfolgender Abbildung ersichtlich wird.

Zunächst wird in drei Teilplänen das, was zu tun ist, festgelegt. Anschließend werden die Stufen geplant, die das >>wie es zu tun ist<< festlegen.

Reihenfolge der Erstellung des house of quality

Abbildung 2-56

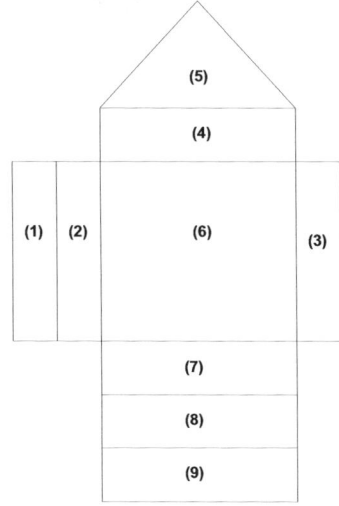

Quelle: Bruhn [1998, S.383]

Der Qualitätsplan für das Produkt gestaltet sich im house of quality dabei wie folgt:

Qualitätspla-nung

1. Erfassung der Kundenbedürfnisse

Mittels Kundenbefragung werden die für den Kunden bedeutsamen Produktmerkmale erhoben.

2. Gewichtung der Kundenbedürfnisse

Da Produktmerkmale nicht immer die gleiche Bedeutung für die Erfüllung der Kundenbedürfnisse haben, ist eine Gewichtung entsprechend der Kundenpräferenzen vorzunehmen.

3. Wettbewerbsanalyse

Es werden die verschiedenen Produkte der Wettbewerber hinsichtlich der Erfüllung der Kundenbedürfnisse analysiert.

4. Ableitung technischer Merkmale

Die ermittelten Kundenwünsche werden in technische Merkmale übersetzt.

5. Bestimmung der Abhängigkeiten zwischen technischen Merkmalen

Technische Merkmale von Produkten können sich positiv ergänzen, neutral und unabhängig sein oder sich sogar negativ beeinflussen. Diese Interdependenzen müssen aufgezeigt werden

6. Erstellung einer Beziehungsmatrix zwischen Kundenbedürfnissen und technischen Merkmalen

Beziehungs-matrix

In der Beziehungsmatrix wird untersucht, wie stark ein technisches Merkmal einen einzelnen Kundenwunsch beeinflusst. Dazu werden Einflussintensitäten ermittelt, die entweder über Symbole (beispielsweise für starke, mittlere und schwache Beziehungen) oder eine Rating-Skala (beispielsweise von 0= keine Einflussintensität bis 10= hohe Einflussintensität) gemessen und abgebildet werden.

7. Messung der Ausprägung der technischen Merkmale

Die technischen Merkmale werden über ihre konkrete Spezifikation gemessen, wie beispielsweise Hubraum, Leistung u.ä.

8. Wettbewerbsanalyse zu Ausprägungen technischer Merkmale

In der Wettbewerbsanalyse werden die gemessenen Ausprägungen der verschiedenen technischen Merkmale unter Wettbewerbsprodukten verglichen

9. Bewertung der technischen Merkmale bezüglich ihrer Bedeutung aus Kundensicht

Zweite Pla-nungsphase

Nach Fertigstellung des Qualitätsplanes für das Produkt werden im nächsten Schritt die darin enthalten Baugruppen, Komponenten und Teile einer weiteren und detaillierten Qualitätsplanung unterworfen, die in der gleichen Schrittfolge zur Erstellung des house of quality führt.

Der Zusammenhang zwischen der ersten und zweiten Planungsstufe des QFD-Konzeptes zeigt nachfolgendes Schaubild am Beispiel einer Leuchtdiode.

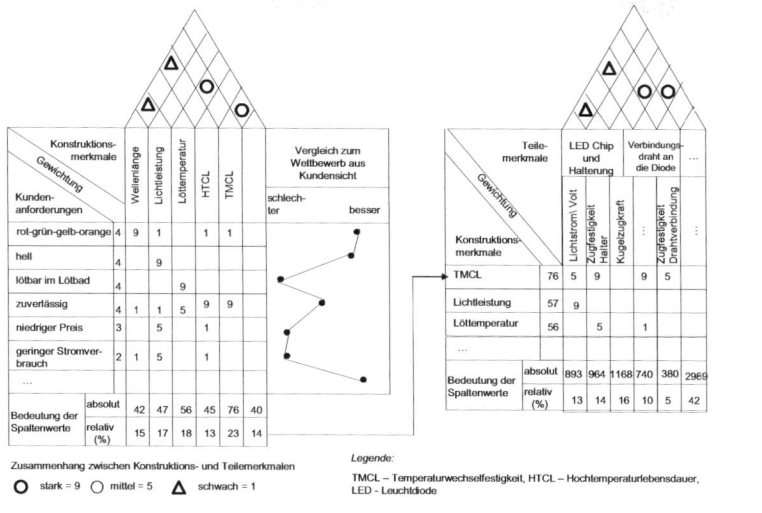

Quelle: von Ahsen [2006, S.176]

Ungefähr 70% aller QFD-Prozesse werden nach Ablauf der zweiten Planungsphase beendet, da die wichtigsten Ziele:

▓ klar formulierte Kundenbedürfnisse sowie

▓ Umsetzung in einem technischen Grundkonzept

erreicht sind (Ophey [2005, S.39]). Aus diesem Grund wird auf eine weitere Erläuterung der Planungsstufe 3 (Qualitätsplan Prozess) und der Planungsstufe 4 (Qualitätsplan Produktion) verzichtet.

Ziele der Qualitätsplanung

2.3.4.3 Anwendungsgebiete

Das QFD-Konzept wird häufig im Zusammenhang mit Target Costing genannt. In diesem Fall erfolgt die Zielkostenspaltung des Target Costings auf der Basis des QFD. Somit wird es möglich Qualitäts- und Kostenaspekte aus strategischer Sicht miteinander zu verbinden. QFD wird in der Regel im Zusammenhang mit dem Automobilbau beschrieben, da die Erfolge des Konzeptes aus verschiedenen Studien von Toyota bekannt sind (Werner [2008, S. 225]). Das QFD-Konzept unterstützt die strategische Neuausrichtung der Produktpalette an den Kundenanforderungen und berücksichtigt dabei sowohl die Wettbewerbsbedingungen als auch die Kostenstrukturen, der unter Qualitätsaspekten geplanten Produkte.

Anwendung von Quality Function Deployment

2.3.5 Produktklinik

2.3.5.1 Problemstellung und Zielsetzung

Definition der Produktklinik

Die Produktklinik ist ein institutionalisierter Lernort, an dem funktions-übergreifend Produkte und dazugehörige Prozesse analysiert werden und daraus Verbesserungsschritte erlernt werden (Reiner [2004, S. 43]). Dabei werden Erkenntnisse über eigene und Konkurrenzprodukte in einer vergleichenden Sichtweise gewonnen. WILDEMANN bezeichnet die Produktklinik als eine Keimzelle für Lernprozesse. Die Idee seiner Produktklinik besteht darin, „dass eigene aktuelle Produkte und Prozesse aufbauend auf Markt-, Wettbewerbs- und Kundendaten direkt auf physischer Ebene mit den Mitbewerbern verglichen werden" (Wildemann [1996, S. 39]). Die Besonderheit der Produktklinik besteht somit darin, dass die zu analysierenden Produkte konkret vorhanden sind und damit ohne Abstraktion analysiert werden können. Eine weitere Besonderheit der Produktklinik besteht darin, dass in ihr die verschiedensten Analyseverfahren zur Anwendung gelangen.

Ziel der Produktklinik

Ziel ist, auf der Basis von internen und externen Informationen Unterschiede zwischen Produkten und den dazugehörigen Strukturen und Prozessen als Maßstab für die Verbesserung von:

- Kosten,

- Zeit,

- Qualität und

- Flexibilität

zu verwenden (Reiner [2004, S.44]). Somit verfolgt die Produktklinik vordergründig eine ökonomische Wirkung, wie nachfolgende Abbildung zeigt.

Ökonomische Wirkung der Produktklinik

Eine Reduktion der Produktklinik auf die ökonomische Wirkung ist jedoch zu vereinfachend. Vielmehr zielt die Produktklinik mit dem Produktvergleich auf die Darstellung der wesentlichen Merkmale von Produkten die genannte ökonomische Wirkungen ermöglichen.

Ökonomische Wirkung einer Produktklinik

Abbildung 2-58

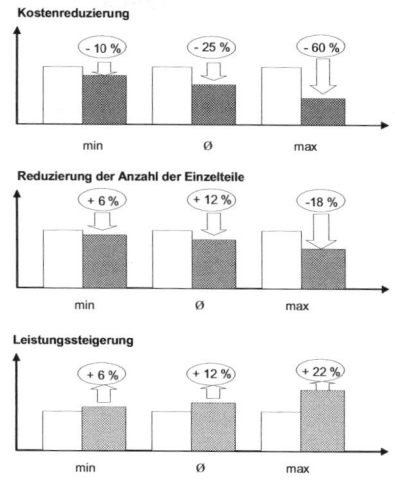

Quelle: Reiner [2004, S.44]

Die Produktklinik hat den wesentlichen Vorteil, dass sie auf einer ganzheitlichen Betrachtung aller Komponenten eines Produktes beruht. Dabei werden die verschiedensten Methoden und Verfahren wie beispielsweise Conjoint-Analyse oder Benchmarking angewendet, die bereits an anderer Stelle umfassend erläutert wurden. Die Produktklinik ist demzufolge kein eigenständiges Instrument sondern vielmehr die Zusammenführung verschiedener Verfahren und Methoden zu einer ganzheitlichen Betrachtungsweise. Darüber hinaus wird durch die physische Produktanalyse ein Lernprozess ausgelöst, der auf die Adaption verschiedener Produktkomponenten abstellt.

Vorteil der Produktklinik

2.3.5.2 Aufbau und Funktionsweise

Die Produktklinik ist durch einen Ablauf geprägt, der „das Lernen am Produkt und zugleich Verbesserungsmaßnahmen für neue Produkte und Produktionsprozesse möglich machen" (Großklaus [2007, S.162]).

Aufbau der Produktklinik

In der Produktklinik werden zwei Phasen unterschieden:

1. Die Divergenz-Phase ist analytisch geprägt und befasst sich mit den Produkt- und daraus abgeleitet Prozessunterschieden. In dieser Phase werden drei verschiedene Untersuchungsebenen (Technische Produktkomponenten, Produkteigenschaften sowie daran gekoppelte Prozesse) analysiert. Die Unterscheidung zwischen den drei Untersuchungsebenen verdeutlicht nachfolgendes Schaubild.

Divergenz-Phase

141

Abbildung 2-59	*Untersuchungsebenen der Produktklinik*

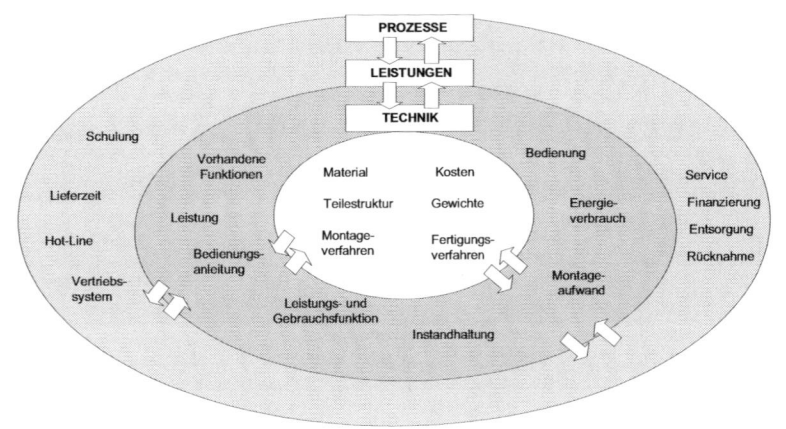

Quelle: Probst/ Raub/ Romhardt [2006, S.132]

Ergebnisse der Divergenz-Phase

In der Produktklinik werden in dieser Phase aus verschiedenen Produkten:

▓ wichtige Leistungsunterschiede quantifiziert,

▓ maßgebliche Konstruktionsunterschiede festgestellt,

▓ Ursachen für Leistungsnachteile eigener Produkte ermittelt,

▓ Rückschlüsse auf Produkt- und Prozessdesign gezogen

(Großklaus [2007, S.162])

Dabei kommen insbesondere folgende Instrumente zur Anwendung:

Instrumente der Divergenz-Phase

▓ Conjoint-Analyse zur Bestimmung und Bewertung der Produktmerkmale und –ausprägungen,

▓ Benchmarking, das produkt- oder prozessbezogene Lernen vom Besten,

▓ Funktions- und Leistungsanalyse zur Erhebung der besten Lösungen für Funktionalität und Leistungsfähigkeit sowie

▓ Prozess-Wertanalyse, der Ermittlung der Werthaltigkeit einzelner Prozesse aus Sicht des Kundennutzens.

Konvergenz-Phase

2. Die Konvergenz-Phase ist durch die konzeptionelle Annäherung des eigenen Produktes an konkrete Zielwerte gekennzeichnet.

In dieser Phase werden:

■ mit Hilfe des Quality Function Deployment die Kundenanforderungen einzelnen Produktkomponenten zugeordnet und Maßnahmen zur Umsetzung dieser Anforderungen in zukünftigen Produkten festgelegt,

■ im Rahmen des Target Costing die zulässigen Kosten einzelner Produktkomponenten bestimmt sowie

■ im Variantenmanagement die verschiedenen aus Sicht des Kundennutzens und der Kosten sinnvollen Produktvariationen abgestimmt.

Der Zusammenhang zwischen Divergenz- und Konvergenz-Phase wird anhand nachfolgender Abbildung deutlich

---

Struktur der Produktklinik

Abbildung 2-60

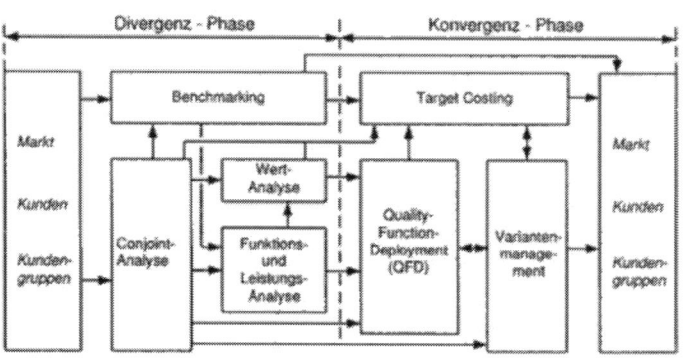

Quelle: Reiner [2004, S.45]

2.3.5.3 Anwendungsgebiete

Die Anwendungsgebiete einer Produktklinik können sehr vielfältig sein. So dient die Produktklinik dem Wissenserwerb über die konkrete technische Ausgestaltung, Funktionsmerkmale und Leistungserstellungsprozesse verschiedener konkurrierender Produkte.

In diesem Zusammenhang findet die Produktklinik unter dem Begriff Car Clinic insbesondere im Automobilbau Anwendung (Schuh [1991, S. 5]). So betreibt beispielsweise die Gesellschaft für Konsumforschung (GfK) so genannte Car Clinics zum „Anfassen und Reinsetzen" (Handelsblatt Nr. 64 [1991, S.21]). Die Produktklinik unterstützt Unternehmen bei der Umformulierung und Ausgestaltung einer an den Kundenbedürfnissen ausgerichteten und langfristigen Produktstrategie. Dementsprechend verfolgt die Produktklinik das „Wissensziel Produktplanung" (Reiner [2004 S. 57]).

2.4 Kundenanalysen

2.4.1 ABC-Analyse

2.4.1.1 Problemstellung und Zielsetzung

Definition der ABC-Analyse

Die ABC-Analyse dient dazu, eine Menge von vorgegebenen Objekten hinsichtlich der Wirkung auf einen einzelnen vorgegebenen Parameter zu strukturieren und zu klassifizieren. Der Begriff ABC wurde daraus abgeleitet, dass A-Objekte eine sehr große Bedeutung haben, während B-Objekte weniger wichtig sind und C-Objekte als eher unwichtig für den vorgegebenen Parameter gelten (Schneider / Hennig [2008, S. 1f.]).

Objekte der ABC-Analyse

Als Objekte gelten in der ABC-Analyse:

- Produkte,

- Kunden,

- Regionen,

- Mitarbeiter,

- Lieferanten,

- Aktivitäten und Prozesse.

Kundensegmentierung

Mit der ABC-Analyse werden jedoch in der Praxis vor allem Kunden segmentiert, weshalb dieses Controlling-Instrument auch an dieser Stelle unter Kundenanalysen eingeordnet wurde. Im Weiteren wird die ABC-Analyse in Bezug auf die Kundensegmentierung erklärt.

Die Parameter zur Strukturierung der Objekte können ebenfalls sehr unterschiedlich gewählt werden, üblich sind jedoch Wert-Kennzahlen.

Segmentierungsparameter in der ABC-Analyse

Typische Parameter zur Segmentierung der Objekte sind:

- Umsatz,

- Deckungsbeitrag,

- Gewinn.

Um die Aktivitäten eines Unternehmens, wie z.B. Beschaffung oder Vertrieb, zielgerichteter und damit an der Strategie des Unternehmens ausgerichtet von statten gehen zu lassen, bietet sich sehr häufig eine Konzentration auf bestimmte, Erfolg versprechende Objekte wie vor allem die Kunden an (vgl. hierzu Werner [2002, S.157 ff.] sowie Oeldorf /Olfert [1995, S. 84ff.]).

Um eine Priorisierung der Kunden zu unterstützen, liefert die ABC-Analyse einen wertvollen Beitrag. Sie ist ein Instrument, mit dem Kunden im Unternehmen nach der Verteilung ihrer Werthaltigkeit segmentiert werden können. „Damit wird es möglich, das Wesentliche vom Unwesentlichen zu unterscheiden, Schwerpunkte in der Rationalisierungsarbeit gezielt zu bearbeiten, wirtschaftlich nicht wirkungsvolle Anstrengungen zu vermeiden und die Wirtschaftlichkeit zu steigern" (Oeldorf /Olfert [1995, S. 84]).

Ziel der ABC-Analyse

Ziel der ABC-Analyse ist es, die umsatzstarken Kunden zu identifizieren. Dabei erbringen – der Pareto-Regel folgend – in der Regel 20% der Kunden 80% des Umsatzes [Winkelmann (2006, S. 318]). Diese Faustregel lässt sich in den Unternehmen in unterschiedlicher Stärke nachweisen. Analog zu den genannten Parametern können auch die gewinnstarken oder deckungsbeitragsstarken Kunden segmentiert werden, auf die das Pareto-Prinzip überschlägig ebenfalls angewendet werden kann.

Umsatzstarke Kunden

Zur konkreten Bestimmung des Mengen- und Wertanteils der Kunden in einem Unternehmen wird die ABC-Analyse angewendet.

2.4.1.2 Aufbau und Funktionsweise

Für die Kundensegmentierung gilt, dass die ABC-Analyse eine Methode zur Schwerpunktbildung durch Dreiteilung darstellt, wobei diese durch eine Klassifizierung vorgenommen wird (o.V. [2004, S. 3]).

Aufbau der ABC-Analyse

Wie bereits eingangs formuliert, werden im Ergebnis der ABC-Analyse drei Kundensegmente gebildet:

Kundensegmente

▩ A-Kunden = wichtige Kunden

▩ B-Kunden = weniger wichtige Kunden

▩ C-Kunden = unwichtige, nebensächliche Kunden.

Die ABC-Analyse umfasst drei Schritte, die am Beispiel der Kundensegmentierung erläutert werden (Oeldorf/Olfert [1995, S. 87]).

1. Erfassung der Daten

Ausgangspunkt bei der Erfassung der Daten bilden in der Regel Kundenumsätze, Margen, Deckungsbeiträge oder Gewinne, die je Kunde für einen bestimmten Zeitraum ermittelt werden müssen. Die Erfassung der Kundenumsätze wird in der Praxis inzwischen ohne größere Schwierigkeiten durch Software möglich sein. Die Datenerfassung erfolgt in einer so genannten Wert-Mengen-Tabelle. Die Werte werden durch die ausgewertete Kennzahl, wie beispielsweise Kundenumsätze, vorgegeben. Die Menge wird durch die Anzahl der Kunden bestimmt.

2. Sortierung des Zahlenmaterials

In einem zweiten Schritt werden die erfassten Kundenwerte, wie beispielsweise Umsätze auf- oder absteigend sortiert. Hier kristallisiert sich oft sehr schnell eine Unterteilung in einige wenige Top-Kunden mit den größten Umsätzen und eine Vielzahl von Massenkunden mit einem nur sehr geringen Umsatz heraus.

3. Auswertung des Zahlenmaterials

Im dritten Schritt werden die, zuvor in eine Reihenfolge gebrachten, Kunden klassifiziert bzw. segmentiert, wobei mehrere Möglichkeiten in Betracht gezogen werden können

WINKELMANN unterscheidet folgende Segmentierungsmöglichkeiten:

- ▓ Nach der 80/20-Regel werden die Kunden, die 80% des Umsatzes ausmachen, als A-Kunden deklariert. B- und C- Kunden definieren nun jeweils kumuliert die verbleibenden 10 % des Umsatzes.

- ▓ Nach der 60/90-Regel wird verfahren, wenn 2-3 Großkunden den gesamten Umsatz dominieren und von einer großen Anzahl von mittelgroßen Kunden gefolgt werden. Dieser Regel folgend werden bis 60% des kumulierten Umsatzes A-Kunden deklariert, zwischen 60-90% des kumulierten Umsatzes B-Kunden, die restlichen 10% C-Kunden.

- ▓ Nach der Top-X-Regel werden automatisch beispielsweise die Top-10-Kunden als A-Kunden bestimmt, weitere 30 Kunden als B-Kunden deklariert und die verbleibenden Kunden dem C-Segment zugeordnet.

- ▓ Nach der Umsatz-Y-Regel werden alle Kunden, die mindestens einen Umsatz von Y erzielen als A-Kunden deklariert während B- und C-Kunden eine bestimmte, festgelegte Umsatzgrenze unterschreiten.

- ▓ Nach Plausibilität werden, um keine willkürlichen Zahlengrenzen über die Klassifizierung entscheiden zu lassen, die sortierten Umsätze häufig nur als Leitfaden angesehen und die Einordnung der Kundengruppen in einem plausibilisierenden Abstimmungsprozess durch die Führungskräfte selbst vorgenommen.

(Winkelmann [2006, S. 318f.])

Mit der Klassifizierung ist die ABC-Analyse abgeschlossen und kann beispielsweise wie folgt grafisch veranschaulicht werden:

Grafische Darstellung der ABC-Analyse

Grafische Darstellung der ABC-Analyse

Abbildung 2-61

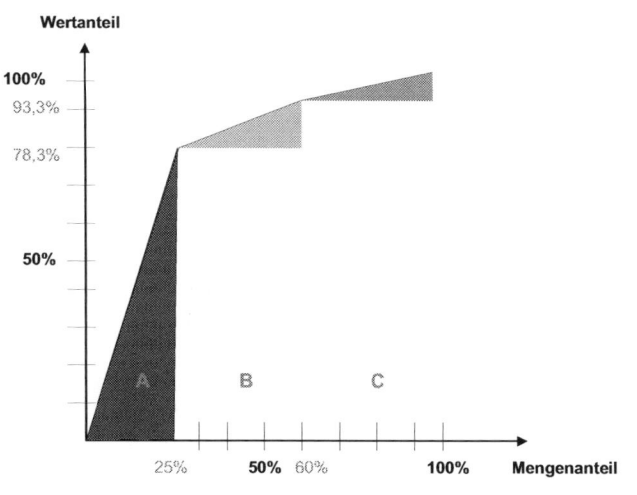

Quelle: Krämer [1999, S.57]

Der Grafik entsprechend wurden folgende Kundensegmente bestimmt:

▨ 25% aller Kunden erbringen 78,3% des Umsatzes (A-Kunden)

▨ 35% aller Kunden erbringen 15,0% des Umsatzes (B-Kunden)

▨ 40% aller Kunden erbringen 6,7% des Umsatzes (C-Kunden).

Diese Form der grafischen Darstellung geht auf den amerikanischen Statistiker LORENZ zurück, der diese Grafikart zu Beginn des 20. Jahrhunderts vorgestellt hat. Die Darstellung von Punkten in einem rechtwinkligen Koordinatensystem und deren Verbindung mit Geraden wird heute auch als Lorenzkurve bezeichnet (Krämer [1999, S. 57]).

Lorenzkurve

2.4.1.3 Anwendungsgebiete

Neben dem oben angeführten Beispiel der Anwendung einer ABC-Analyse als Instrument zur Kundenanalyse muss angemerkt werden, dass die ABC-Analyse ihren Ursprung in der Materialwirtschaft findet, jedoch zunehmend in anderen Bereichen von Unternehmen eingesetzt wird, so z.B. in der Orga-

Anwendung der ABC-Analyse

nisationsanalyse, bei Make-or-Buy Entscheidungen oder aber im individuellen Zeitmanagement (o.V. [2004, S. 3]). Auch Oeldorf und Olfert [1995, S. 86] bestätigen die universelle Einsetzbarkeit im Unternehmen unterschiedlichster Branchen.

Abbildung 2-62 | *ABC-Analyse-Ergebnisse in verschiedenen Branchen*

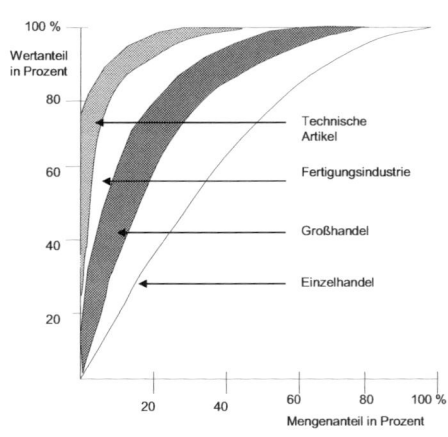

Quelle: Oeldorf/ Olfert [1995, S.85]

Ferner gibt die Literatur keine Hinweise auf eine Beschränkung in der Branche des, die ABC-Analyse, einsetzenden Unternehmens. Es gibt jedoch sehr große Unterschiede zwischen idealtypischen Kurvenverläufen einzelner Branchen, wie vorstehende Grafik veranschaulicht (Oeldorf/Olfert [1995, S. 85]).

Die ABC-Analyse kann somit zur Vorbereitung einer Strategie, die sich an den erfolgreichen Objekten der Gegenwart orientiert, genutzt werden. Genannt werden muss beispielsweise eine Strategie, die auf die Intensivierung der Kundenbeziehung abstellt.

2.4.2 Zielgruppenanalyse

2.4.2.1 Problemstellung und Zielsetzung

Eine Zielgruppe ist die Gesamtheit aller Personen, die mit einem Produkt oder einer Dienstleistung oder mit einer bestimmten Marketingaktivität angesprochen werden soll.

Definition Zielgruppe

An die Bildung von Zielgruppen sind folgende Anforderungen geknüpft:

Bildung von Zielgruppen

▓ Kaufverhaltensrelevanz:

Die Zielgruppen sind so zu bilden, dass eine Verbrauchergruppe mit homogenem Kaufverhalten geschaffen wird.

▓ Aussagefähigkeit:

Die Zielgruppe soll Ansatzpunkte hinsichtlich des Einsatzes spezieller Marketinginstrumente liefern.

▓ Zugänglichkeit:

Die Zielgruppe soll über Kommunikations- und Distributionswege gut erreichbar sein.

▓ Messbarkeit:

Die Zielgruppe soll hinsichtlich Größe und Kaufkraft quantifizierbar sein.

▓ Zeitliche Stabilität:

Die Zielgruppe soll über einen längeren Zeitraum hinweg ihre wesentlichen Eigenschaften erhalten.

▓ Wirtschaftlichkeit:

Die Zielgruppe muss hinreichend groß sein, um aus wirtschaftlichen Erwägungen heraus Marketingmaßnahmen zu rechtfertigen.

(Freter [1983, S. 43 ff.])

Der Ausgangspunkt der Zielgruppenbestimmung ist das Kaufverhalten der Verbraucher. Demzufolge sind bei der Bildung von Zielgruppen bzw. Marktsegmenten Merkmale heranzuziehen, die Einfluss auf das Kaufverhalten haben. FRETER unterscheidet folgende Segmentierungskriterien:

Segmentierung von Zielgruppen

1. Marketing-Mix bezogene Reaktionskriterien,

2. sozio-ökonomische Kriterien,

3. psychografische Kriterien,

4. Kriterien des beobachtbaren Kaufverhaltens (Freter [2006, S. 3]).

Zum besseren Verständnis der Segmentierungskriterien dient nachfolgende Abbildung.

Abbildung 2-63 | *Zielgruppensegmentierungskriterien im Überblick*

Quelle: Benkenstein [2001, S.55]

Ziel der Ziel-gruppenanalyse

Die Zielgruppenanalyse verfolgt das Ziel, herauszufinden:

▦ wer der Kunde ist,

▦ wie der Kunde Kaufentscheidungen trifft und

▦ wie der Kunde sich bei der Kaufentscheidung beeinflussen lässt.

2.4.2.2   Aufbau und Funktionsweise

Die Zielgruppenanalyse erfolgt in Anlehnung an KOTLER in drei Schritten:

(Kotler/Armstrong /Gary/Saunders/Wong [2003, S. 442])

Aufbau der Ziel-gruppenanalyse

1. Zielgruppensegmentierung

Im ersten Schritt sind die potenziellen und tatsächlichen Kunden in Gruppen zusammenzufassen, um eine gezielte Ansprache zu ermöglichen. Zur Segmentierung der Zielgruppen sind geeignete Kriterien festzulegen. Das bedeutet, dass aus den eingangs erläuterten Segmentierungskriterien eine Auswahl getroffen werden muss.

Segmentierung der Zielgruppe

Die Segmentierungskriterien erfüllen die erläuterten Anforderungen sehr unterschiedlich. Dementsprechend hängt die idealtypische Zusammenstellung der Segmentierungskriterien vom, im Einzelfall, definierten Anforderungsprofil ab.

Vergleichende Beurteilung von Segmentierungskriterien

Abbildung 2-64

Kriterien-gruppe \ Anforderungen	Kaufver-haltens-relevanz	Aussage-fähigkeit Instrumente-einsatz	Mess-barkeit	Zugäng-lichkeit	zeitliche Stabilität	Wirtschaft-lichkeit
Reaktions-parameter	hoch	mittel/ hoch	niedrig	niedrig	mittel	niedrig
Sozio-ökonomische Kriterien	niedrig	niedrig	hoch	mittel/ hoch	hoch	hoch
Psychographische Kriterien • persönlich-keitsbezogen	niedrig	niedrig	niedrig	niedrig	hoch	niedrig/ mittel
• produkt-bezogen	mittel/ hoch	mittel	niedrig	niedrig	mittel	niedrig
Kriterien des beobachtbaren Konsumenten-verhaltens	mittel/ hoch	mittel	mittel/ hoch	mittel	mittel	mittel/ hoch

Quelle: Freter [2006, S.5]

Im Anschluss erfolgt die Analyse der Ausprägung der ausgewählten Segmentierungskriterien bei unterschiedlichen Zielgruppen. Je genauer die Kriterien in einzelnen möglichen Zielgruppen analysiert werden, umso klarer lässt sich die Produkt- bzw. Leistungspalette auf diese Zielgruppe ausrichten. Ziel ist, die geeigneten Marktsegmente herauszufinden.

2. Zielgruppenfestlegung

Nach Abschluss der Analyse werden die künftigen relevanten Zielgruppen ausgewählt. Die Auswahl erfolgt nach strategischen Aspekten und steht in

Festlegung der Zielgruppen

einem engen Zusammenhang mit den künftigen produktspezifischen Merkmalen, die diesen Zielgruppen angeboten werden sollen. Die Zielgruppenfestlegung erfordert eine Auseinandersetzung in Bezug auf Wachstumschancen und Risiken verschiedener Segmente. In die engere Auswahl gelangen Segmente mit hohen Wachstumschancen. Diese Zielgruppen werden hinsichtlich ihres Konsumentenverhaltens analysiert. „Unter Konsumentenverhalten versteht man die Vorgänge bei der Auswahl, den Kauf, dem Ge- und Verbrauch sowie (gegebenenfalls) der Entsorgung von Produkten und Dienstleistungen zur Befriedigung von Bedürfnissen" (Schneider [2006, S. 27]).

Zur Analyse des Konsumentenverhaltens stehen zwei Grundmodelle zur Verfügung:

▓ Stimulus-Response-Modell (Black-Box-Modell) sowie

▓ Stimulus-Organismus-Response-Modell

(Meffert /Burmann/Kirchgeorg [2007, S. 101]).

Stimulus-Response-Modell

Das Stimulus-Response-Modell, auch Black-Box-Modell genannt, beruht auf der Annahme, dass beobachtbare Stimulanz-Reaktions-Prozesse messbare Erkenntnisse über das Konsumentenverhalten ermöglichen.

Black-Box-Modell

Die Grundidee des Black-Box-Modells ist, dass der Konsument durch Marketingprogramme und/oder günstige Umweltbedingungen (z.B. konjunkturelle Rahmenbedingungen) zum Kauf stimuliert wird, der Käufer selbst zwar eine „Black-Box" ist, seine Kaufentscheidungen hinsichtlich:

▓ Produktwahl,

▓ Markenwahl,

▓ Wahl der Kaufeinrichtung,

▓ Kaufzeitpunkt und

▓ Kaufmenge

jedoch messbar sind.

Stimulus-Response-Modell

Abbildung 2-65

Exogene Stimuli

Markting-Stimuli	Umfeldstimuli
Produkt	Konjunkturelle
Preis	Technologische
Distribution	Politische
Kommunikation	Kulturelle
	Einflüsse

Käufer
Black-Box

Kaufentscheidungen (Response)

Produkt
Marke
Kaufstätte
Zeitpunkt
Menge

Quelle: eigene Darstellung auf der Basis von Kotler/ Bliemel [2001, S.324]

Das Stimulus-Organismus-Response-Modell löst sich von der Betrachtung des Käufers als Blackbox und definiert so genannte intervenierende Variable zur Erklärung nicht beobachtbarer Vorgänge sozusagen im Kopf des Käufers. Der Organismus wird zum Bindeglied zwischen Stimuli und Response erklärt. Die intervenierenden Variablen bestehen zwischen dem (Kauf-)Anreiz und der Reaktion eines Konsumenten auf den Anreiz und bestimmen, ob eine Reaktion auf einen Reiz stattfinden wird oder nicht.

Stimulus-Organismus-Response-Modell

Durch Analyse des Konsumentenverhaltens lässt sich eine Zielgruppe abschließend festlegen.

Festlegung der Zielgruppe

Den Aufbau und die Funktionsweise des Stimulus-Organismus-Response-Modells verdeutlicht nachfolgende Abbildung. Die intervenierenden Variablen beeinflussen den Käufer und führen zu den Kaufentscheidungen.

Abbildung 2-66 Stimulus-Organismus-Response-Modell

Quelle: eigene Darstellung auf der Basis von Jung [2004, S.585]

3. Zielgruppenstrategie

Strategie für eine
Zielgruppe

In dieser Phase werden für die festgelegten Zielgruppen strategische Maßnahmen entwickelt, die der gezielten Ansprache der Zielgruppe und der
konkreten Ausrichtung der Produktpalette auf diese Zielgruppe dienen.
Dazu gehören insbesondere Kommunikations- und Werbemaßnahmen.

2.4.2.3 Anwendungsgebiete

Anwendung der
Zielgruppen-
analyse

Eine Aufteilung des Marktes nach Zielgruppen ermöglicht dem Unternehmen eine am Kunden orientierte Differenzierung von:

▩ Produkten und

▩ Marketingmaßnahmen

Somit liefert die Zielgruppenanalyse in wichtige Informationen für die Vorbereitung einer Differenzierungsstrategie.

2.4.3 Kundenzufriedenheitsanalyse

2.4.3.1 Problemstellung und Zielsetzung

Kundenzufriedenheit ist die positive emotionale Reaktion auf den kognitiven Vergleich der empfangenen Leistung mit der gehegten Erwartung. Diese Definition lässt sich in nachfolgendem Schaubild zusammenfassen.

Definition Kundenzufriedenheit

Zufriedenheit im Kontext zur Erwartungshaltung

Abbildung 2-67

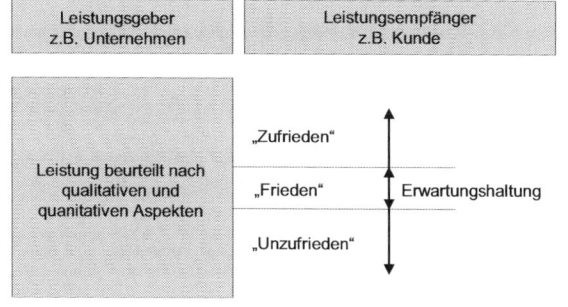

Quelle: eigene Darstellung auf der Basis von Scharnbacher/ Kiefer [2003, S.8]

Die Erwartungshaltung des Kunden wird durch verschiedene Einflussfaktoren bestimmt. Im Allgemeinen entsteht die Erwartungshaltung des Kunden durch

Erwartungshaltung

■ seine persönlichen Bedürfnisse,

■ das Ausmaß der bisherigen Erfahrungen,

■ die direkte Kommunikation über die Unternehmensleistung insbesondere in den Medien oder im Verkaufsgespräch sowie

■ die indirekte Kommunikation über die Unternehmensleistung beispielsweise durch Gespräche mit Freunden und Bekannten oder über unabhängige Bewertungen

(Scharnbacher/Kiefer [2003, S.8]).

Die Zufriedenheit von Kunden (und Mitarbeitern) ist ein wichtiger strategischer Erfolgsfaktor für ein Unternehmen.

Zufriedene Kunden haben zur Folge, dass:

- sie wiederholt das Unternehmen wählen,

- sie über Mund-zu-Mund-Propaganda das Unternehmen oder dessen Produkte weiter empfehlen sowie

- Preissteigerungen und Cross-Selling-Ansätze von diesen Kunden weniger kritisch gesehen werden.

Zufriedene Kunden geben ihre Erfahrungen im Durchschnitt an drei Personen weiter. Dies stärkt auf Dauer die Wettbewerbsposition des Unternehmens. Dagegen berichten unzufriedene Kunden bis zu 10 weiteren Personen über ihre negativen Erfahrungen und schwächen den Ruf des Unternehmens damit erheblich (Scharnbacher/ Kiefer [2003, S. 16]).

Diese negative Verbreitung von Erfahrungen unzufriedener Kunden bedeutet für Unternehmen ein beträchtliches Gefahrenpotenzial und führt zwangsläufig auch zu hohen Kosten beispielsweise des Beschwerdemanagements, des Qualitätsmanagements oder anderer Maßnahmen zur Verbesserung der Kundenzufriedenheit.

Die Ziele der Kundenzufriedenheitsanalyse bestehen darin:

- Ansatzpunkte für eine kundenorientierte Unternehmensführung zu finden,

- die Zufriedenheit der eigenen Kunden im Vergleich zur Kundenzufriedenheit der Wettbewerber einzuschätzen,

- die Entwicklung der Kundenzufriedenheit im Zeitvergleich zu beurteilen sowie

- spezifische Kriterien für die Kundenzufriedenheit zu erkennen

(Scharnbacher /Kiefer [2003, S.18]).

2.4.3.2 Aufbau und Funktionsweise

Die Kundenzufriedenheit kann als strategisches Element nur dann umgesetzt werden, wenn der Grad der Kundenzufriedenheit regelmäßig gemessen wird und dabei Ansatzpunkte zur Optimierung in diesen Messungen enthalten sind (Rapp [1995, S. 86]).

Die Kundenzufriedenheitsanalyse vollzieht sich in folgenden fünf Schritten, wie nachfolgende Abbildung verdeutlicht.

Ablauf der Kundenzufriedenheitsanalyse

Abbildung 2-68

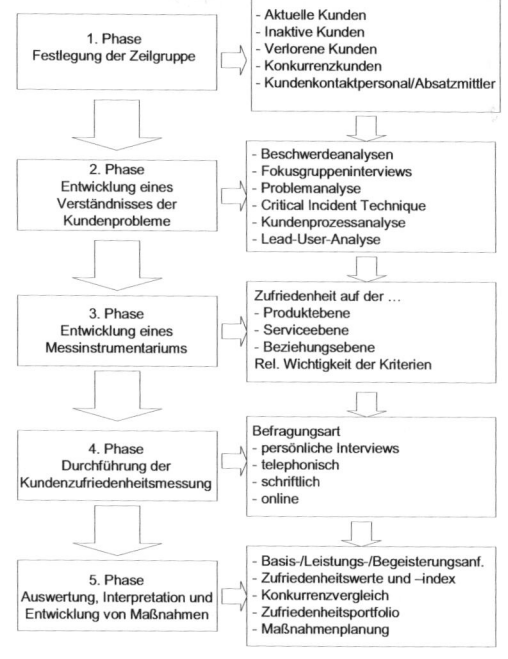

Quelle: Hinterhuber/ Handlbauer/ Matzler [2003, S.65]

1. Festlegung der Zielgruppe

Zu Beginn der Kundenzufriedenheitsanalyse ist die Zielgruppe festzulegen, wozu neben Kunden des bestehenden Kundenstamms auch Kunden der Konkurrenz, abgewanderte Kunden und potenzielle Kunden gehören können. Eine Zielgruppe vereint Kunden mit vergleichbaren Kundenbedürfnissen.

Zielgruppe

2. Entwicklung des Verständnisses für Kundenprobleme

Kundenprobleme können in drei Gruppen unterteilt werden:

Kundenprobleme

▓ Basisanforderungen sind all jene Produkt- oder Leistungskomponenten, die der Kunde voraussetzt. Sie gelten nicht als Kaufentscheidende Eigenschaften, führen jedoch bei unvollständiger Erfüllung zur Unzufriedenheit des Kunden.

▓ Leistungsanforderungen sind jene Eigenschaften eines Produktes, die der Kunde im unmittelbaren Vergleich mit Konkurrenzangeboten erwartet.

■ Begeisterungsanforderungen sind wichtige Qualitätsvorteile des Produktes, die der Kunde in der Regel nicht erwartet hat.

KANO-Modell

Das Zusammenspiel der drei Anforderungsgruppen wird im so genannten Kano-Modell der Kundenzufriedenheit dargestellt.

Abbildung 2-69

KANO-Modell der Kundenzufriedenheit

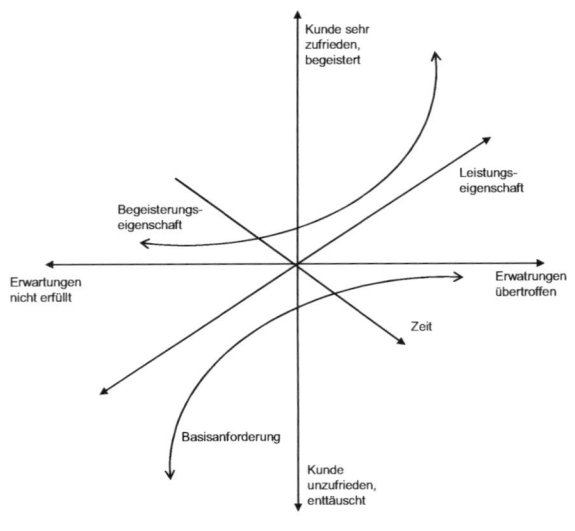

Quelle: Hinterhuber [2006, S.264]

Zur Entwicklung des Verständnisses für Kundenprobleme sind folgende. Fragestellungen geeignet:

■ Was assoziiert der Kunde mit der Verwendung des Produktes?

■ Welche Erfahrungen, Beschwerden oder Probleme sind den Kunden bei der Verwendung des Produktes aufgefallen?

■ Welche Eigenschaften beziehungsweise Kriterien berücksichtigt der Kunde beim Kauf des Produktes?

■ Was würde der Kunde am Produkte verbessern oder ändern?

(Shiba/Graham/ Walden [1993, S. 19ff.])

3. Entwicklung eines Messinstrumentes

Zur Messung der Kundenzufriedenheit können verschiedene Verfahren angewendet werden, die in der nachfolgenden Abbildung zusammengefasst werden.

Messung der Kundenzufriedenheit

Verfahren zur Kundenzufriedenheitsmessung

Abbildung 2-70

Objektive Verfahren		Subjektive Verfahren
Aggregierte Größen der Marktbearbeitng Umsatz Marktanteil Wiederkäuferrate Zurückgewinnungsrate Abwanderungsrate	**Implizite Messung**	Systematische Erfassung von Beschwerden Problem-Panels Befragung von Personen im Anbieterunternehmen
Qualitätskontrollen	**Explizite Messung**	Direkte Messung der Zufriedenheit anhand einer Zufriedenheitsskala Indirekte Messung der Zufriedenheit durch die Messung des Erfüllungsgrades von Erwartungen

Quelle: Scharnbacher/ Kiefer [2003, S.19]

Im Zusammenhang mit der Kundenzufriedenheitsanalyse hat sich in der Praxis die Critical Incident Technique (auch unter der deutschen Bezeichnung Kritische Ereignismethode bekannt) durchgesetzt. Bei dieser Methode handelt es sich um ein qualitatives Verfahren zur Ermittlung nachhaltiger Kundeneindrücke. Dabei werden Extremerlebnisse (sowohl positive als auch negative) des Kunden in Kontakt mit dem Unternehmen beziehungsweise seinen Produkten und Dienstleistungen gesammelt und ausgewertet.

Critical Incident Technique

Neben der Auswahl des Verfahrens kommt der Festlegung und Gewichtung der Kennzahlen, zur Messung des Grades der Kundenzufriedenheit, eine entscheidende Bedeutung zu.

4. Durchführung der Kundenzufriedenheitsmessung

Die notwendigen Daten für die eigentliche Kundenzufriedenheitsanalyse lassen sich mittels:

Datenerhebung in der Kundenzufriedenheitsanalyse

▓ Interview (telefonische oder persönliche Befragung)

▓ Fragebogen oder

▓ Beobachtung bzw. Auswertung von Kennzahlen

Einmalig oder regelmäßig im Zeitablauf in der festgelegten Zielgruppe erheben (Kerth/Pütmann [2005, S. 35]).

5. Auswertung und Interpretation

Im Rahmen der Auswertung wird die Wichtigkeit der einzelnen Kriterien für die Kundenzufriedenheit analysiert. Anschließend werden Stärken und Schwächen des eigenen Unternehmens im Vergleich zum Wettbewerb hinsichtlich der Kundenzufriedenheit ermittelt. Daraus lassen sich die erforderlichen Maßnahmen priorisieren, die nachfolgendes Schaubild beispielhaft zeigt.

Abbildung 2-71   *Beispielhafte Auswertung der Kundenzufriedenheitsanalyse*

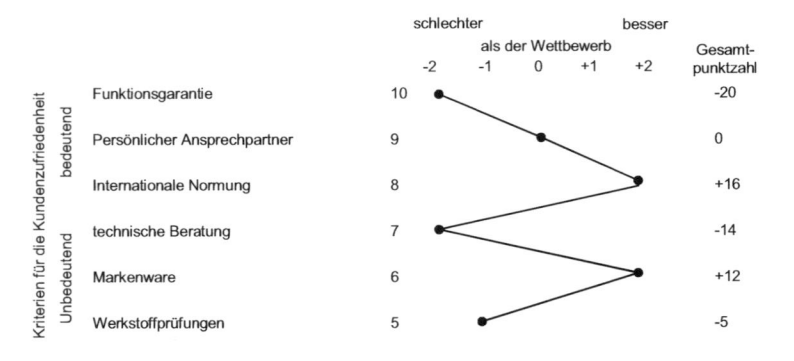

2.4.3.3 Anwendungsgebiete

Anwendung der Kundenzufriedenheitsanalyse

Kundenzufriedenheitsanalysen werden benötigt, um so genannte Customer Value Strategien vorbereiten und umsetzen zu können. Darüber hinaus liefert die Kundenzufriedenheitsanalyse Ansatzpunkte für:

▓ die Verminderung der Kosten für das Beschwerdemanagement,

▓ die Verbesserung des Empfehlungsmanagements sowie

▓ die Erhöhung von Cross-Selling-Ergebnissen.

Gleichzeitig ist die Kundenzufriedenheitsanalyse sehr eng verzahnt mit der Kernkompetenzanalyse.

2.5 Markt-und Unternehmensumfeldanalysen

2.5.1 Marktwachstum-Marktanteils-Portfolioanalyse

2.5.1.1 Problemstellung und Zielsetzung

Hat sich ein Unternehmen erst einmal zur Diversifikation seiner Produktpalette oder Geschäftsbereiche entschlossen, so stellt sich häufig das strategische Problem, die vorhandenen Ressourcen zielgerichtet und gewinnbringend auf die Geschäftsbereiche aufzuteilen.

Diversifikation

Zu dessen fundierter Lösung unterstützen Portfoliomodelle das Management und das strategische Controlling bei der strategischen Führung, indem sie einerseits einen Maßstab definieren, der einen Vergleich unterschiedlicher Geschäfte erlaubt, andererseits eine generalisierte Beschreibung der strategischen Situation anbietet, die individuellen Analysen der Geschäftsbereiche zusammengefasst darzustellen (Steinmann / Schreyögg [2005, S. 243]).

Portfoliomodelle

Die Marktwachstum-Marktanteils-Portfolioanalyse wurde in der zweiten Hälfte der 60-er Jahren durch die Boston Consulting Group unter dem Kurzbegriff „Growth-Share-Matrix" entwickelt und ist im deutschsprachigen Raum unter „BCG-Matrix" bekannt (Peitsch [2005, S. 92]). Die BCG-Matrix unterstützt das Management diversifizierter Unternehmen bei der Steuerung des Leistungsangebots. Ziel ist das Ausbalancieren zwischen verschiedenen Geschäftseinheiten, das heißt, „die Abstimmung kapitalbedürftiger mit kapitalerzeugenden Geschäftsbereichen, um eine ausgewogene Struktur aller Geschäftsbereiche zu erreichen" (Kerth/Pütmann [2005, S. 76]).

Ziel der Marktwachstum-Marktanteils-Portfolioanalyse

BCG-Matrix

2.5.1.2 Aufbau und Funktionsweise

Die Basis des BCG-Portfoliokonzeptes ist die zweidimensionale Darstellung von Erfolgspotentialen einer strategischen Geschäftseinheit.

Dimensionen der BCG-Matrix

In der BCG-Matrix ist die erste Dimension das Marktwachstum. „Das Konzept geht implizit davon aus, dass sich alle umweltbedingten Chancen und Risiken durch die Marktwachstumsrate abbilden lassen" (Steinmann und Schreyögg [2005, S. 244]). Stark wachsende Märkte stellen demnach eine Chance dar, während stagnierende Märkte die Position des Geschäftsfeldes ungünstig bzw. riskant erscheinen lassen.

Die zweite Dimension wird in Form des relativen Marktanteils ausgedrückt. Als Begründung für die Verwendung des relativen Marktanteils wird das Erfahrungskurvenkonzept angeführt. Der relative Markanteil impliziert hierbei die kumulierte Produktionsmenge und somit auch die Kostenstruktur und den Wettbewerbsvorteil gegenüber Konkurrenten.

Zur Durchführung der Marktwachstum-Marktanteils-Portfolioanalyse empfiehlt sich die in der nachfolgenden Abbildung dargestellte Vorgehensweise.

Abbildung 2-72 | *Schrittfolge der Marktwachstum-Marktanteils-Portfolioanalyse*

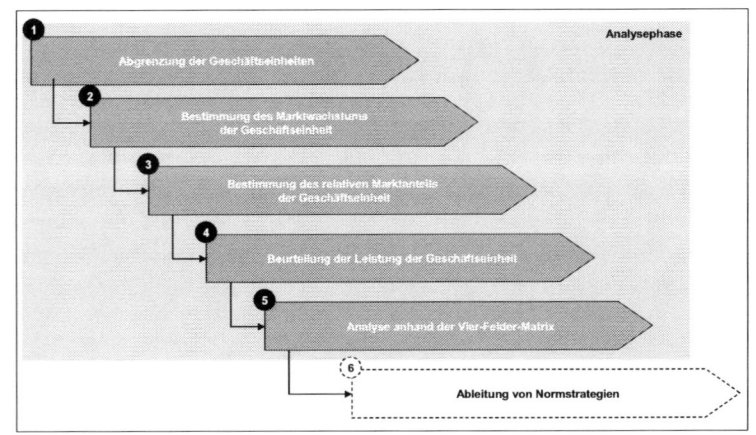

Aufbau der Marktwachstum-Marktanteils-Portfolioanalyse

Quelle: Kerth/Pütmann [2005, S. 80]

1. Abgrenzung der Geschäftseinheiten

An dieser Stelle geht es um die Zusammenführung von Produkten beziehungsweise Produktgruppen zu so genannten Geschäftseinheiten.

2. Bestimmung des Marktwachstums

Marktwachstum Das Marktwachstum wird über die Zu- oder Abnahme des Absatzvolumens im Vergleich zum Vorjahr ermittelt und kennzeichnet die Attraktivität des Marktes.

3. Bestimmung des relativen Marktanteils

Relativer Marktanteil Der Marktanteil wird am Umsatz eines Geschäftsbereichs im Verhältnis zum Umsatz des stärksten Konkurrenten oder der drei stärksten Konkurrenten gemessen. Nach dieser Methode halten Marktführer einen relativen Marktanteil über 1, während alle anderen einen Marktanteil zwischen 0 und 1 vorweisen können.

4. Beurteilung der Leistung der Geschäftseinheiten

Die Leistung der Geschäftseinheit wird an der Höhe des Umsatzes gemessen. In der grafischen Darstellung der BCG-Matrix wird die Höhe der Leistung im Durchmesser des Kreises, der jeweils eine Geschäftseinheit repräsentiert, zum Ausdruck gebracht.

5. Analyse anhand der Vier-Felder-Matrix

Führt man die beiden Dimensionen (Stufe 2 und 3) in einer Portfolio-Darstellung zusammen, dann ergibt sich folgendes Bild der BCG-Matrix. Der Umfang der Kreise für die Geschäftseinheiten A bis D wird durch den Umsatz bestimmt.

Vier-Felder-Matrix

Beispiel BCG-Matrix

Abbildung 2-73

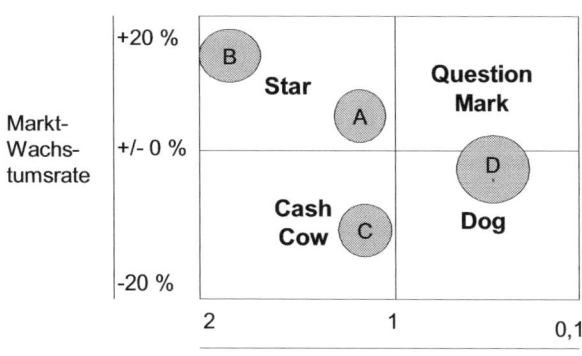

Aus der nun entstandenen Matrix können vier Kernbereiche identifiziert werden, die symbolisch für die strategische Orientierung im Sinne von Normstrategien stehen (Steinmann / Schreyögg [2005, S. 246 ff.]):

Kernbereiche der BCG-Matrix

▓ Stars / Sterne

Geschäftseinheiten, die einen hohen relativen Marktanteil in einem stark wachsenden Markt besitzen und einen hohen Brutto-Cashflow ausweisen.

▓ Cash Cows / Cash-Kühe

Geschäftseinheiten, die einen sehr hohen relativen Marktanteil in einem stagnierenden oder nur sehr schwach wachsenden Markt besitzen.

▓ Question Marks / Fragezeichen

Geschäftseinheiten, die in einem stark wachsenden Markt mit (noch) sehr geringen relativen Marktanteilen zu finden sind und damit eine ungenutzte Chance darstellen.

▓ Poor Dogs / Arme Hunde

Geschäftseinheiten, die einen nur sehr geringen relativen Marktanteil in einem nicht wachsenden Markt besitzen.

Das so ermittelte Portfolio wird schließlich im Hinblick auf seine Ausgewogenheit analysiert und beurteilt. Ziel ist es, Unausgewogenheiten zu vermeiden (Reichmann [2006, S. 573]).

Annahmen der BCG-Matrix

Die BCG-Matrix fußt dabei auf drei grundlegenden Annahmen:

▓ Gewinn und Cashflow steigen mit zunehmendem Marktanteil an, da der Erfahrungskurveneffekt wirksam werden kann, welcher zu sinkenden Stückkosten führt.

▓ Marktwachstum wird weitestgehend durch den für das Produkt geltenden Lebenszyklus bestimmt. Der Zusammenhang zwischen den einzelnen Feldern der BCG-Matrix und dem Produktlebenszyklus wird in nachfolgender Abbildung verdeutlicht.

Abbildung 2-74

BCG-Matrix im Zusammenhang mit der Lebenszykluskurve

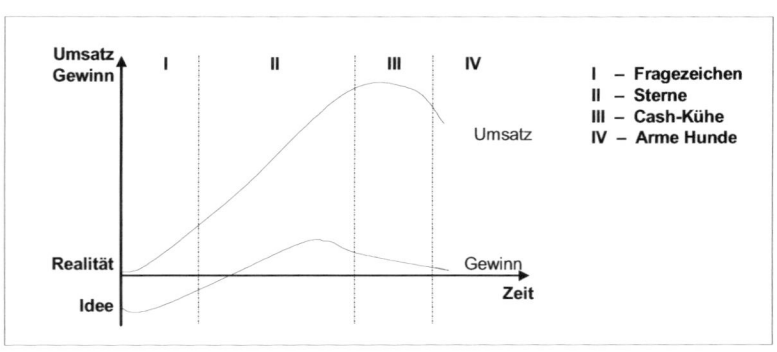

Quelle: eigene Darstellung auf Basis von Kotler /Bliemel [2005, S. 574]

▓ Die Steigerung des Umsatzes führt zu einem Kapitalbedarf.

6. Ableitung von Normenstrategien

Aus der Portfoliodarstellung der BCG-Matrix lassen sich für die Geschäfts- *Normstrategien*
einheiten Handlungsnomen ableiten. Dieser Schritt gehört jedoch nicht mehr *der BCG-Matrix*
zu Portfolioanalyse sondern zur Strategieformulierung, und ist somit wesentlicher Bestandteil des nachfolgenden Kapitels. Dementsprechend werden die Normenstrategien an dieser Stelle in Kurzform dargestellt.

▨ Stars / Sterne

Investieren, die hohen erwirtschafteten Gewinne sollten sogar komplett
reinvestiert werden, der Netto-Cashflow ist demnach gleich null.

▨ Cash Cows / Cash-Kühe

Es sollte nicht weiter investiert werden, da davon ausgegangen wird, dass
der Markt kein Erfolgspotential mehr verspricht. Die hohen erwirtschafteten
Gewinne sollten sogar komplett „abgemolken" und für die Förderung anderer Geschäftsbereiche verwendet werden, der Netto-Cashflow ist demnach
stark positiv.

▨ Question Marks / Fragezeichen

Investieren; jedoch steht das Management hier vor der Entscheidung, in
welche Fragezeichen investiert wird, d.h. welche Geschäftseinheiten den
erforderlichen Investitionsaufwand zur Steigerung des Marktanteils recht-
fertigt.

▨ Poor Dogs / Arme Hunde

Um einen negativen Cashflow zu vermeiden wird empfohlen die Geschäftsfelder zu verlassen oder zumindest nicht mehr in diese zu investieren.

2.5.1.3 Anwendungsgebiete

Die BCG-Matrix ist insbesondere für die Analyse und Beurteilung von stra- *Anwendungsge-*
tegischen Geschäftseinheiten / Geschäftsfeldern oder einzelnen Produkten *biete der BCG-*
auf verschiedenen Märkten geeignet. Wird der Lebenszyklusgedanke in die *Matrix*
Überlegungen mit einbezogen, so kann sogar ein quasi-dynamisches Konzept im Hinblick auf eine Ausgewogenheit des Portfolios erstellt werden.
Demnach müsste ein Unternehmen genügend Question Marks in der Pipeli-
ne haben, um zu Cash-Kühen werdende Stars und zu Armen Hunden werdende Cash-Kühe – dem Nachhaltigkeitsgedanken folgend – auszugleichen.

Dennoch ist die Kritik an dem Modell mannigfaltig. Fragwürdig erscheint *Kritik an der*
schon bei der Erstellung der Matrix die Festlegung der Trennlinie zwischen *BCG-Matrix*
hohem relativen Marktanteil und niedrigem bzw. zwischen stark wachsenden Märkten und stagnierenden Märkten. Allein die subjektive Abgrenzung

von Märkten erscheint hierbei kritikfähig (Peitsch [2005, S. 94]). Weiterhin wird in der Literatur die Kritik aufgeführt, dass gerade in Märkten mit vielen kleinen, mittelständischen Akteuren kein zuverlässiges Kriterium darstellt. Viele Kritiker lehnen daher die Ableitung deterministischer Strategien aus der BCG-Matrix ab (Steinmann und Schreyögg [2005, S. 248]).

2.5.2 Marktattraktivität-Wettbewerbsstärken-Portfolioanalyse

2.5.2.1 Problemstellung und Zielsetzung

Die Gegenüberstellung der Basisdimensionen:

- Marktattraktivität und

- Wettbewerbsstärken

McKinsey-Matrix

in einer Matrix wurde vom Beratungsunternehmen McKinsey gemeinsam mit General Electric geschaffen und wird auch in Abgrenzung zur im vorangegangenen Abschnitt beschriebenen BCG-Matrix als McKinsey-Matrix bezeichnet. Das Marktattraktivität-Wettbewerbsstärken-Portfolio bietet eine weitere Analysevariante für diversifizierte Unternehmen. Insbesondere um die internen Ressourcen möglichst zielgerichtet in bestimmte Produkte oder Geschäftseinheiten zu investieren, wurde durch McKinsey die BCG-Matrix weiterentwickelt. Die McKinsey-Matrix unterscheidet sich von der BCG-Matrix:

- in der Gegenüberstellung der Marktattraktivität statt des Marktwachstums sowie

- in der Wettbewerbsstärke statt des relativen Marktanteils.

Die Wettbewerbsstärke steht hierbei wiederum für die internen Stärken und Schwächen des Produktes oder der Geschäftseinheit, die Marktattraktivität für die Beurteilung der externen Chancen und Risiken (Jung [2006, S. 623]).

Die McKinsey-Matrix löst die radikale Vereinfachung der strategischen Situationsbeschreibung durch die BCG-Matrix auf zweierlei Weisen ab. Einerseits werden die recht einfach zu ermittelnden Indikatoren der BCG-Matrix durch mehrdimensionale Einflussfaktoren ersetzt. Andererseits allerdings verliert die McKinsey-Matrix gegenüber der BCG-Matrix an Übersichtlichkeit und Klarheit (Steinmann und Schreyögg [2005, S. 249f.] sowie Macharzina und Wolf [2008, S. 364]).

Zusammengefasst unterscheidet sich die McKinsey-Matrix von der BCG-Matrix durch folgende Merkmale:

▓ In die Bestimmung der beiden Dimensionen fließt bei Anwendung der McKinsey-Matrix eine Vielzahl von Faktoren ein, die dann auf die beiden Basisdimensionen verdichtet werden.

▓ Der Detaillierungsgrad der Basisdimensionen wurde von zwei auf drei erhöht, um die oft sehr schwierige Trennung bei nur zwei Ausprägungen zu erleichtern. In der McKinsey-Matrix werden durch die Einordnung der Basisdimensionen in niedrig, mittel und hoch neun Felder aufgebaut.

Damit will die McKinsey-Matrix das Erfolgspotential einer Geschäftseinheit bzw. eines Produktes nicht mehr nur starr am Marktanteil oder dem Marktwachstum beurteilt wissen, da die Kriterien oftmals nur Hinweise auf eine gute Positionierung zwischen externen Chancen und internen Stärken geben können. Die Ableitung RoI-relevanter Aussagen eines Marktanteils oder eines Marktwachstums wurden zum Zeitpunkt der Entwicklung McKinsey-Matrix bereits hinreichend widerlegt.

2.5.2.2 Aufbau und Funktionsweise

Die Herleitung der einzelnen Einflussfaktoren zur Bestimmung der Basisdimensionen Marktattraktivität (Chancen und Risiken) und Wettbewerbsstärken (Stärken und Schwächen) sind in der Literatur nicht eindeutig beschrieben, der ursprüngliche Ansatz, der von McKinsey und General Electric entwickelt wurde, ist jedoch sehr eng an das PIMS-Projekt (siehe hierzu Kapitel 2.6.4 dieses Buches) angelehnt (Dicke [2007, S. 87], insbesondere aber Macharzina und Wolf [2008, S. 364]).

Der Aufbau des Marktattraktivität-Wettbewerbsstärken-Portfolio vollzieht sich in folgenden Schritten.

1. Bestimmung von Einflussfaktoren für Marktattraktivität und Wettbewerbsstärken

Dazu werden in einem ersten Schritt üblicherweise, die in der PIMS-Studie bestätigten RoI-Einflussfaktoren nach externen und internen Faktoren gruppiert. In der Literatur findet sich jedoch auch eine Vielzahl von anderen Einflussfaktoren, die nicht durch die PIMS-Studie belegt ist. In der nachfolgenden Abbildung sind Beispiele für die Einflussfaktoren zusammengetragen.

Abbildung 2-75 | *Einflussfaktoren für Marktattraktivität und Wettbewerbsstärken*

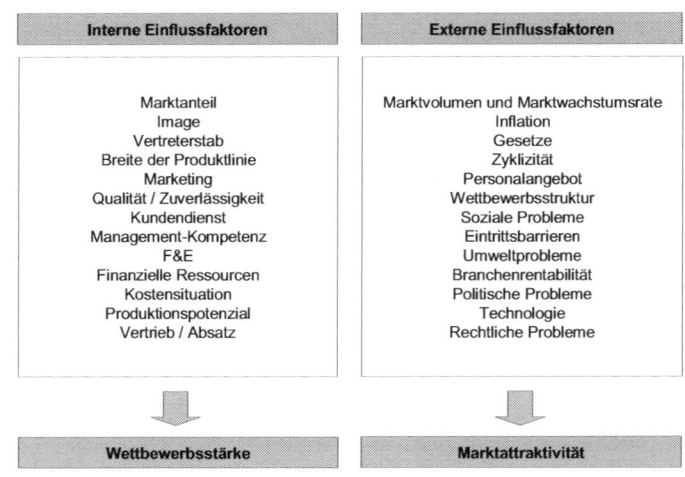

Quelle: eigene Darstellung auf der Basis von Steinmann und Schreyögg 2005, S. 250

2. Bestimmung der Ausprägung von Wettbewerbsstärke und Marktattraktivität

Ausprägung von Marktattraktivität und Wettbewerbsstärken

Die Verdichtung der Faktoren zur Bestimmung der Ausprägung der Basisdimensionen Wettbewerbsstärke und Marktattraktivität erfolgt in einem zweiten Schritt über eine gewichtende Verknüpfung, der im ersten Schritt ermittelten Einflussgrößen. Die Wettbewerbsposition (interne Sicht) wird beispielsweise durch das Produktions- und F&E-Potenzial, das Personal und die Finanzsituation jeweils in Bezug auf den stärksten Konkurrenten beurteilt.

In der nachfolgenden Abbildung erfolgt die Beurteilung der Einflussgrößen für zwei Geschäftsfelder (A und B) anhand spezifischer Einflussgrößen auf einer Skala von 0 bis 10. Diese Darstellung dient der beispielhaften Beschreibung der Gewichtung der Einflussfaktoren und ist verallgemeinerungsfähig.

Messung von Marktattraktivität und Wettbewerbsstärken

Die Ergebnisse aus der Gewichtung werden als Messwerte auf der Skala der zu erstellenden Matrix abgetragen.

Beispielhafte Bestimmung der Wettbewerbsstärke

Abbildung 2-76

	Beurteilungswert											Gewich-tung	Gewichtete Werte	
	0	1	2	3	4	5	6	7	8	9	10		A	B
Produktion-und Verkaufsprogramm												0,15	0,3	0,9
Produktionspotenzial												0,1	0,5	0,5
F&E												0,15	1,2	0,45
Personal												0,1	0,7	0,4
Absatz												0,15	1,05	0,9
Kosten												0,15	0,9	0,45
Finanzsituation												0,1	0,7	0,5
Führungssystem												0,1	0,6	0,7
GESAMT												1	5,95	4,8

——— A   ——— B

Quelle: eigene Darstellung auf der Basis von Berndt [2005, S. 83]

Zur Bestimmung der Marktattraktivität werden in gleicher Weise die Einflussfaktoren beurteilt und in gewichtete Werte umgewandelt.

3. Abbildung der Geschäftsfelder in einer Matrix

Daraus ergibt sich in einem letzten Schritt die Ableitung der Positionierung des Produktes / der Geschäftseinheit auf der jeweiligen Skala der Basisdimensionen.

Geschäftsfeld-matrix

Die Punktwerte der Marktattraktivität und Wettbewerbsstärken des Produktes / der Geschäftseinheit bilden dabei die Grundlage für die Einordnung in der McKinsey-Matrix, wie nachfolgende Abbildung verdeutlicht.

Aus der Matrix ergeben sich neun Empfehlungen hinsichtlich einer strategischen Entscheidung, die zu drei Normstrategien zusammengefasst werden können (Reichmann [2006, S. 574]).

Normstrategien der McKinsey-Matrix

▓ In der so genannten Zone der Mittelbindung verfolgen Unternehmen mit den entsprechenden Produkten/Geschäftsfeldern eine Investitions- und Wachstumsstrategie.

▓ In der so genannten Zone der Mittelfreisetzung können Unternehmen mit den entsprechenden Produkten/Geschäftsfeldern eine Abschöpfungs- und Desinvestitionsstrategie verfolgen.

▓ Auf der Diagonalen, zwischen den beiden Zonen, entscheiden Unternehmen fallweise und verfolgen damit selektive Strategien.

| *Abbildung 2-77* | McKinsey-Matrix |

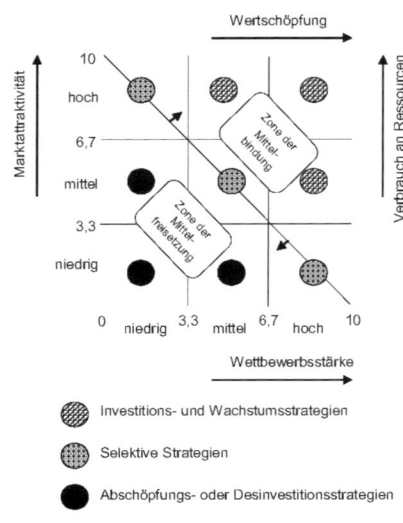

Quelle: Hinterhuber [2004, S. 148]

*Wachstums-
strategie*

*Abschöpfungs-
strategie*

Mit der Darstellung wird deutlich, dass Wachstums- und Abschöpfungsstrategien eindeutige Handlungsmaximen liefern. Demgegenüber lassen die selektiven Strategieempfehlungen dem Management im Falle einer nicht eindeutigen Kombination der Einflussfaktoren genügend Spielraum für Entscheidungen. Oftmals sind es hier auch unternehmenspolitische Intentionen, die eine Entscheidung für weitere Investitionen oder aber Desinvestitionen beeinflussen.

2.5.2.3 Anwendungsbereiche

*Anwendung der
McKinsey-
Matrix*

Nachdem sich im Zeitablauf der Anwendung der McKinsey-Matrix keine eindeutigen und allgemeingültigen Erfolgsfaktoren für Unternehmen trotz des PIMS-Projektes finden ließen, hat die Portfolio-Analyse stark an Bedeutung verloren. Dennoch wird sie als formales Instrument zur Strukturierung des strategischen Planungsprozesses in divisionalen Unternehmen bis zum heutigen Tag häufig verwendet. (Steinmann und Schreyögg [2005, S. 250]). Hier kann sie insbesondere zur Visualisierung von strategischen Positionen und Problemen von Geschäftsfeldern einen wertvollen Beitrag leisten.

Im direkten Vergleich mit der BCG-Matrix kann festgehalten werden, dass die McKinsey-Matrix ebenfalls – oder gar besser als erstere – für die Analyse und Beurteilung von Strategischen Geschäftseinheiten / Geschäftsfeldern oder einzelnen Produkten auf verschiedenen Märkten geeignet ist.

Aufgrund des „Multifaktoren-Ansatzes" wird die Erstellung dieser Matrix wesentlich aufwendiger als die der BCG-Matrix und erlaubt deshalb auch eine detailliertere Betrachtung. Doch liegt genau hierin auch der Nachteil der Subjektivität und Manipulierbarkeit. JUNG fasst die Kritikpunkte an der McKinsey-Matrix wie folgt zusammen:

Kritikpunkte an der BCG-Matrix

- ▓ hohe Manipulierbarkeit der Werte durch Gewichtung und Bepunktung,

- ▓ Subjektivität bei der Auswahl der Kriterien,

- ▓ Relevanz und Aktualität des Datenmaterials,

- ▓ große Bereitschaft, sich bei der Beurteilung auf Kompromisse zu einigen,

- ▓ verfälschte Aussagekraft durch Durchschnittsbewertung sowie

- ▓ Starrheit der Normstrategien

(Jung, [2006, S. 624]).

2.5.3 Branchenstrukturanalyse

2.5.3.1 Problemstellung und Zielsetzung

Das Modell zur Branchenstrukturanalyse geht auf PORTER zurück (Porter [1999, S. 34 ff.]). Porter beschreibt dabei die fünf entscheidenden Wettbewerbskräfte (five forces) einer Branche, um damit die Attraktivität dieser Branche ganzheitlich bestimmen zu können.

Five forces

Die Stärke der Wettbewerbskräfte bestimmt die Rentabilität der Branche und ist für die Profitabilität eines darin agierenden Unternehmens von wesentlicher Bedeutung. Die Branche wird dabei als eine Gruppe von Unternehmen verstanden, die vergleichbare Produkte, Produktgruppen beziehungsweise - typen herstellen, die untereinander ersetzbar wären. In der Branchenstrukturanalyse werden alle Einflussfaktoren analysiert und zu einer Branchenbeschreibung zusammengeführt. Die so genannten five forces nach Porter sind:

Wettbewerbs-kräfte

- ▓ potenzielle und neue Konkurrenten,

- ▓ Abnehmer,

- ▓ Ersatzprodukte,

- ▓ Lieferanten sowie

- ▓ Wettbewerber in der Branche.

Strategische Controllinginstrumente

Zusammenhang zwischen Wettbewerbskräften

Die nachfolgende Abbildung verdeutlicht zunächst den Zusammenhang zwischen den verschiedenen Wettbewerbskräften.

Abbildung 2-78

Die Wettbewerbskräfte nach Porter

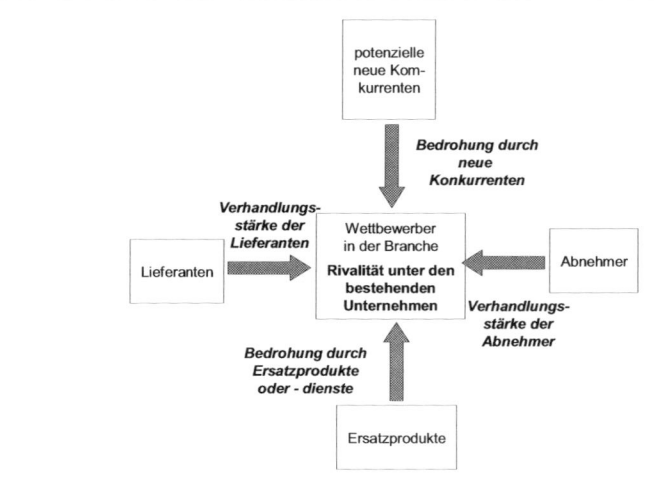

Quelle: Porter [1999, S. 34 ff.]

Branchenstruktur

Die Wettbewerbskräfte dienen der Beschreibung der Branchenstruktur, die wiederum Auswirkungen auf das strategische Verhalten der Unternehmen im Markt hat und damit den Unternehmenserfolg mitbestimmt.

Je nachdem, wie sich die oben dargestellten Kräfte im Einzelfall gestalten, ist eine Branche mehr oder weniger attraktiv für ein Unternehmen. Zur Konkretisierung der Branchenstrukturanalyse dient zunächst die nachfolgende Kurzbeschreibung der Wettbewerbskräfte.

(1) potenzielle neue Konkurrenten

Eintrittsbarrieren

Im Mittelpunkt dieser Determinanten der Branchenattraktivität steht die Gefahr des Markteintritts neuer Marktteilnehmer. Zur Einschätzung des Risikos sind die Markteintrittsbarrieren zu untersuchen.

Für Eintrittsbarrieren einer Branche gibt es folgende wesentliche Kriterien:

▓ Betriebsgrößenersparnisse bzw. Skaleneffekte

Economies of scale

Economies of scale beschreibt die Kostenvorteile der Großproduktion und damit der etablierten großen Unternehmen gegenüber kleineren beziehungsweise neu in den Markt eintretenden Unternehmen.

■ Produktdifferenzierung

Eine Produktdifferenzierung bedeutet für etablierte Unternehmen, dass ihre Produkte über einen Bekanntheitsgrad und damit verbunden eine Käuferloyalität verfügen. Damit sind neue in den Markt eintretende Wettbewerber gezwungen, mit einem erheblichen Aufwand, die bestehende Kundenloyalität gegenüber etablierten Unternehmen zu überwinden und für den Bekanntheitsgrad der eigenen Produkte zu sorgen.

Produktdifferenzierung

■ Kapitalbedarf

In Branchen, in denen ein hoher Kapitaleinsatz erforderlich ist, um wettbewerbsfähig zu sein, werden durch die Höhe des Kapitalaufwandes Eintrittsbarrieren geschaffen. Dies gilt insbesondere dann, wenn das Kapital in riskanten beziehungsweise wenig produktiven Bereichen benötigt wird, wie beispielsweise in der Einstiegswerbung oder in der Forschung und Entwicklung.

Kapitaleinsatz

■ Umstellungskosten

Umstellungskosten sind einmalige spezifische Kosten, die einem Kunden entstehen, wenn dieser den Lieferanten wechselt. Typische Beispiele für Umstellungskosten sind unter anderem Kosten für die Umschulung der Mitarbeiter oder Kosten für neue Zusatzgeräte. Wenn die Umstellungskosten etablierter Unternehmen hoch sind, so müssen neue in den Markt eintretende Unternehmen mit wesentlich niedrigeren Preisen oder deutlich besseren Leistungen Kunden zum Lieferantenwechsel bewegen.

Umstellungskosten

■ Zugang zu Vertriebskanälen

Ein neuer Anbieter muss sicherstellen können, dass seine Produkte entsprechend distribuiert werden. Da die existierenden Vertriebskanäle in der Regel durch die Unternehmen der Branche genutzt werden, muss der neue Anbieter einen Weg finden, die bestehenden Vertriebskanäle ebenfalls nutzen zu können oder unter Umständen sogar neue Vertriebskanäle zu entwickeln.

Vertriebskanäle

■ Größenunabhängige Kostenvorteile etablierter Unternehmen

Die bestehenden Unternehmen der Branche haben in der Regel gegenüber neuen Anbietern eine Vielzahl von Kostenvorteilen. Diese Vorteile entstehen etablierten Unternehmen einer Branche insbesondere im Zusammenhang mit:

Kostenvorteile

    o   dem Eigentum an Produkttechnologien,

    o   dem Zugang zu Rohmaterialien,

    o   den etablierten Standorten,

     o   den staatlichen Beihilfen,

     o   der Nutzung des Erfahrungskurveneffektes sowie

     o   der staatlichen Politik.

Eine mögliche Eintrittsbarriere stellt die staatliche Politik in sofern dar, da sie den Zugang zu einer Branche reglementieren kann.

(2) Wettbewerber in der Branche

Rivalität   Der Grad der Rivalität unter den bestehenden Wettbewerbern steht im Mittelpunkt der Branchenstrukturanalyse. Zur Analyse der Rivalität werden folgende Schwerpunkte betrachtet:

▓ Anzahl der Wettbewerber

Je zahlreicher die Wettbewerber in einer Branche agieren, umso unattraktiver wird die Branche für ein einzelnes Unternehmen.

▓ Branchenwachstum

Branchenwachstum   Je langsamer das Branchenwachstum ist, umso stärker muss sich ein einzelnes Unternehmen um sein eigenes Wachstum bemühen. Die Expansion eines Unternehmens in einer Branche mit geringem Wachstum erfolgt in der Regel über die Ausweitung der Marktanteile zulasten der Mitwettbewerber.

▓ Fix- oder Lagerkosten

Kapazitätsauslastung   Je höher die Fixkosten sind, umso stärker wird der Druck auf die Kapazitätsauslastung in einem Unternehmen, was bei Überschusskapazitäten häufig zu rasanten Preissenkungen führt. Dementsprechend ist die Höhe der Fixkosten, im Verhältnis zur Wertschöpfung, ein maßgebliches Kriterium für die Rentabilität. Dies gilt in ähnlicher Form für Lagerkosten von Produkten, die nur schwer oder teuer zu lagern sind.

▓ Produktdifferenzierung

Produktdifferenzierung   Je geringer die Produktdifferenzierung in einer Branche ausgeprägt ist, umso stärker wird die Käuferentscheidung hauptsächlich vom Preis und/oder Service des Produktes abhängen. Demzufolge wirkt sich geringe Produktdifferenzierung zwischen den Konkurrenten negativ auf die Branchenattraktivität aus.

▓ Kapazitätserweiterungen

Kapazitätserweiterung   Je größer die Kapazitätserweiterungen von einzelnen Wettbewerbern in der Branche sind, umso stärker wird das Gleichgewicht von Angebot und Nachfrage auf dem Markt davon beeinflusst.

■ Heterogenität der Wettbewerber

Je heterogener die Wettbewerber einer Branche aufgestellt sind, umso größer ist die Gefahr, untereinander in Konflikt zu geraten. Heterogene Konkurrenten bringen wenig Verständnis für das Agieren der anderen Unternehmen in der Branche mit und können sich nicht auf „Spielregeln" in der Branche einigen. Dementsprechend erhöht eine gewisse Homogenität beispielsweise hinsichtlich Strategie, Persönlichkeiten und Beziehungen untereinander die Attraktivität einer Branche.

Heterogenität

■ Strategischer Einsatz

Der strategische Einsatz beschreibt das Investitionsvolumen eines Unternehmens in die so genannten Vorsteuergrößen. Je höher der strategische Einsatz eines Unternehmens ist, umso stärker zielt dieses Unternehmen auf einen Marktanteilsgewinn um jeden Preis ab. Dies kann die Rentabilität des Unternehmens und der ganzen Branche negativ beeinflussen und die Attraktivität der Branche deutlich vermindern.

Strategische Investition

■ Austrittsbarrieren

Austrittsbarrieren veranlassen ein Unternehmen zum Verbleib in einer Branche. Diese Barrieren können sehr unterschiedlich gestaltet sein. So können zum Beispiel spezialisierte Aktiva oder hohe Kosten für den Branchenaustritt als Austrittsbarrieren betrachtet werden. Wenn jedoch die Austrittsbarrieren in einer Branche sehr hoch sind, so wird dadurch die Attraktivität dieser Branche negativ beeinflusst.

Austritts-barrieren

(3) Druck durch Substitutionsprodukte

Substitutionsprodukte sind Angebote anderer Branchen, welche die Produkte der Unternehmen einer Branche ersetzen können. Mit Substitutionsprodukten wird das Gewinnpotenzial einer Branche begrenzt. Substitutions- oder Ersatzprodukte zeichnen sich dadurch aus, dass sie die gleichen Funktionen erfüllen, wie die Produkte der Branche. Im Vordergrund der Analyse stehen dabei Produkte, die aus Kundensicht, trotz anderer Beschaffenheit, die Kundenbedürfnisse genauso gut oder sogar besser befriedigen, als dies die Produkte der eigenen Branche können.

Substitutions-produkte

Die Wirkung von Substitutionsprodukten lässt sich an der Preiselastizität der Nachfrage verdeutlichen. Der Quotient, der die prozentuale Veränderung der Nachfragemenge auf die prozentuale Veränderung des Preises bezieht, lässt sich dabei wie folgt interpretieren:

Preiselastizität der Nachfrage

Je attraktiver das Preis-Leistungs-Verhältnis von Ersatzprodukten ist, umso stärker wird das Gewinnpotenzial der Branche begrenzt.

Gewinnpotenzial

Substitutions-
gefahr

Die Substitutionsgefahr steigt beispielsweise durch:

▨ zunehmende Attraktivität bereits existierender Ersatzprodukte,

▨ offensives Marketing für Ersatzprodukte,

▨ geringe Abwehrmöglichkeiten von Substitutionsprodukten beispielsweise durch fehlende Standards sowie

▨ neue technologische Entwicklungen und daraus entstehende Produkte mit stark abweichender Beschaffenheit.

(4) Verhandlungsstärke der Abnehmer

Abnehmer-
verhalten

Die Kunden beziehungsweise Abnehmer der Produkte stellen eine weitere Determinante der Branchenattraktivität dar. Durch ihre Verhandlungsstärke können sie geringere Preise, höhere Qualität oder bessere Leistungen verlangen. Eine Abnehmergruppe kann als stark betrachtet werden, wenn folgende Bedingungen erfüllt sind (Porter [1999, S. 58 ff.] sowie Potzner [2008, S. 58 f.]):

Konzentration
der Kunden-
gruppe

▨ Die Kundengruppe ist konzentriert und hat damit eine große Marktmacht. Der Anteil des, mit dieser Kundengruppe getätigten Umsatzes ist erheblich, wie zum Beispiel bei Großabnehmern. In solchen Fällen besteht eine große Abhängigkeit des Unternehmens von dieser Kundengruppe. Dementsprechend sind Forderungen dieser Kundengruppe an das Unternehmen zu beachten.

Bedeutung der
Kundengruppe

▨ Die von der Kundengruppe gekauften Produkte machen einen signifikanten Anteil an den Gesamtkosten dieser Kundengruppe aus. In diesem Fall neigen die Kunden dazu, verstärkt nach günstigeren Preisen zu suchen.

Produkte der
Kundengruppe

▨ Die von der Kundengruppe erworbenen Produkte sind hoch standardisiert und differenzieren sich kaum, beziehungsweise gar nicht von anderen Produkten. Hier liegt es nahe, dass diese Kundengruppe einzelne Anbieter gegeneinander ausgespielt.

Wechselkosten

▨ Die Wechselkosten auf Seiten der Kunden sind niedrig bzw. die Umstellungskosten auf andere Kunden des Anbieters sind hoch. In einem solchen Fall ist die Bindung der Kunden an bestimmte Lieferanten geringer ausgeprägt, während umgekehrt eine große Abhängigkeit des Unternehmens von seinem Abnehmer besteht.

Gewinne je
Kundengruppe

▨ Die von der Kundengruppe erzielten Gewinne sind niedrig. Dementsprechend ist diese Kundengruppe preissensitiv und verhandelt mit dem Unternehmen über geringere Preise.

■ Die Kundengruppe ist in den Produktionsprozess des Unternehmens integriert. In einem solchen Fall hat die Kundengruppe die Möglichkeit, durch Androhung von Rückwärtsintegration, spezielle Forderungen im Unternehmen durchzusetzen.

Integration der Kundengruppe

■ Die von der Kundengruppe gekauften Produkte sind für ihre eigenen Produkte beziehungsweise Dienstleistungen von untergeordneter Bedeutung. Dies hat zur Folge, dass die Preissensitivität der Kundengruppe deutlich höher ist, als wenn die Qualität, der von der Kundengruppe hergestellten Produkte, stark von den erworbenen Produkten abhängt.

■ Die Kundengruppe verfügt über umfassende Informationen beispielsweise hinsichtlich Nachfrage, Marktpreise und Kosten von Produkten. Dabei gilt, je besser die Kundengruppe informiert ist, umso stärker ist die Verhandlungsmacht ausgeprägt.

Information der Kundengruppe

(5) Verhandlungsstärke von Lieferanten

Eine starke Verhandlungsmacht von Lieferanten reduziert die Attraktivität einer Branche. Dabei gilt, dass die Verhandlungsstärke der Lieferanten umso größer ist, wenn folgende Faktoren vorliegen:

Lieferanten-verhalten

■ Konzentration der Lieferantengruppe ist höher als die Konzentration der Kunden,

■ große Wettbewerbsvorteile des gelieferten Lieferanten-Produkts,

■ geringe Bedeutung der Kundengruppe für den Lieferanten,

■ große Bedeutung des Lieferanten-Produktes für die Qualität des Kunden-Produktes,

■ hohe Lieferanten-Produkt-Differenzierung, beziehungsweise hohe Umstellungskosten für den Wechsel des Lieferanten aus Abnehmersicht,

■ glaubhaftes Interesse des Lieferanten an der Vorwärtsintegration, wodurch die Fähigkeit der Branche zur Verbesserung der Einkaufsbedingungen eingeschränkt wird.

2.5.3.2 Aufbau und Funktionsweise

Die Branchenstrukturanalyse dient im Wesentlichen der konkreten Erfassung der oben genannten Wettbewerbskräfte und daraus abgeleitet der Bestimmung der Attraktivität der Branche. Die Abfolge der Branchenstrukturanalyse entspricht der Reihenfolge der genannten Wettbewerbskräfte. Die Branchenstrukturanalyse ist dabei wie folgt aufgebaut:

Aufbau der Kundenstrukturanalyse

1. Analyse der Eintrittsbarrieren

Eintrittsbarrieren

In dieser Stufe werden alle genannten Kriterien zur Beurteilung der Eintrittsbarrieren einer Branche analysiert. Die nachfolgende Abbildung verdeutlicht, welche Kriterien in welcher Form die Eintrittsbarrieren beschreiben. Dabei gilt, je höher die Eintrittsbarriere, umso attraktiver ist die Branche aus Sicht eines etablierten Unternehmens, da potenzielle neue Konkurrenten nur eine geringe Bedrohung darstellen.

Abbildung 2-79   *Kriterien zur Beurteilung der Eintrittsbarrieren*

		Branchenattraktivität aus Sicht eines etablierten Unternehmens					
		Sehr unattraktiv	Mäßig unattraktiv	Neutral	Mäßig attraktiv	Sehr attraktiv	
Eintrittsbarrieren	Betriebsgrößeneinsparungen	Gering					Hoch
	Produktdifferenzierung	Gering					Ausgeprägt
	Markenidentität	Gering					Hoch
	Umstellungskosten	Gering					Hoch
	Zugang zu Vertriebskanälen	Reichlich					Beschränkt
	Kapitalerfordernis	Gering					Hoch
	Zugang zu modernster Technologie	Reichlich					Beschränkt
	Zugang zu Rohstoffen	Reichlich					Beschränkt
	Schutz durch die Regierung	Nicht vorhanden					Stark
	Erfahrungseffekt	Unwichtig					Sehr wichtig

Quelle: eigener Darstellung auf der Basis von Kerth/Pütmann [2005, S. 172]

2. Bestimmung des Rivalitätsgrades unter bestehenden Wettbewerbern

Rivalitätsgrad

In dieser Stufe wird die Branchenattraktivität aus der Sicht der Wettbewerbssituation innerhalb einer Branche bestimmt. Neben der Vielzahl, an späterer Stelle genannter Kriterien, wirken vor allem die Austrittsbarrieren einer Branche als wettbewerbsverstärkende Faktoren. Austrittsbarrieren verhindern den Branchenausstieg und verringern damit die Stabilität der Erträge der Branchenteilnehmer. Darüber hinaus besteht ein enger Zusammenhang zwischen Eintritts- und Austrittsbarrieren sowie der Branchenattraktivität gemessen an der Rentabilität. Die Stärke der Eintrittsbarrieren beeinflusst die Höhe der Erträge der Branchenteilnehmer.

Der Zusammenhang zwischen den Barrieren und der Rentabilität verdeutlich die nachfolgende Grafik.

Zusammenhang zwischen Barrieren und Rentabilität

Abbildung 2-80

		Austrittsbarrieren	
		Niedrig	**Hoch**
Eintrittsbarrieren	**Niedrig**	Niedrige, stabile Erträge	Niedrige, unsichere Erträge
	Hoch	Hohe, stabile Erträge	Hohe, unsichere Erträge

Quelle: Porter [1999, S. 56]

Die Beurteilung des Rivalitätsgrades erfolgt, wie bereits in der ersten Stufe im Zusammenhang mit den Eintrittsbarrieren dargestellt, durch Analyse jedes einzelnen Faktors. Die nachfolgende Abbildung verdeutlicht den Zusammenhang zwischen der Ausprägung eines einzelnen Faktors und der Branchenattraktivität. Dabei gilt, je geringer die Rivalität innerhalb der Branche ausgeprägt ist, umso attraktiver wird die Branche für etablierte Unternehmen.

Branchen-attraktivität

Kriterien zur Beurteilung der Rivalität unterbestehenden Branchen

Abbildung 2-81

		Sehr unattraktiv	Mäßig unattraktiv	Neutral	Mäßig attraktiv	Sehr attraktiv	
Austritts-barrieren	Spezialisierte Aktiva	Hoch					Gering
	Fixkosten des Austritts	Hoch					Gering
	Strategische Verflechtungen	Hoch					Gering
	Emotionale Barrieren	Hoch					Gering
	Gesetzliche und soziale Restriktionen	Hoch					Gering
Rivalität der Wettbewerber	Anzahl gleichwertiger Wettbewerber	Hoch					Klein
	Branchenwachstum	Langsam					Schell
	Fest- oder Lagerkosten	Hoch					Gering
	Produktdifferenzierung	Gering					Hoch
	Kapazitätssteigerungen	Groß					Kontinuierlich
	Heterogenität der Wettbewerber	Hoch					Gering
	Strategische Einsätze	Hoch					Gering

Quelle: eigener Darstellung auf der Basis von Kerth/Pütmann [2005, S. 172]

3. Analyse des Bedrohungspotenzials durch Substitutionsprodukte
In dieser Stufe werden Ersatzprodukte hinsichtlich ihres Bedrohungspotenzials analysiert. Die nachfolgende Abbildung zeigt, wie die verschiedenen Kriterien, in Bezug auf die Substitutionsprodukte, die Branchenattraktivität aus Sicht eines etablierten Unternehmens beeinflussen können.

Bedrohungspotenzial

Abbildung 2-82 | *Kriterien zur Beurteilung des Bedrohungspotenzials durch Substitutionsprodukte*

	Branchenattraktivität aus Sicht eines etablierten Unternehmens					
Ersatz-produkte	Sehr unattrak-tiv	Mäßig unattrak-tiv	Neutral	Mäßig attrak-tiv	Sehr attrak-tiv	
Verfügbarkeit eng verwandter Ersatzprodukte	Hoch					Gering
Umstellungskosten der Benutzer	Gering					Hoch
Rentabilität und Aggressivität der Ersatzprodukt-Hersteller	Hoch					Gering
Preis-Wert-Verhältnis der Ersatzprodukte	Hoch					Gering
Marketing der Ersatzprodukte	Offensiv					Defensiv
Standards in Bezug auf eigene Produkte	Gering					Hoch
Neue technologische Entwicklungen	Stark ausgeprägt					Nicht beobachtbar

Quelle: eigene Darstellung auf der Basis von Kerth/Pütmann [2005, S. 172]

4. Ermittlung der Verhandlungsstärke der Abnehmer

Zur Bestimmung der Verhandlungsstärke der Abnehmer sind die Kundengruppen des Unternehmens zu analysieren. Dabei werden, wie bereits in den vorangegangenen Stufen beschrieben, verschiedene Kriterien hinsichtlich ihrer Beeinflussung der Branchenattraktivität betrachtet. Die nachfolgende Abbildung verdeutlicht den Zusammenhang zwischen der Ausprägung einzelner Kriterien zur Beurteilung der Verhandlungsstärke der Abnehmer und der Branchenattraktivität.

Abbildung 2-83 | *Kriterien zur Beurteilung der Verhandlungsstärke der Abnehmer*

	Branchenattraktivität aus Sicht eines etablierten Unternehmens					
Verhandlungsmacht der Abnehmer	Sehr unattrak-tiv	Mäßig unattrak-tiv	Neutral	Mäßig attrak-tiv	Sehr attrak-tiv	
Konzentration der Abnehmer	Hoch					Gering
Rentabilität der Abnehmer	Gering					Hoch
Verfügbarkeit von branchenfremden Ersatzprodukten	Viele					Wenige
Umstellungskosten der Abnehmer	Gering					Hoch
Drohung der Abnehmer mit Rückwärtsintegration	Stark					Gering
Drohung der Branche mit Vorwärtsintegration	Gering					Stark
Bedeutung der Produkte für die Qualität oder den Service der Abnehmer	Gering					Hoch
Gesamtkosten der Abnehmer durch die Branche	Großer Anteil					Geringer Anteil
Informationsgehalt der Abnehmer	Hoch					Gering

Quelle: eigene Darstellung auf der Basis von Kerth/Pütmann [2005, S. 172]

5. Analyse der Verhandlungsstärke von Lieferanten

Zur Analyse der Position der Lieferanten dient beispielhaft das so genannte Kraljic-Modell (Kraljic [1988, S. 477-497]). Das Modell bedient sich bei der Darstellung seines Beschaffungsportfolios einer Vier-Feld-Matrix. Im Beschaffungsportfolio werden dabei den Teilen entsprechend ihres prozentualen Anteils am Beschaffungsvolumen und dem Grad des Versorgungsrisikos, verschiedene Beschaffungsstrategien zugeordnet. Diese Darstellung ist auch geeignet, um die Verhandlungsstärke von Lieferanten zu beschreiben. Dabei gilt: je höher das Beschaffungsvolumen und –risiko, umso größer ist die Verhandlungsstärke des Lieferanten. Bei den so genannten strategischen Teilen, ist die Verhandlungsstärke der Lieferanten demzufolge am stärksten ausgeprägt.

Beschaffungsportfolio nach Kraljic

Abbildung 2-84

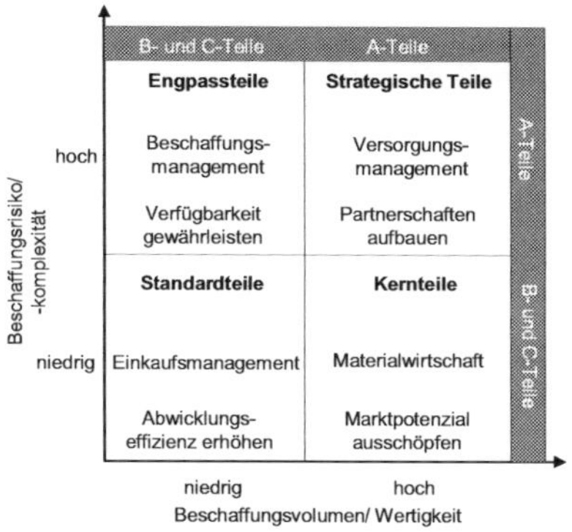

Quelle: Kraljic [1988, S. 482]

Neben dem bereits dargestellten Kraljic-Modell gibt es eine Reihe von Kriterien zur Beurteilung der Verhandlungsstärke der Lieferanten. Diese wurden in der nachfolgenden Abbildung zusammengetragen.

Verhandlungs-
stärke der
Lieferanten

Kriterien zur Beurteilung der Verhandlungsstärke von Lieferanten

Abbildung 2-85

		Branchenattraktivität aus Sicht eines etablierten Unternehmens					
		Sehr unattraktiv	Mäßig unattraktiv	Neutral	Mäßig attraktiv	Sehr attraktiv	
Verhandlungsmacht der Zulieferer	Anzahl wichtiger Zulieferer	Wenige					Viele
	Verfügbarkeit von Ersatzprodukten für die Produkte der Zulieferer	Gering					Hoch
	Differenzierungs- oder Umstellungskosten für Zulieferungsprodukte	Hoch					Gering
	Drohung der Zulieferer mit Vorwärtsintegration	Stark					Gering
	Drohung der Branche mit Rückwärtsintegration	Gering					Stark
	Bedeutung der Zulieferer für die Qualität oder den Service der Branche	Hoch					Gering
	Durch Zulieferer verursachte Gesamtkosten der Branche	Großer Anteil					Geringer Anteil
	Bedeutung der Branche für die Zuliefergruppe	Gering					Hoch

Quelle: eigene Darstellung auf der Basis von Kerth/Pütmann [2005, S. 172]

2.5.3.3 Anwendungsgebiete

Anwendung der Branchenstrukturanalyse

Die Anwendung der Branchenstrukturanalyse dient der Wettbewerbspositionierung des Unternehmens. Aus den Ergebnissen lassen sich Wettbewerbsstrategien ableiten. Porter unterscheidet dabei drei Typen von Wettbewerbstrategien:

▓ Umfassende Kostenführerschaft,

▓ Differenzierungen sowie

▓ Konzentration auf Schwerpunkte.

(Porter [1999, S. 70])

Diese Wettbewerbsstrategien werden im nachfolgenden dritten Kapitel umfassend dargestellt.

2.5.4 Konkurrenzanalyse

2.5.4.1 Problemstellung und Zielsetzung

Kundenwünsche

Für ein Unternehmen ist es nicht ausreichend, lediglich die Wünsche seiner Kunden zu erfüllen. Entscheidend ist, dies besser als die Konkurrenten zu können. Um eine solche Position zu erhalten oder zu erreichen, ist eine Analyse der Mitwettbewerber unerlässlich.

Wie bei einer Analyse der Kunden müssen auch die Handlungen und Intentionen der Konkurrenten detailliert betrachtet werden. Je nach Branchensituation besteht teilweise eine große Rivalität zwischen verschiedenen Konkurrenten. Unter diesen Bedingungen erzielen Unternehmen steigende Marktanteile nur zu Lasten der anderen Konkurrenten.

Konkurrenzanalyse

Bei der Konkurrenzanalyse werden zunächst verschiedene Wettbewerbstypen unterschieden. Die einfachste Form der systematischen Darstellung von Konkurrenten ist, anhand des Produkt- und Kundenportfolios verschiedene Wettbewerber eines Unternehmens zu unterscheiden. Diese Unterscheidungsform ist in nachfolgender Abbildung dargestellt.

Arten von Konkurrenten

Abbildung 2-86

Produkte

	Gleich	Unterschiedlich
Gleich	Direkte Konkurrenten	Indirekte Konkurrenten
Kunden		
Unterschiedlich	Produkt-Konkurrenten	Implizite Konkurrenten

Quelle: Recklies [2009, S. 2]

Neben bestehenden Wettbewerbern sind in einer Konkurrenzanalyse auch künftige bzw. potenzielle Konkurrenten zu analysieren. PORTER beschreibt potenzielle Konkurrenten wie folgt:

Potenzielle Konkurrenten

- Unternehmen, die Eintrittsbarrieren der Branche leicht überspringen könnten,

- Unternehmen, für die ein Brancheneintritt erhebliche Vorteile bzw. eine Erweiterung der Unternehmensstrategie mit sich bringen würden sowie

- Abnehmer oder Lieferanten, die rückwärts oder vorwärts integrieren könnten.

(Porter [1999, S.89]).

Unternehmen können sich durch unterschiedlichste strategische Positionierungen zu Konkurrenten entwickeln. Die häufigsten Formen sind Integration und Substitution. Die nachfolgende Abbildung gibt einen Überblick von Möglichkeiten, wie sich Unternehmen zu Konkurrenten entwickeln können.

Entwicklung von Konkurrenten

Abbildung 2-87 *Entwicklung von Unternehmen zu Konkurrenten*

Heutige Gruppe	wird morgen Konkurrent durch
Lieferant	Vorwärtsintegration
Absatzmittler und Kunde	Rückwärtsintegration
Unternehmen mit neuen Technologien	Substitution
Bestehende Konkurrenten in anderen Ländern	Regionale Expansion
Unternehmen mit ähnlichen Technologien	Diversifikation
Unternehmen, das gleiche Kunden beliefert	Produktexpansion
Unternehmen, das gleiche Produkte an andere Zielgruppen verkauft	Zielgruppen-Expansion

Quelle: Backhaus/ Voeth [2007, S. 187]

Ziel der Konkurrenzanalyse

Nach PORTER ist die Konkurrenzanalyse ein zentraler Baustein der Strategieformulierung im Unternehmen und dient folgenden Zielsetzungen:

- Bestimmung der Inhalte und Erfolgsaussichten der strategischen Schritte der wesentlichen Wettbewerber,
- Herausarbeitung der, zur erwartenden, Reaktionen der Konkurrenten auf mögliche strategische Schritte eines jeden Wettbewerbers sowie
- Ermittlung der wahrscheinlichen Reaktionen der Konkurrenten auf die Vielzahl der möglichen Veränderungen innerhalb der Branche und des weiteren Umfelds

(Marschner [2008, S.64]).

AAKER sieht die Zielstellung der Konkurrenzanalyse deutlich umfassender im Aufbau und in der Erhaltung dauerhafter Wettbewerbsvorteile (Aaker [1989, S. 60ff.]).

2.5.4.2 Aufbau und Funktionsweise

Risikoprofil des Konkurrenten

Den entscheidenden Anstoß für die Implementierung einer Konkurrenzanalyse in das strategische Controlling gab Porter mit seinen Studien zur Wettbewerbstrategie. Porter hat dabei ein System zur Bestimmung des Risikoprofils eines Konkurrenten entwickelt (Porter [1999, S. 88]).

Fragen der Konkurrenzanalyse

Die Konkurrenzanalyse konzentriert sich auf folgende Fragen:

- Wer sind die Konkurrenten?
- Was sind ihre Ziele?

■ Welches sind ihre Stärken und Schwächen?

■ Welche Strategien verfolgen sie?

■ Welche Antwort sollte im Hinblick auf die Strategie der Konkurrenz entwickelt werden?

(Porter [1999, S. 88f.])

Die nachfolgende Abbildung zeigt die Kernelemente der Konkurrenzanalyse nach Porter.

Kernelemente der Konkurrenz-analyse

Elemente der Konkurrenzanalyse nach Porter

Abbildung 2-88

Quelle: Porter [1999, S. 88]

Im Unterschied zu PORTER sieht AAKER sechs Elemente zur Analyse der Wettbewerber vor:

■ Größe, Wachstum und Profitabilität,

■ Stärken und Schwächen,

■ Kostenstrukturen und Austrittsbarrieren,

■ Ziele und Annnahmen,

■ gegenwärtige und vergangene Strategien sowie

■ Organisation und Kultur,

(Aaker [1989, S. 69 ff.])

*Aufbau der Kon-
kurrenzanalyse*

Im Weiteren wird das weitaus bekanntere Modell der Konkurrenzanalyse nach PORTER vorgestellt. Aus der vorstehenden Abbildung ergeben sich vier Schritte der Konkurrenzanalyse.

1. Zielsetzungen der Mitbewerber

*Ziele der
Konkurrenten*

Die erste Stufe im System der Konkurrenzanalyse wird durch die Zielsetzungen der Mitbewerber des Unternehmens bestimmt. Die Strategie der Wettbewerber spiegelt sich in ihrem Verhalten am Markt wider. Bei der Analyse der Zielsetzungen der Konkurrenten werden folgende Schwerpunkte in Bezug auf einen Wettbewerber konkret analysiert:

- gegenwärtige Ergebnisse und kommunizierte finanzielle Ziele,

- kommunizierte Strategie, erkennbarer Strategietyp,

- Risikoeinstellung,

- Ökonomische Beziehungen,

- organisatorische Werte und Überzeugungen,

- organisatorische Strukturen,

- Kontroll- und Anreizsysteme,

- Rechnungssysteme und –gewohnheiten,

- Managerpersönlichkeiten auf Vorstandsebene und gerade erkennbare Einigkeit innerhalb des Vorstandes,

- Struktur und Zusammensetzung des Aufsichtsrats,

- vertragliche Verpflichtungen sowie

- wettbewerbspolitische, staatliche oder gesellschaftssoziale Einschränkungen.

(Porter [1999, S.90 – 99])

Im Ergebnis der Analyse der Zielsetzungen des Wettbewerbers entsteht ein so genanntes Wettbewerberprofil, das sowohl quantitative als auch qualitative Informationen umfasst.

2. Selbstbild der Wettbewerber

*Annahmen der
Konkurrenten*

Die zweite Stufe im System der Konkurrenzanalyse wird durch die Annahmen eines Wettbewerbers über sich und die Branche inklusive der darin agierenden Unternehmen bestimmt. Die mit Sicherheit schwierige Analysestufe zielt darauf ab, die Annahmen von Konkurrenten dahingehend zu verifizieren, ob die Wettbewerber unrealistische oder irrationale Vorstellungen hinsichtlich ihrer eigenen Position haben.

Im Mittelpunkt der zweiten Stufe steht die Frage:

Wie sieht sich der Konkurrent hinsichtlich:

- seiner relativen Position (beispielsweise in Bezug auf Kosten, Produktqualität, technologisches Niveau u.a.),
- historischer oder emotionaler Bindungen (beispielsweise in Bezug auf bestimmte Produkte oder Produktqualität, Produktionsstandorte, Verkaufsansätze und Vertriebsformen),
- kultureller, regionaler oder nationaler Unterschiede,
- organisatorischer Werte oder Regeln,
- künftiger Nachfrage nach seinen Produkten,
- seiner Wettbewerber sowie
- Branchentrends und Branchenregeln.

Was auf den ersten Blick wie eine unmöglich zu beantwortendes Fragenkonstrukt zur Sichtweise des Konkurrenten in Bezug auf seine eigene Positionen erscheint, ist in Realität ein wichtiger Schritt bei der Positionierung eines Unternehmens innerhalb seiner Wettbewerber.

PORTER schreibt hierzu: „die Untersuchung aller möglichen Annahmen kann Verzerrungen und oder blinde Flecken zu Tage fördern, die sich bei Managern in der Wahrnehmung ihres Umfeldes festsetzen können. Blinde Flecken sind Bereiche, in denen ein Wettbewerber die Bedeutung von Ereignissen (z.B. eines strategischen Schrittes) überhaupt nicht erkennt, sie falsch auffasst oder sie nur sehr langsam wahrnimmt. Wenn das Unternehmen diese blinden Flecke erkennt, vermag es Maßnahmen herauszufinden, bei denen die Wahrscheinlichkeit sofortiger Vergeltung gering ist oder die Vergeltung, wenn sie einsetzt wirkungslos ist" (Porter [1999, S. 100]).

3. Strategische Einordnung der Wettbewerber

Im dritten Schritt der Konkurrenzanalyse geht es um die Einordnung eines Konkurrenten hinsichtlich seiner gegenwärtigen Wettbewerbsstrategie. Die Wettbewerbsstrategie eines Unternehmens ergibt sich aus der Kombination der Ziele, die das Unternehmen verfolgt und der Mittel die es dazu einsetzt. Strategische Konzepte werden im nachfolgenden Kapitel umfassend erläutert. An dieser Stelle werden lediglich, die im Zusammenhang mit der Konkurrenzanalyse möglichen Wettbewerbstrategien in Kurzform dargestellt.

Einordnung der Konkurrenten

PORTER unterscheidet drei Typen von Wettbewerbstrategien:

- Umfassende Kostenführerschaft,

Wettbewerbs-strategien

▓ Differenzierung,

▓ Konzentration auf Schwerpunkte.

In diese Formen von Wettbewerbsstrategien lassen sich die verschiedenen Wettbewerber einordnen. Dabei werden sowohl die strategischen Vorteile, als auch die strategischen Ziele einzelner Wettbewerber berücksichtigt. Die nachfolgende Abbildung zeigt die Wettbewerbsstrategien unter Berücksichtigung der Einordnungskriterien.

Abbildung 2-89	*Wettbewerbsstrategien nach Porter*

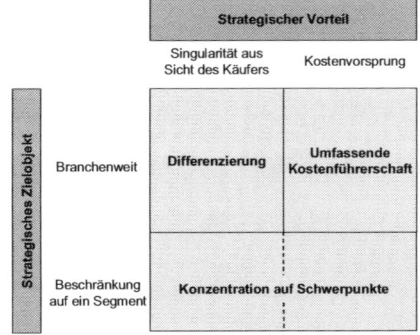

Quelle: Kerth/Pütmann [2005, S. 143]

Differenzierungs-strategie

Die Differenzierungsstrategie ist dadurch gekennzeichnet, dass ein Unternehmen etwas Einzigartiges anbietet. Dies kann beispielsweise ein Markenname, eine Technologie, ein spezieller Kundendienst, eine besondere Qualität oder ein spezifisches Händlernetz sein. Damit schaffen Unternehmen eine hohe Kundenbindung und schützen sich somit vor den Wettbewerbern.

Kostenführer-schaft

Die umfassende Kostenführerschaft zeichnet jene Unternehmen aus, in denen die Kosten mit allen Mitteln, beispielsweise durch Größengewinne, Ausnutzung von Erfahrungskurven, intensive Kostenkontrolle und Kostenmanagement, und allgemeine Kostenminderungen, gesenkt werden. Diese Form der Strategie zeichnet insbesondere Unternehmen mit großen Marktanteilen aus, die sich vor Rivalität schützen und auch noch dann Erträge generieren wollen, wenn die Konkurrenten in einen starken Preiswettbewerb eintreten.

Nischenstrategie

Die Konzentration auf Schwerpunkte zielt im Gegensatz zu den vorhergehenden branchenweiten Strategien auf Marktnischen. Annahme ist, dass sie in einem spezifischen Segment entweder Differenzierung und/oder Kostenführerschaft eher erreichen können als die branchenweit operierenden Konkurrenten. Die Nische wird vom Unternehmen in der Regel frei gewählt und, um einen Vorteil gegenüber den Konkurrenten ausbauen zu können, wird ein Segment mit schwacher Konkurrenz und ohne erkennbare Bedrohung durch Substitutionsprodukte ausgewählt. Eine Maximierung des Umsatzes ist bei einer Konzentration auf Schwerpunkte nicht möglich, dennoch erscheint sie häufig als lohnenswert.

Zur Einordnung eines Unternehmens nach dem Strategietyp hat PORTER ein so genanntes Rad der Wettbewerbsstrategie entwickelt. Dies setzt den Gedanken um, dass die Wettbewerbsstrategie eine Kombination aus verfolgten Zielen und eingesetzten Mitteln darstellt.

Rad der Wettbewerbsstrategie

Rad der Wettbewerbsstrategie

Abbildung 2-90

Quelle: Porter [1999, S. 25]

Je nach Strategietyp werden vom Unternehmen verschiedene Mittel genutzt, um die Ziele zu erreichen und die Strategie umzusetzen. In der Regel ist es nicht möglich, sowohl eine Kostenführerschaft als auch eine Differenzierung zu erreichen, da hierzu jeweils völlig verschiedene Mittel notwendig sind. Während die Kostenführerschaft die Mittel: Zugang zu Kapital (für Investitionen), einfache und günstige Produktions- und Vertriebsformen, Verfahrensinnovationen sowie intensive Kostenkontrolle nutzt, greift die Differenzierungsstrategie auf die Mittel: Forschung & Entwicklung, Marketing, guter Ruf oder auch hochqualifizierte Arbeitskräfte zurück.

Das Rad der Wettbewerbsstrategie hilft demzufolge bei der Einordnung von Wettbewerbern in Wettbewerbsstrategien. Je nach Ausprägung, der im Rad

Einordnung von Konkurrenten

dargestellten Kriterien, ist die verfolgte Strategie des Wettbewerbers mehr oder weniger klar erkennbar.

Stärken und Schwächen von Konkurrenten

4. Innensicht des Wettbewerbers

Im vierten Schritt der Konkurrenzanalyse werden die Fähigkeiten des Wettbewerbers hinsichtlich beobachtbarer Stärken und Schwächen analysiert.

Dabei wird zwischen:

- Kernfähigkeiten,
- Wachstumsfähigkeiten,
- Fähigkeit zur schnellen Reaktion,
- Anpassungsfähigkeit und
- Durchhaltefähigkeit

unterschieden (Porter [1999, S. 107 ff.]).

In dem Konzept wird ein Analysekatalog vorgeschlagen, nach dem Wettbewerber eines Unternehmens systematisch auf ihre Stärken und Schwächen, insbesondere bei den Produkten, Händlern und Vertriebswegen, Marketing und Verkauf, Verfahren, Forschung und Technik, Kosten und finanzielle Lage, Organisation, und allgemeinen Managementfähigkeiten, untersucht werden.

Während die Analyseergebnisse der Stufen eins bis drei Aussagen zur Wahrscheinlichkeit und Intensitäten einer Reaktion eines Wettbewerbers auf eigene Unternehmensaktivitäten zulassen, determinieren die Stärken und Schwächen des Wettbewerbers die Fähigkeit, strategische Schritte zu ergreifen.

2.5.4.3 Anwendungsgebiete

Anwendung der Konkurrenza- nalyse

Die Synthese aller vier Analysestufen lässt Aussagen über die voraussichtlichen Reaktionen eines Konkurrenten zu. Die Kenntnis über die strategische Ausrichtung der relevanten Wettbewerber und deren mögliches zukünftiges Verhalten innerhalb des Wettbewerbs liefert Ansatzpunkte für die Formulierung der Wettbewerbstrategie des Unternehmens. Dies dient der langfristigen Sicherung von Wettbewerbsvorteilen. Darüber hinaus lässt die Konkurrenzanalyse die Rangfolge der analysierten Wettbewerber erkennen, da sehr dezidierte Informationen Auskunft geben über die Stärke des Wettbewerbs zwischen Unternehmen und dem jeweiligen Konkurrenten.

2.5.5 Benchmarking

2.5.5.1 Problemstellung und Zielsetzung

„Benchmarking ist der kontinuierliche Prozess, Produkte, Dienstleistungen und Praktiken gegen den stärksten Mitbewerber oder die Firmen zu messen, die als Industrieführer angesehen werden" (Kearns [1994, S. 13]).

Definition Benchmarking

Bei der Betrachtung der Herkunft des Benchmarkgedankens muss ein großer Schritt in Richtung Vergangenheit erfolgen. Bereits im Jahre 500 v. Chr. schrieb ein chinesischer General namens Sun Tzu, dass er das Ergebnis von 100 Schlachten nicht zu fürchten braucht, wenn er den Feind und sich selbst kennt. Diese Darstellung lässt sich durchaus auf alle modernen Formen des Benchmarking übertragen.

Die heutige Form des Benchmarking und seine Kernaussagen haben sich jedoch erst in der zweiten Hälfte der siebziger Jahre herausgebildet, als die amerikanische Xerox Corporation einen Prozess startete, welcher als Cempetitive Benchmark in die Literatur der Betriebswirtschaftslehre einging. Die von Xerox produzierten Kopiermaschinen waren im Vergleich mit Produkten aus Japan viel zu kostenintensiv, weshalb zunächst Leistungsmerkmale und Funktionsumfang der eigenen Geräte mit denen der Konkurrenz verglichen wurden.

Entwicklung des Benchmarkings

Auf Grund dieser frühen Stufe des Benchmarking wurden radikale neue Unternehmensziele abgeleitet, welche in den nachfolgenden Jahren schnell zu einer Verbesserung der Situation im Unternehmen Xerox führten (Camp [1994, S. 7 ff.]).

Um den vielfältigen Einsatzbereichen des Benchmarkings gerecht zu werden, entwickelte SPENDOLINI ein Benchmarking-Definitionsmenü, welches aus nachfolgender Abbildung hervorgeht.

Benchmarking-Definitionsmenü

Dabei wird deutlich erkennbar, dass je nach Anwendungsfall, anhand des nachfolgend dargestellten Schemas, unterschiedlichste Zielsetzungen und Objekte im Mittelpunkt des Benchmarkings stehen können.

Aus diesem Grund könnte das Benchmarking in jeder Ebene der Vorsteuergrößen aufgeführt werden. Da es sich aber beim Benchmarking, als Instrument des strategischen Controllings, vordergründig um einen Vergleich mit Wettbewerbern handelt, wurde es an dieser Stelle den Markt- und Umfeldanalysen zugeordnet.

Abbildung 2-91 | *Benchmarking-Definitionsmenü*

Ein	kontinuierlicher ständiger langfristiger	systematischer strukturierter formaler analytischer organisierter	**Prozess**	**zur/zum**	Evaluierung Verstehen Beurteilung Messung Vergleich
der/des	Geschäftspraktiken Produkte Service **von** Arbeitsprozesse Operationen/Funktionen		Organisationen Unternehmen **,die** Institutionen		anerkannt bekannt **sind** identifiziert
als	"best in class" "world class" "representing best practices" leistungsstark		**zum Zweck der/des**		Organisationsvergleich Organisationsverbesserung erreichen oder überbieten der "Industry best practice" Entwicklung von Produkten/Prozessparametern Etablierung von Prioritäten, Zielen, Ansprüchen
und das spätere		Umsetzten Einbringen	erfolgreicher "best in class" leistungsstarker		Methoden Produkte Praktiken Arbeitsprozesse Operationen Funktionen
in der/die/das eigene/n			Organisation Unternehmen Institution		

Quelle: eigene Darstellung auf der Basis von Spendolini/ Michael [1992, S. 10]

Benchmarking-Arten

Durch die mittlerweile enorme Verbreitung des Benchmarkings und die Mannigfaltigkeit potenzieller Anwendungsfelder werden in der Literatur unterschiedlichste Benchmarking-Arten benannt, wobei eine nähere Betrachtung zeigt, dass oftmals verschiedene Begrifflichkeiten für ein und dieselbe Form stehen. Die Existenz verschiedener Arten des Benchmarkings lässt es sinnvoll erscheinen, diese nach feststehenden Merkmalen zu klassifizieren. Im Weiteren erfolgt eine Einteilung der Benchmarking-Arten nach folgenden Kriterien:

- Gegenstand des Leistungsvergleichs,

- Art des zu vergleichenden Prozesses,

- Beziehungen zum Benchmarking-Partner sowie

- Art der Beurteilungsmaßstäbe.

Der Zusammenhang zwischen den Einteilungskriterien bei der Einordnung der Benchmarking-Arten zeigt nachfolgende Abbildung und verdeutlicht, dass die oben genannten Kriterien hierarchisch aufeinander abgestimmt sind.

Benchmarking-Arten

Abbildung 2-92

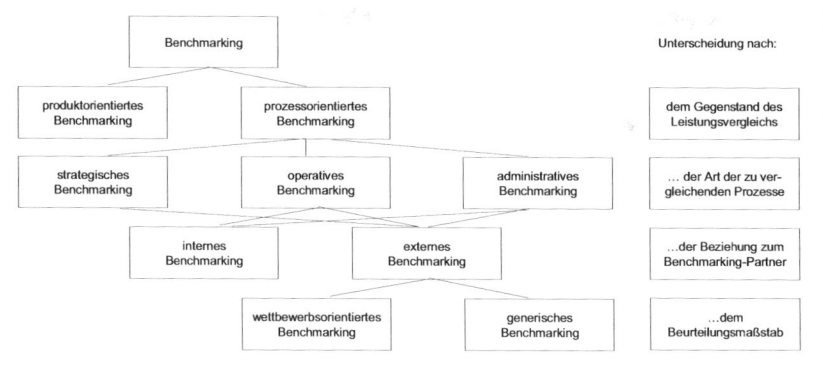

Quelle: eigene Darstellung auf der Basis von Gülker [1996, S. 26]

Im Unterschied zum reinen produktorientierten Benchmarking werden beim prozessorientierten Benchmarking neben den Leistungsunterschieden der Güter beziehungsweise Dienstleistungen auch die Prozesse, die bei der Herstellung Anwendung finden, ermittelt beziehungsweise untersucht. Letztere müssen zu diesem Zweck geeignet strukturiert, präzise definiert und mithilfe relevanter Messgrößen quantifiziert werden, um die Ursachen der Leistungslücken zu bestimmen, um Vorschläge für die Veränderung der eigenen Abläufe zu erarbeiten und schließlich, um eine Verbesserung der eigenen Produkte zu bewirken.

Produkt-orientiertes Benchmarking

Prozess-orientiertes Benchmarking

Gegenstand des administrativen Benchmarkings sind Arbeitsabläufe, die bei der Herstellung eines Gutes oder einer bestimmten Leistung nur eine unterstützende Funktion wahrnehmen und nicht direkt zur Erzeugung des Endproduktes beitragen. Die Verbesserungsmaßnahmen im Ergebnis des Benchmarkings beschränken sich auf die untersuchten Arbeitsabläufe, das heißt, die Gesamtorganisation des Unternehmens bleibt davon unberührt. Administratives Benchmarking führt aber dennoch sehr oft zu einer Leistungssteigerung auf der Ebene des gesamten Unternehmens (Pieske [1997, S. 64]).

Administratives Benchmarking

Mit Hilfe des operativen Benchmarkings werden Arbeitsabläufe analysiert, die explizit der Erstellung eines bestimmten Gutes oder einer bestimmten Dienstleistung dienen. Genauso wie die administrative Variante führt auch das operative Benchmarking in der Regel zu einer Reorganisation der betroffenen Arbeitsabläufe, was sich wiederum kurz- bis mittelfristig in einer Leistungssteigerung des Unternehmens und in einer verbesserten Marktposition niederschlagen sollte. Ebenso unberührt bleibt dabei jedoch die Gesamtorganisation des Unternehmens.

Operatives Benchmarkiug

Strategisches Benchmarking

Das strategische Benchmarking dient der Analyse der langfristigen Ausrichtung eines Unternehmens hinsichtlich seiner Positionierung am Markt, der Entwicklung einer eigenen Wettbewerbstrategie und deckt Potenziale für Änderungen von speziellen Kerngeschäftsprozessen auf. Die Möglichkeiten, die eine Untersuchung solcher strategischer Fragestellungen im externen Vergleich bietet, wurden jedoch erst Anfang der 1990er Jahre erkannt (Böhnert [1999, S. 31]).

Benchmarking-Partner

Als problematisch gestaltet sich häufig die Wahl des geeigneten Benchmarking-Partners. Dieser muss zum Aufbau eines strategischen Benchmarkings nicht zwingend aus der gleichen Branche kommen. Beim strategischen Benchmarking geht es in der Regel weniger um eine neue Ordnung von Arbeitsabläufen, sondern viel mehr um die Neuorganisation des gesamten Unternehmens. Dementsprechend ist es erforderlich, dass der Benchmarking-Partner seine gesamte Organisationsstruktur offen legt, wozu dieser nicht immer bereit ist.

Im Gegensatz zum internen Benchmarking, oder Blickwinkeln die nur auf die Geschäftsbereiche des eigenen Unternehmens gerichtet sind, erweitert sich der Betrachtungshorizont des externen Benchmarkings auf die gesamte Branche oder sogar den gesamten Markt. Die wettbewerbsorientierte Variante des externen Benchmarkings orientiert sich in der Regel am Branchenführer, während sich das generische Benchmarking „ohne Warengattung" mit den „Weltklasse-Unternehmen" auseinander setzt (Karlöf/Östblom [1994, S. 30 f.]).

Zielstellung des Benchmarkings

Ziel jedes Benchmarkingprozesses ist, unabhängig von der Art des Benchmarkings, vom Besten zu lernen.

2.5.5.2 Aufbau und Funktionsweise

Aufbau des Benchmarkings

Benchmarking wird in Unternehmen als Prozess gestaltet. In der Fachliteratur werden viele unterschiedliche Abfolgen einzelner Benchmarking-Schritte präsentiert. Letztendlich bleibt es immer den an einer Benchmarking-Studie beteiligten Unternehmen überlassen, ein für sie günstiges Vorgehen zu wählen.

Benchmarking-Rad

Die nachfolgende Abbildung zeigt ein von GÜLKER entwickeltes Benchmarking-Rad mit vier aufeinander folgenden Schritten.

Benchmarking-Rad nach Gülker

Abbildung 2-93

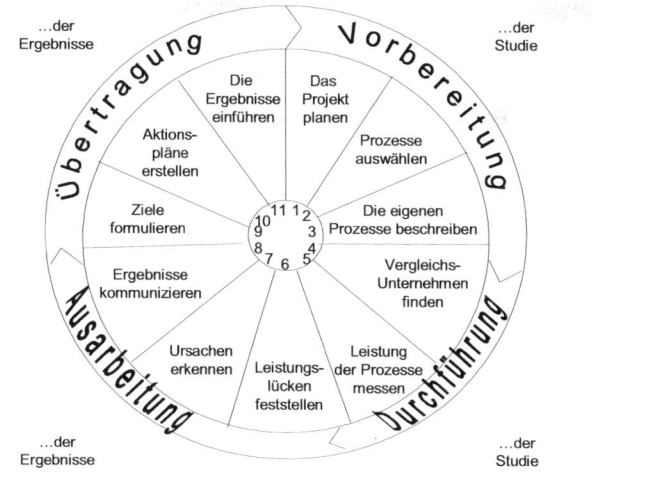

Quelle: Gülker [1996, S. 28]

Aus der Abbildung wird deutlich, dass sich der Benchmarking-Prozess in vier Stufen erklären lässt.

1. Vorbereitung der Studie

Vor Beginn des eigentlichen Benchmarking-Prozesses muss geklärt werden, welche Bereiche in welchem Umfang analysiert werden sollen, da nur durch präzise Vorgaben der Grundstein für ein erfolgreiches Benchmarking-Projekt gelegt werden kann. Deshalb sind im Vorfeld unter anderem Überlegungen hinsichtlich der zu erreichenden Ziele, Zusammensetzung des Benchmarking-Teams, Zeithorizont sowie Personalbedarf und Budget notwendig.

Benchmarking-Studie

Das Benchmarking-Team sollte möglichst für den gesamten Prozess von der Planung bis zur Umsetzung zuständig und von allen Mitarbeitern akzeptiert sein. Generell gilt, dass weniger die Anzahl, sondern vielmehr die Qualität und das Durchsetzungsvermögen der Teammitglieder entscheidend ist. Mindestens eine Person sollte in diesem Zusammenhang Erfahrung auf dem Gebiet des Benchmarkings aufweisen. Fehlt die Methodenkompetenz im Unternehmen, so erscheint die Zusammenarbeit mit einem externen Benchmarking-Berater sinnvoll.

Benchmarking-Team

Nach der Konstituierung des Benchmarking-Teams sind die geeigneten Benchmarking-Objekte festzulegen. Aufgrund der Fülle potenzieller Unter-

Benchmarking-Objekte

suchungsgegenstände kann sich dies als schwierig erweisen, so dass das Setzen von Prioritäten unumgänglich wird. Typische Benchmarking-Objekte sind:

- Produkte,

- Dienstleistungen,

- Prozesse sowie

- Organisationsstrukturen.

In der Vorbereitung der Benchmarking-Studie muss geklärt werden, wo das eigene Unternehmen hinsichtlich der Benchmarking-Objekte steht. Hierzu müssen die ermittelten Benchmarking-Objekte genau analysiert und die Ergebnisse in Form von Kennzahlen und qualitativen Beschreibungen dokumentiert werden, um beim späteren Vergleich die Leistungslücken identifizieren zu können.

Benchmarking-Ziele

Erst danach lassen sich Benchmarking-Ziele für die einzelnen Objekte festlegen, egal ob verbal (z.B. Fehlerquote des Auslieferungsprozesses reduzieren) oder über das herleiten von Zielgrößen und deren Fixierung auf ein definiertes Niveau (z.B. Lieferzeit innerhalb von 12 Stunden, unabhängig vom Zielort und Auftragsmenge).

Erfahrungsgemäß gilt: je sorgfältiger die Vorbereitungsphase genutzt wird, um Datenmaterial für die bevorstehenden Vergleiche zu sammeln, desto weniger Schwierigkeiten und Konflikte gibt es während der nachfolgenden Projektphasen.

2. Durchführung der Studie

Benchmarking-Initiator

Nachdem die Benchmarking-Objekte des eigenen Unternehmens bewertet und die daraus resultierenden Ziele sowie die Art des Benchmarkings festgelegt wurden, müssen geeignete Partner für eine Studie in einer organisierten Suche gefunden werden. Infrage kommen hierbei andere Geschäftsbereiche oder Organisationseinheiten des eigenen Unternehmens, aber auch direkte Konkurrenten sowie Unternehmen der eigenen und fremden Branche. Geeignete Benchmarking-Partner sind Organisationen, die hinsichtlich des zu betrachtenden Untersuchungsgegenstandes eine Spitzenstellung einnehmen oder wenigstens besser als der Benchmarking-Initiator sind.

Benchmarking-Organisationen

Die eigentliche Kontaktaufnahme zum möglichen Benchmarking-Partner erfolgt entweder durch direkte Kommunikation mit dem potenziellen Kandidaten oder gegen ein Entgelt mithilfe von Benchmarking-Organisationen, welche insbesondere in den USA ins Leben gerufen wurden.

Ist der gewählte Vergleichspartner dazu bereit, an der Benchmarking-Studie teilzunehmen, beginnt die eigentliche Informationsbeschaffung. Sämtliche Daten, die nicht über öffentliche Informationsquellen im Vorfeld verfügbar waren, müssen nun direkt beim Benchmarking-Partner gesammelt werden. Die in den Unternehmen eingesetzten Methoden zur Analyse der Benchmarking-Objekte (z.B. der Einsatz von Fragebögen) finden auch hier Anwendung. Weitere Möglichkeiten der Informationsgewinnung sind unter anderem telefonische Befragungen, Videokonferenzen und Interviews (auch auf dem Postweg oder per Telefax) mit Mitarbeitern des Vergleichsunternehmens.

Mit der Informationsbeschaffung muss der Benchmarking-Partner spüren, dass ihm selbst nichts verheimlicht wird und dass seine preisgegebenen Informationen mit größtem Respekt und stets vertraulich behandelt werden.

3. Ausarbeitung der Ergebnisse

Mit der Untersuchung der Benchmarking-Objekte bei den Vergleichspartnern können so genannte Leistungslücken bestimmt werden, die den Vorsprung des Benchmarking-Partners gegenüber dem eigenen Unternehmen verdeutlichen. Bevor allerdings die internen Daten den externen gegenübergestellt werden, gilt es zu prüfen, ob bestimmte Faktoren existieren, die den Vergleich verfälschen. Bestehen Umstände respektive äußere Einflüsse (z.B. unterschiedliche Kostensituation wie Steuern, Subventionen, Miet- und Grundstückspreise), welche von den Verantwortlichen nicht ohne weiteres verändert werden können, würde das zu einer Verzerrung der Gegenüberstellung führen.   *Leistungslücken*

Sind die verzerrenden Faktoren herausgefiltert, zeigen sich die Leistungslücken quantitativ in den Differenzen der verwendeten Kennzahlen und qualitativ in den Unterschieden zwischen den Partnern bezüglich der angewendeten Praktiken.

In einem Stärken-Schwächen-Profil ist es nun möglich, den einzelnen Leistungsgrößen verschiedenen Kriterien (insbesondere Kosten und Qualität) zuzuordnen, um so die Frage nach der Kosten-Nutzen-Relation zu beantworten.   *Stärken-Schwächen-Profil*

Anhand der qualitativen Daten wird anschließend eine Ursachenforschung indiziert, damit die identifizierten Leistungslücken im nächsten Benchmarking-Schritt geschlossen werden können.

Ziel der qualitativen Datenanalyse ist es also, die besten Praktiken zu ermitteln, um diese, sofern sie übertragbar sind, ins eigene Unternehmen zu integrieren.

4. Übertragung der Ergebnisse in die Unternehmenspraxis

Bei der letzten Phase des Benchmarking-Prozesses geht es darum, die zuvor identifizierten Leistungslücken durch Integration geeigneter beziehungsweise Änderung vorhandener Prozesse zu schließen. Ein Gelingen hängt im entscheidenden Maße von einem klaren Ziel, der Dokumentation der Verbesserungen, der Kommunikation im Unternehmen und damit von der Wahrnehmung des Wertes der Veränderung durch alle Beteiligten ab.

Der Einführung neuer Prozesse beziehungsweise Praktiken im Unternehmen steht in den meisten Fällen erst einmal Skepsis gegenüber. Es müssen zunächst sämtliche Widerstände und Zweifel ausgeräumt werden, um auf allen Ebenen des Unternehmens Akzeptanz für die zum Teil sehr tief greifenden Veränderungen zu erzielen.

Wurde die Akzeptanz-Hürde überwunden, können anhand der ermittelten Ergebnisse, in Zusammenarbeit mit allen betroffenen Bereichen und der Führungsetage, neue Unternehmensziele für die entsprechenden Bereiche definiert werden.

Daran anschließend beginnt die Umsetzungsphase als Integration der Best Practices. In festgelegten Aktionsschritten werden hier die zuvor identifizierten Arbeitsabläufe und Prozesse beeinflusst und verändert. Hilfreich ist an dieser Stelle ein zuvor aufgestellter Umsetzungsplan, welcher nach CAMP

- die Spezifikationen der jeweiligen Aufgaben,

- deren Reihenfolge bei der Bearbeitung,

- die Zuordnung der erforderlichen Ressourcen,

- den benötigten Zeitaufwand,

- die Verteilung der Verantwortung und

- die erwarteten Resultate

definiert (Camp [1994, S. 227]).

Während der Durchführung der Veränderungsmaßnahmen sollte das Team den Mitarbeitern einige Freiräume bei der Anpassung der zu integrierenden Best Practices an die speziellen Verhältnisse des Unternehmens beziehungsweise der Abteilung gewähren. Durch die dabei entwickelte Kreativität kann die Umsetzung unter Umständen schneller und effektiver abgeschlossen werden. Allerdings muss anhand von Zwischenzielen, den so genannten Meilensteinen, der Fortgang des Prozesses ständig auf seine Planmäßigkeit hin überprüft werden, um entsprechende Gegenmaßnahmen im Fall von Abweichungen ergreifen zu können.

Nach Beendigung der Umsetzungsphase darf eine hinreichende Würdigung der erzielten Erfolge nicht fehlen, denn nur durch den berechtigten Dank an die Mitarbeiter von Seiten des Managements lässt sich auf Dauer Akzeptanz und Motivation für zukünftige Benchmarking-Projekte erzeugen.

Da in einer sich ständig weiterentwickelnden Umwelt betriebliche Praktiken fortlaufend Veränderungen ausgesetzt sind, ist es nicht unwahrscheinlich, dass nach einer bestimmten Zeit bessere Arbeitsabläufe beziehungsweise leistungsstärkere Praktiken auf dem Markt existieren und somit die gerade angesprochene Motivation für einen neuen Benchmarking-Prozess benötigt wird. Langfristig gilt: "Benchmarking kann seine volle Wirkungskraft nur durch wiederholte Anwendung erzielen" (Karlöf /Östblom [1994, S. 192]).

Fortlaufender Benchmarking-Prozess

2.5.5.3 Anwendungsgebiete

Benchmarking ist ein geeignetes Instrument zur strategischen Leistungsverbesserung in Unternehmen. Als wiederholter Prozess des Vergleichs mit den Besten und Lernens von ihnen, dient er dem Aufbau von Spitzenleistungen. Diese lassen sich wiederum mit der dabei vollzogenen Entwicklung von Kernkompetenzen zu konkurrenzfähigen Leistungen innerhalb des Wettbewerbs etablieren. Damit dient Benchmarking der Verbesserung der Wettbewerbsposition des Unternehmens.

Anwendung des Benchmarkings

2.5.6 Umweltanalyse

2.5.6.1 Problemstellung und Zielsetzung

Die Umweltanalyse ist historisch betrachtet eines der ältesten strategischen Analyseinstrumente, welches bereits in frühen Publikationen zum strategischen Controlling erläutert wurde. Mit der Umweltanalyse sollen die Möglichkeiten und Gefahren der Entwicklung(en) der Umwelt bestimmt werden.

Zielsetzung der Umweltanalyse

Die Umwelt gibt einerseits die Grenzen der strategischen Möglichkeiten eines Unternehmens vor und eröffnet andererseits Alternativen für strategische Neuausrichtungen. Dieses Spannungsfeld wird durch eine Umweltanalyse erklärt und gibt damit den Unternehmen die Möglichkeit, Umweltveränderungen nicht nur zu antizipieren und damit zu reagieren, sondern auch zu beeinflussen und damit zu agieren. Die wesentlichste Zielstellung der Umweltanalyse besteht darin, "den Raum der strategischen Alternativen abzustecken" (Schreyögg [1984, S. 100]).

Bedeutung der Umwelt

Umweltaspekte

Die Problemstellung der Umweltanalyse liegt in der Informationskomplexität, die innerhalb der Analyse möglichst vollständig abgedeckt werden soll. Dementsprechend muss mit der Umweltanalyse eine Auswahl von relevanten und potenziell bedeutsamen Umweltaspekten erfolgen, wobei die Gefahr besteht, die Auswahl zu eng zu setzen und dabei grundsätzlich neue Möglichkeiten für die strategische Ausrichtung zu übersehen.

Umweltanalyse und -prognose

HINTERHUBER betrachtet die Umweltanalyse und die damit verbundene Prognose der Umweltentwicklung als Ausgangspunkt für die Bestimmung des strategischen Handlungsspielraums eines Unternehmens, wie nachfolgende Abbildung zeigt.

Abbildung 2-94 | *Bestimmung des strategischen Handlungsspielraums nach Hinterhuber*

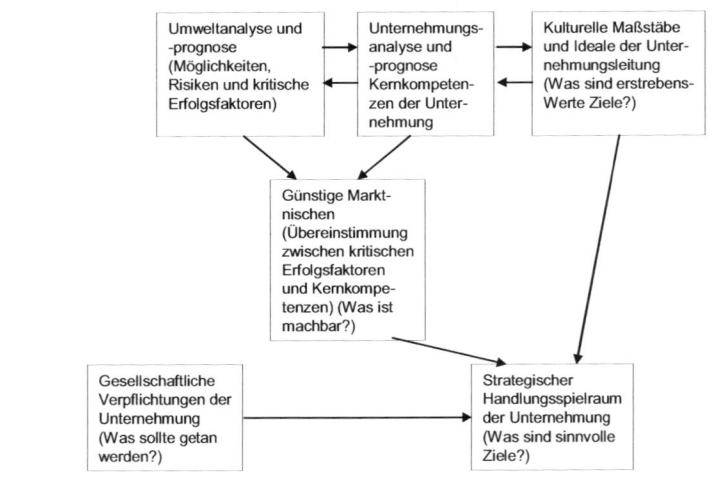

Quelle: Hinterhuber [2004, S. 114]

Die Umweltanalyse ist ein fortlaufender Prozess der Beobachtung des externen Umfelds und des Unternehmens auf die gegenwärtigen und künftigen Rahmenbedingungen mit dem Ziel der Reduktion der Komplexität der Information (Lücking [1994, S. 1.167]).

2.5.6.2 Aufbau und Funktionsweise

Die Umweltanalyse wird nach HINTERHUBER in zwei Stufen unterteilt:

▩ Analyse der globalen Umwelt (Makro-Sichtweise)

▩ Analyse des Industriesektors (Mikro-Sichtweise)

(Hinterhuber [2004, S. 115])

Aufbau der Um-weltanalyse

1. Analyse der Makro-Umwelt

Die globale, generelle bzw. Makro-Umwelt umfasst die Rahmenbedingun-gen eines geographischen Raumes, in dem das Unternehmen am Markt agiert (Theis [2008, S. 32]). Die Makroumwelt hat in der Regel keinen direk-ten Bezug zu den Unternehmensaktivitäten und –aufgaben. Typisch für die Makro-Umwelt ist, dass sie in der Regel durch die Aktivitäten eines Unter-nehmens nicht beeinflusst werden kann. Vielmehr müssen Entwicklungs-tendenzen der Makro-Umwelt auch vom Unternehmen antizipiert werden.

Makro-Umwelt

In Anlehnung an HINTERHUBER zählen zur globalen Umwelt folgende Faktoren:

▩ Politische Bedingungen,

▩ Gesellschaftliche Bedingungen (darunter sozio-kulturelle Faktoren sowie demographische Faktoren),

▩ Wirtschaftliche Bedingungen sowie

▩ Technische Bedingungen

(Hinterhuber [2004, S. 116]).

Faktoren der Makro-Umwelt nach Hinterhuber

THEIS ergänzt diese Faktoren um:

▩ Physische Bedingungen (z.B. klimatische Bedingungen) sowie

▩ Ökologische Bedingungen (z.B. Umweltbewusstsein)

(Theis [2008, S. 31]).

Faktoren der Makro-Umwelt nach Theiss

Im Zusammenhang mit diesen Faktoren wird die Analyse der globalen Umwelt in der Literatur häufig auch als so genannte PEST-Analyse bezeich-net. PEST steht für die Begriffe Political, Economical, Socio-Cultural und Technological (Klandt [2006, S. 221 f.]).

PEST-Analyse

Die genannten Faktoren der Makro-Umwelt können folgende. Einflüsse auf das Unternehmen haben:

Umwelt-bediugungen

politische

■ Die politischen Rahmenbedingungen bilden Möglichkeiten und Restriktionen für das Unternehmen in Form von Gesetzen und Verordnungen ab.

gesellschaftliche

■ Die gesellschaftlichen Rahmenbedingungen und deren Veränderung prägen Werte, Normen und Strukturen einer Gesellschaft und somit auch das Nachfrageverhalten von Käufern eines Unternehmens.

wirtschaftliche

■ Die wirtschaftlichen Rahmenbedingungen beeinflussen eine Volkswirtschaft und sind geprägt durch Merkmale wie Bruttosozialprodukt, Bruttoinlandsprodukt, Konjunkturphasen, Einkommens- und Beschäftigungslage etc. Durch die wirtschaftlichen Rahmenbedingungen werden Angebots- und Nachfrageverhalten und damit im Endeffekt auch die wirtschaftliche Ausgangsbedingung für ein Unternehmen beeinflusst.

technische

■ Der Stand der technischen Rahmenbedingungen wird über den Einsatz und die Anwendung von Technologien zum Ausdruck gebracht. Die technischen Rahmenbedingungen beeinflussen sowohl die Wertschöpfungsprozesse im Unternehmen, als auch die Technologie von produzierten Gütern und Dienstleistungen.

Einflussgrößen auf die Makro-Umwelt

Für jeden genannten Faktor gibt es eine Vielzahl von möglichen Einflussgrößen anhand derer der jeweilige Faktor beurteilt werden kann. Die nachfolgende Abbildung zeigt beispielhaft Einflussgrößen der globalen Umweltfaktoren.

Beispielhafte Einflussgrößen auf globale Umweltfaktoren

Abbildung 2-95

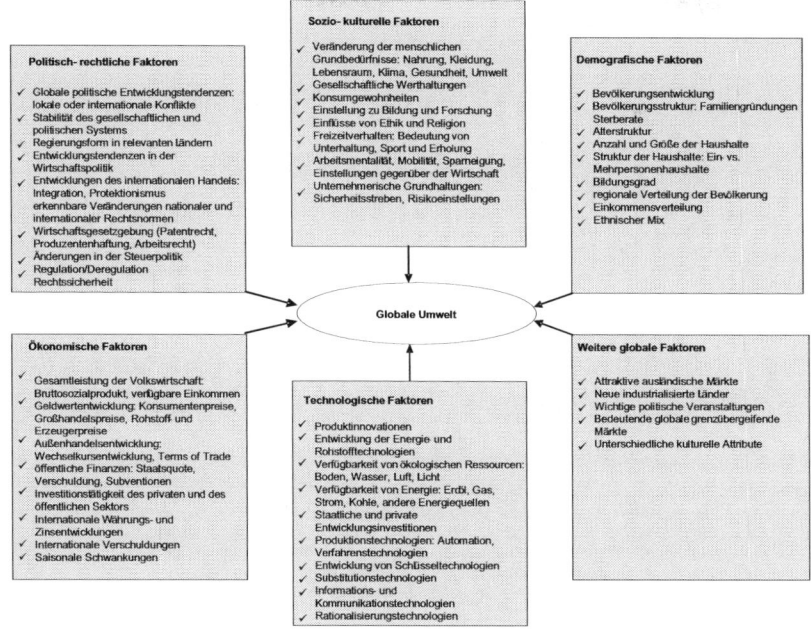

Quelle: eigene Darstellung auf der Basis von Kerth/Pütmann [2005, S. 118]

Die Analyse der dargestellten Einflussfaktoren unterliegt wenigen, einfachen Regeln.

Analyse der Makro-Umwelt

▓ Alle Einflussfaktoren sind extern und können durch das jeweilige Unternehmen nicht beeinflusst werden.

▓ Die Auswahl der Einflussfaktoren wird durch die Definition der Umwelt des jeweiligen Unternehmens bestimmt.

▓ Alle Einflussfaktoren können mit Gewichtungen oder Prioritäten versehen werden, die eine erweiterte Bewertung ermöglichen.

(Paxmann/ Fuchs [2005, S. 83])

Im Anschluss an die Erhebung der Einflussfaktoren erfolgen im Modell der globalen Umweltanalyse eine Untersuchung der Wechselwirkungen zwischen den einzelnen Bedingungen (Cross-Impact-Analysis) sowie eine Projektion der Einflussfaktoren in ihrem Wirkungsbezug auf die Zukunft. Dieses dreistufige Modell der globalen Umweltanalyse wurde von General Elektric erstmals angewendet.

Cross-Impact-Analysis

Die folgende Abbildung zeigt am praktischen Anwendungsbeispiel der General Elektric die Funktionsweise der globalen Umweltanalyse.

Abbildung 2-96	*3-Stufen-Modell der globalen Umweltanalyse von General Elektric*

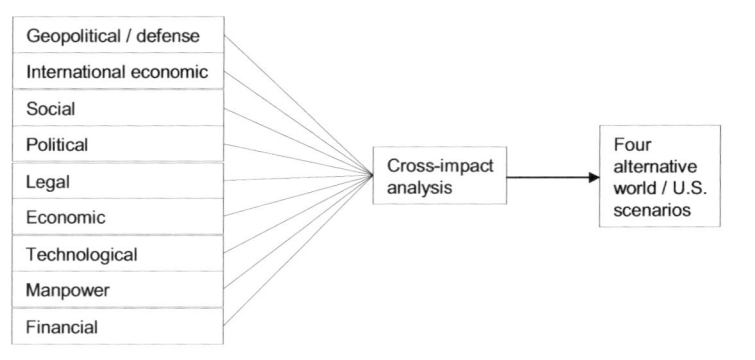

Quelle: Wilson/ William/Solomon [1978, S.70]

Szenariotechnik

Im Ergebnis der Analyse der Makro-Umwelt werden in der Regel, mithilfe der Szenariotechnik, verschiedene Prognosen zur Entwicklung der Einflussfaktoren unter Berücksichtigung ihrer Wechselwirkung erstellt. Die geläufigste Form der graphischen Darstellung von Szenarien ist der sogenannte Szenario-Trichter.

Szenario-Trichter

„Der Trichter verdeutlicht, dass man nicht von einer einzigen Zukunftsentwicklung ausgehen kann, sondern aufgrund der Variationsbreite der Einflussfaktoren viele unterschiedliche Zukunftsbilder denkbar sind" (Geschka/ Hammer [1990, S. 243]).

Prognose Entwicklung der Einflussfaktoren der Makro-Umwelt mittels Szenario-Technik

Abbildung 2-97

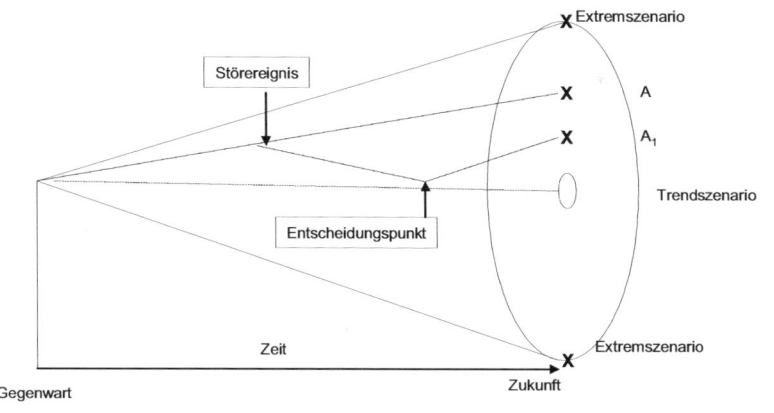

Quelle: Geschka/ Hammer [1990, S. 242]

Bezogen auf die Zukunft symbolisiert der Trichter die Bandbreite möglicher Entwicklungen im besten und schlechtesten Fall und damit die Komplexität und die Unsicherheit. „Die Zukunftsbilder befinden sich folglich auf der Schnittstelle des Trichters", wohingegen die Gegenwart immer am engsten Punkt des Trichters liegt (Geschka /Hammer [1990, S. 242]).

Die Szenario-Technik sieht bei der Prognose der Entwicklung der Einfluss-faktoren die Möglichkeit vor, dass einzelne Faktoren unerwartet störende Entwicklungstendenzen annehmen können.

2. Analyse der Mikro-Umwelt

Die Mikro-Umwelt umfasst den Industriesektor beziehungsweise die Bran-che des Unternehmens. Dementsprechend ist die Analyse der Mikro-Umwelt bedingt vergleichbar mit der Branchenstrukturanalyse. Das deut-lichste Unterscheidungskriterium des Industriesektors gegenüber der globa-len Umwelt besteht darin, dass die Einflussfaktoren des Industriesektors vom Unternehmen zumindest bedingt gestaltet werden können. Dies lässt sich dadurch erklären, dass zur Mikroumwelt alle Stakeholder des Unter-nehmens gehören, die in einer unmittelbaren Beziehung zu ihm stehen (Wirth [1980, S. 15ff.]). Damit kann ein Unternehmen durch das Bezie-hungsmanagement zum jeweiligen Stakeholder (oder zur Stakeholdergrup-pe) Einfluss auf seine Mikro-Umwelt nehmen.

Mikro-Umwelt

205

Stakeholder-gruppen

In Anlehnung an die Branchenstrukturanalyse gehören zur Mikro-Umwelt Stakeholdergruppen wie:

- Konkurrenten,

- Abnehmer,

- Lieferanten,

- Absatzmittler sowie

- Absatzhelfer.

In Analogie zur Analyse der Makro-Umwelt lassen sich zur jeweiligen Stakeholdergruppe entsprechende Einflussfaktoren benennen, die in nachfolgender Abbildung beispielhaft zusammengefasst wurden.

Abbildung 2-98   *Beispielhafte Einflussgrößen auf Mikro-Umweltfaktoren*

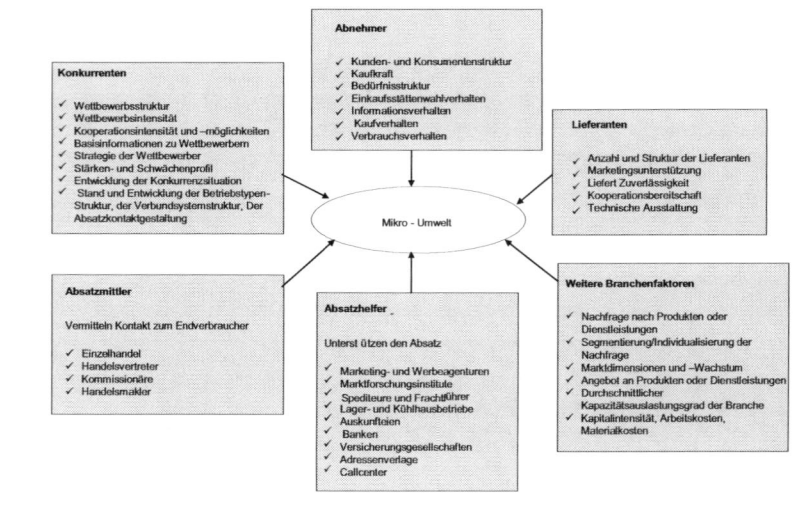

Quelle: eigene Darstellung auf der Basis von Hinterhuber [2004, S. 116]
        sowie Theis[2008, S. 33 ff.]

Nach der Erhebung aller Einflussfaktoren auf die Mikro-Umwelt erfolgt, analog der ersten Stufe der Umweltanalyse, eine Untersuchung der Wechselwirkungen der Einflussfaktoren untereinander sowie darauf aufbauend, eine Prognose ihrer zukünftigen Entwicklung in mehreren Szenarien.

3. Auswertung der Ergebnisse der Umweltanalyse

Matrix der Umweltanalyse

HINTERHUBER empfiehlt die Ergebnisse der Umweltanalyse in einer Matrix zusammenzufassen, um die Auswirkungen der Umweltbedingungen auf das Unternehmen und dessen Strategie besser beurteilen zu können. Die nachfolgende Abbildung verdeutlicht diese Vorgehensweise.

Abbildung 2-99

Matrixauswertung der Ergebnisse der Umweltanalyse

Chancen aus der	... ...	... ...
Bedrohung durch die	... ...	... ...
	Globale Umwelt	Mikro-Umwelt

Quelle: eigene Darstellung auf der Basis von Hinterhuber [2004, S. 118]

2.5.6.3 Anwendungsgebiete

Anwendung der Umweltanalyse

Die Umweltanalyse ist ein strategisches Controllinginstrument zur Einordnung des Unternehmens in seine Umgebung. Damit findet sie Anwendung bei der Bestimmung der Ausgangssituation eines Unternehmens im Rahmen eines Strategieprozesses. Die Umweltanalyse dient der Status-Quo-Bestimmung der globalen und direkten Umweltbedingungen und wird darüber hinaus bei der Ermittlung der Gelegenheiten und Gefahren innerhalb eines SWOT-Profils angewendet.

2.6 Finanzwirtschaftliche Analysen

2.6.1 Kostenstrukturanalyse

2.6.1.1 Problemstellung und Zielsetzung

Kostenstrukturen

Die Kostenstrukturen der Unternehmen haben sich seit Mitte des 20. Jahrhunderts deutlich verändert. Der Anteil der Gemeinkosten in Prozent der Wertschöpfung ist dabei stetig angestiegen (Miller/Vollmann [1985, S.142-150]). Dies hat dazu geführt, dass traditionelle Kostenrechnungssysteme aufgrund des Kalkulationsansatzes mit Einzelkosten an ihre Grenzen geraten (Coenenberg [2003, S. 206]). Der Schwerpunkt hat sich im Zeitablauf deutlich auf die Analyse der Gemeinkosten verlagert.

Gemeinkostenanteile

Die Kostenstrukturanalyse liefert Informationen über die Zusammensetzung der Gemeinkosten des Unternehmens. Das Ziel ist dabei, zu verdeutlichen, welche Kostenkategorien circa 80% des Kostenumfangs ausmachen. Die Begrenzung auf zirka 80% der Kosten geht auf das so genannte 80/20 Prinzip (Paretogesetz) zurück (Koch [2004, S. 11 ff.]). Mit der Kostenstrukturanalyse sollen Kostensenkungspotenziale erkannt und Wirtschaftlichkeitsbeurteilungen ermöglicht werden. Darüber hinaus liegt ein weiteres Ziel der Kostenstrukturanalyse in der Sensibilisierung der Mitarbeiter für die Kosten des Unternehmens.

2.6.1.2 Aufbau und Funktionsweise

Schrittfolge der Kostenstrukturanalyse

Der Aufbau der Kostenstrukturanalyse lässt sich anhand nachfolgender Grafik erkennen.

Abbildung 2-100

Aufbau der Kostenstrukturanalyse

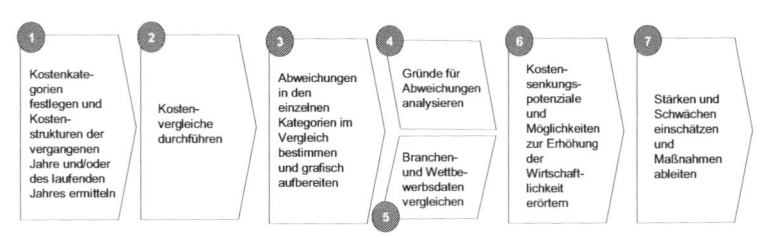

Aus der Grafik ist der Aufbau der Kostenstrukturanalyse in nachfolgend beschriebener Schrittfolge erkennbar.

1. Kostenkategorien

Für die Kostenstrukturanalyse sind die Kostenkategorien individuell festzulegen. Dabei sind dem Unternehmen aufgrund der Auswertungsvielfalt der Kosten keine Grenzen gesetzt. Eine Kostenstrukturanalyse sollte sowohl die Kosten für die betrieblichen Vorleistungen als auch für alle Wertschöpfungsstufen im Unternehmen analysieren und in entsprechende Prozentanteile aufschlüsseln.

Kostenkategorien können im Rahmen der Kostenstrukturanalyse wie folgt definiert werden:

Kostenkategorien

▨ Kostenarten wie beispielsweise Material-, Personal- oder Dienstleistungskosten

▨ Kosten einzelner Kostenstellen oder Geschäftsbereiche

▨ Kosten einzelner Produkte

▨ Gemeinkostenarten des Unternehmens wie beispielsweise Abschreibungen, Mieten oder Zinsen

Die Kostenstrukturanalyse greift auf die Daten der Kostenrechnung des Unternehmens zu.

2. Kostenvergleiche

Die Kostenstrukturanalyse basiert auf dem Vergleich von Kostenkategorien. Folgende Vergleichsarten finden im Rahmen der Kostenstrukturanalyse Anwendung:

Arten von Kostenver-gleichen

▨ Zeitvergleich (Vergleich von Kostenkategorien im zeitlichen Verlauf),

▨ innerbetrieblicher Vergleich (Vergleich von Kostenkategorien innerhalb des Unternehmens) sowie

▨ externer Vergleich (Vergleich der Kostenkategorien des Unternehmens mit anderen Unternehmen beispielsweise der gleichen Branche).

Die verschiedenen Vergleichsreihen lassen sich auch miteinander kombinieren. So können beispielsweise innerbetriebliche Vergleiche auch im Zeitablauf dargestellt werden oder einzelne Kostenkategorien aus dem innerbetrieblichen Vergleich mit den Angaben des Wettbewerbers abgeglichen werden.

Kostenver-
gleichsgrafik

3. Kostenabweichungen

Im Ergebnis des Vergleichs werden Kostenkategorien grafisch abgebildet und dabei deren Prozentanteil verdeutlicht.

Abbildung 2-101

Beispielhafte Darstellung der Kostenstrukturanalyse im Zeitvergleich

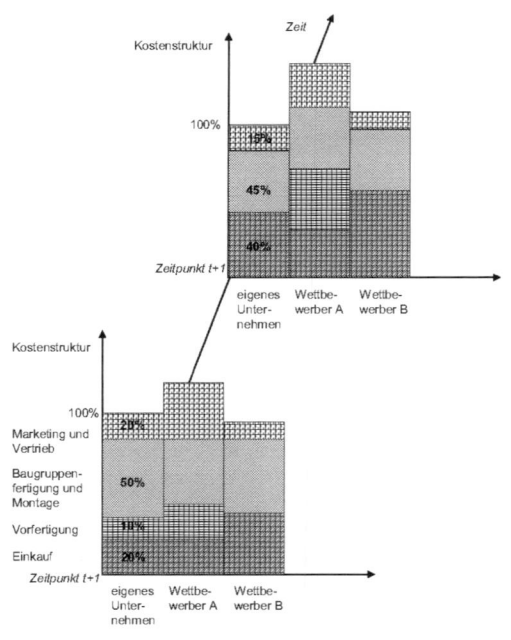

Quelle: Zäpfel [2000, S. 10]

4. Abweichungsanalyse

Kostenabwei-
chungsanalyse

Um die Ursachen für positive und negative Abweichungen in einzelnen Kostenkategorien bestimmen zu können, greift die Kostenstrukturanalyse auf klassische Verfahren der Kostenvergleiche zurück. Zu erwähnen sind beispielsweise Verbrauchs- und Beschäftigungsabweichungen, auf die an dieser Stelle nicht näher eingegangen werden soll. Viel wichtiger ist, dass in die Ursachenforschung die Kostenverantwortlichen der einzelnen Unternehmensbereiche einbezogen werden, da sie über das Wissen verfügen, welche Kostentreiber verschiedene Kostenkategorien beeinflussen beziehungsweise beeinflusst haben.

5. Branchenvergleich

Zur abschließenden Beurteilung der Kostenkategorien oder aber zur strategischen Diskussionen der Kostenposition des Unternehmens im Vergleich zu Wettbewerbern ist es erforderlich, Branchen- und Wettbewerbsdaten in die Kostenstrukturanalyse einfließen zu lassen. Für den Vergleich des Unternehmens mit anderen Wettbewerbern können deren Bilanzdaten, Jahresabschlussdaten oder Brancheninformationen anderer Anbieter verwendet werden. Als Vergleichsdaten können einzelne Hauptwettbewerber oder aber Branchendurchschnittswerte verwendet werden. Aus dem Vergleich der unternehmensinternen Kostenkategorien mit externen Werten lassen sich oftmals Kostensenkungspotenziale ableiten. Externe Kosteninformationen gehen häufig auch in die Konkurrenzanalyse (vgl. 2.5.4) ein.

Kostenvergleich innerhalb der Branche

6. Kostensenkungspotenziale

Nach Abschluss der Beurteilungsphase dient die Kostenstrukturanalyse der Bestimmung der Potenziale der Kostensenkung und der Verbesserung der Wirtschaftlichkeit. Kostensenkungspotenziale werden an dieser Stelle als strategische Chance zur Verbesserung der Kostenposition des Unternehmens im Vergleich zum Wettbewerb gesehen. Dies widerspricht nicht der Tatsache, dass Kostensenkung ein permanenter Prozess in Unternehmen ist (Preissler [2000, S. 199]).

Strategische Kostensenkungspotenziale

Strategische Kostensenkungspotenziale können im Einzelfall sehr unterschiedlich definiert werden. Eine Auswahl möglicher Kostensenkungspotenziale zeigt nachfolgende Abbildung.

Strategische Kostensenkungspotenziale

Abbildung 2-102

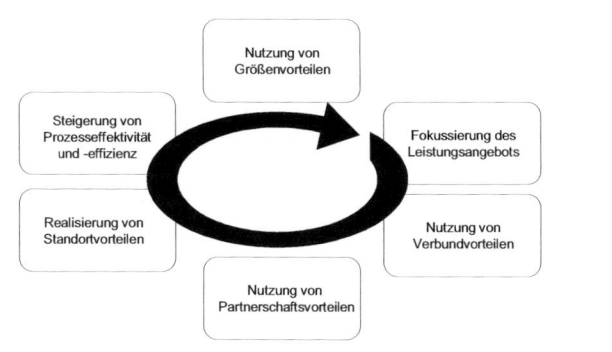

Quelle: Elben/ Handschuh [2003, S. 34]

7. Kostensenkungsmaßnahmen

Im letzten Schritt der Kostenstrukturanalyse werden aus den gewonnenen Erkenntnissen Maßnahmen abgeleitet und umgesetzt. Hierzu ist es zunächst erforderlich, die erkennbaren Stärken und Schwächen aus Sicht der Kostenstruktur des Unternehmens zusammenzufassen und die größten Kostensenkungspotenziale festzulegen. Die Priorisierung ist maßgeblich für den zukünftigen Erfolg der eingeleiteten Kostensenkungsmaßnahmen. Maßgeblich ist darüber hinaus, dass es sich bei den Maßnahmen um Eingriffe in die strategischen Vorsteuergrößen handelt, deren Auswirkung von strategischer Relevanz ist.

2.6.1.3 Anwendungsgebiete

Die Kostenstrukturanalyse eignet sich zur Bestimmung von strategischen Synergiepotenzialen im Rahmen von Fusionen (Hartenstein/Billing/Schawel/Grein [2007, S. 115]).

Darüber hinaus wird die Kostenstrukturanalyse angewendet, um strategische Rationalisierungspotenziale zu ermitteln (Zäpfel [2000, S. 10]).

Grundsätzlich ist die Kostenstrukturanalyse aber auch geeignet, um die Kostenposition des Unternehmens im Vergleich zum Wettbewerb strategisch zu verbessern.

Damit kann verallgemeinerungsfähig ausgedrückt werden, dass die Kostenstrukturanalyse ein Controllinginstrument zur strategischen Beeinflussung der finanzwirtschaftlichen Perspektive eines Unternehmens darstellt. Sie zielt nicht auf eine operative Senkung der Kosten.

2.6.2 GAP-Analyse

2.6.2.1 Problemstellung und Zielsetzung

Die GAP-Analyse gehört zu den Klassikern unter den strategischen Controllinginstrumenten und wurde von ANSOFF entwickelt (Ansoff [1966, S. 125ff]). Die GAP-Analyse ist ein strategisches Controllinginstrument, mit dessen Hilfe Lücken beziehungsweise Abweichungen zwischen geplanter und voraussichtlich zu erwartender Entwicklung ermittelt werden. Die geplante Entwicklung spiegelt dabei die Eckpfeiler der Strategie wider, während die zu erwartende Entwicklung unter Fortführung der bisherigen Geschäftspolitik voraussichtlich eintreten wird. Die zu erwartende Entwicklung wird dementsprechend auf der Basis von Vergangenheitswerten ermittelt, während die geplante Entwicklung ein Ergebnis der Strategie und in diesem Zusammenhang ein Abbild des gewünschten Zustands ist. Die GAP-Analyse ist somit eine Form des strategischen Soll-Ist-Vergleichs.

Die GAP-Analyse ist ein permanent anzuwendendes strategisches Controllinginstrument. Mit der Regelmäßigkeit in der Anwendung wird erreicht, dass die Abweichungen von der Strategie frühzeitig sichtbar werden. Wenn die zu erwartende Entwicklung den gewünschten Zustand nicht erreicht, wird in der Literatur von einer strategischen Lücke gesprochen. Die Dimensionen, in denen die strategische Lücke gemessen wird, hängen im Wesentlichen von den strategischen Zielen des Unternehmens ab. Typische Messgrößen für die strategische Lücke sind:

*Frühwarn-
funktion der
GAP-Analyse*

*Strategische
Lücke*

- Gewinn,

- Umsatz,

- Leistungs- oder Absatzmengen,

- Rentabilitätskennzahlen oder

- Kosten.

Mehrheitlich werden strategische Lücken im finanzwirtschaftlichen Bereich gemessen, weshalb die GAP-Analyse auch als Controllinginstrument der finanzwirtschaftlichen Perspektive dargestellt wird. Die GAP-Analyse findet jedoch auch in Bezug auf andere Bereiche Anwendung. Beispiele hierfür sind die technologische, ökologische oder personelle GAP-Analyse

*Bereiche für
strategische
Lücken*

Die Größe der strategischen Lücke wird im Wesentlichen durch die Fähigkeiten und Möglichkeiten des Unternehmens zur Nutzung vorhandener strategischer Potenziale beeinflusst. Die strategische Lücke ist umso größer, je weniger es gelingt, die vorhandenen Erfolgspotenziale zu nutzen (Horváth/ Reichmann [1993, S. 263]).

*Strategische
Lücke und Er-
folgspotenziale*

Aufgrund der strategischen Ausrichtung dieses Analyseinstrumentes, liegt die Problemstellung in der Bestimmung der geplanten und zu erwartenden Entwicklungen. Die Zielstellung der GAP-Analyse besteht darin, der Unternehmensleitung frühzeitig zu signalisieren, wenn das Unternehmen Gefahr läuft die strategischen Ziele nicht erreichen. In diesem Kontext ist die GAP-Analyse auch als strategisches Frühwarninstrument in der Literatur verzeichnet. Im weiteren Sinne verfolgt die GAP-Analyse mit dem Aufzeigen der strategischen Lücke das Ziel, strategische Prozesse anzustoßen und damit verbundene Maßnahmen einzufordern, zur Schließung der ermittelten Lücke.

2.6.2.2 Aufbau und Funktionsweise

Aufbau der GAP-Analyse

In der Literatur wird der Aufbau der GAP-Analysen sehr unterschiedlich beschrieben. Grundsätzlich erfolgt in allen Darstellungen der Vergleich zwischen der zu erwartenden und gewünschten Entwicklung. Der Grad der Ergänzung der GAP-Analyse um die Ableitung von Strategien und Maßnahmen zur Schließung der Lücken sowie die detaillierte Analyse von Abweichungsursachen ist in den einzelnen Darstellungen sehr unterschiedlich ausgeprägt.

Im Weiteren wird der Aufbau der GAP-Analyse über vier Stufen erläutert.

1.   Bestimmung der Zielwerte

Strategische Ziele

Strategische Zielwerte sind das Ergebnis der strategischen Planung. „Der Planungsprozess kann natürlich mit Zielen beginnen. Sobald glaubwürdige Strategien entstanden sind, ist es einfach, Ziele festzulegen, die in dem Moment erreicht werden, wo die Strategien verwirklicht sind" (Mintzberg [1995, S. 84]). An dieser Stelle wird darauf verzichtet den umfangreichen Prozess der strategischen Planung zu beschreiben.

Potenziallinie

Zur GAP-Analyse werden die gewünschten Entwicklungen der strategischen Zielwerte, wie beispielsweise Gewinn oder Umsatz, für die nächsten drei bis fünf Jahre aus der Strategie abgeleitet und als Potenzial- bzw. Ziellinie in ein Diagramm übertragen. In einigen Beschreibungen zur GAP-Analyse werden mehrere Potenziallinien verwendet. Die maximale Potenziallinie ergibt die Obergrenze für die Ergebnisentwicklung, abgeleitet aus der Strategie. Weitere Potenziallinien entstehen aus der Variation der Strategie, sind unterhalb der maximalen Potenziallinie angesiedelt und werden im Diagramm der GAP-Analyse in der Regel nur als ergänzende Information abgebildet.

Operative Plan-linie

Neben der Darstellung einer oder mehrerer Potenziallinien erfolgt in einigen Beschreibungen zur GAP-Analyse die Abbildung einer operativen Planlinie. Damit wird die potenzielle Entwicklung bei optimalem operativem Vorgehen dargestellt. GÄLWEILER beschreibt die operative Planlinie als zukünftige Unternehmensentwicklung, die durch Intensivierung der vorhandenen Unternehmenspotenziale erreicht werden kann. (Gälweiler / Schwaninger [1986, S. 290]).

Zu den Intensivierungen gehören neben anderen rasch umsetzbaren Maßnahmen vor allem:

- Rationalisierung,

- Leistungssteigerung und

- Optimierung der Kapazitätsauslastung (Heiß [2004, S. 97]).

2. Hochrechnung der Ist-Werte

Die Hochrechnung der Ist-Werte erfolgt über die Extrapolation der aktuellen Ergebnisse unter Berücksichtigung von Erfahrungswerten aus der Vergangenheit. Bei der Extrapolation eines Jahresergebnisses in die Zukunft werden Kosten- und Preissteigerungen über einen Index in die Zukunft gerechnet. Die Steigerungen der Absatzmengen werden unter Berücksichtigung der Vergangenheitsentwicklung geschätzt.

Extrapolation von Ergebnissen

Die hochgerechneten Ist-Werte liegen in der Regel immer unterhalb der Potenzial- und Planlinie, was den operativen und strategischen Handlungsbedarf erklärt. Nach der Hochrechnung der Ist-Werte erfolgt die Eintragung der Extrapolationslinie in das Diagramm. Die Extrapolationslinie bildet gleichzeitig die Untergrenze für die zukünftige Entwicklung.

Operativer und strategisches Handlungsbedarf

3. Ermittlung und Analyse der strategischen (und eventuell operativen) Lücke

In den vorangegangenen Stufen wurden:

▪ eine oder mehrere Potenzial- bzw. Ziellinien zur Abbildung der strategischen Entwicklung,

▪ eine Planlinie zur Abbildung der optimierten möglichen Entwicklung sowie

▪ eine Extrapolationslinie als Fortführung der aktuellen Ergebnissituation

bestimmt. Diese lassen sich in einem Diagramm zusammenfassend gegenüberstellen. Die nachfolgende Abbildung zeigt den Linienverlauf sowie die daraus sich ergebenden Lücken.

Grafische Darstellung strategischer Lücken

Strategische und operative Lücke in der GAP-Analyse

Abbildung 2-103

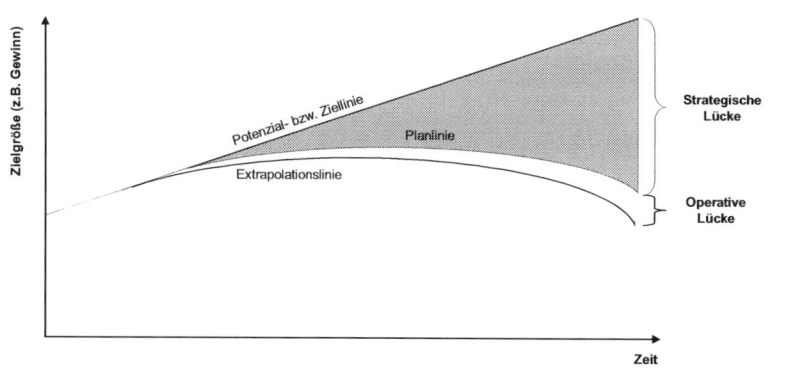

Quelle: Michel [1995, S. 33]

Zwischen Ziel- und Planlinie liegt die strategische Lücke, während zwischen Plan- und Extrapolationslinie eine operative Lücke zu schließen ist. Mithilfe der GAP-Analyse lässt sich auf anschauliche nahezu plakative Weise der Wert der Abweichung zwischen gewünschter und voraussichtlicher Entwicklung darstellen. Dies ist in der Praxis häufig der Impuls für das Einleiten von strategischen Maßnahmen.

4.   Ableitung von Ideen und Maßnahmen zur Schließung der Lücken

Ansoff-Matrix   Wie bereits eingangs erläutert wurde die GAP-Analyse von ANSOFF entwickelt, der darauf aufbauend vier Maßnahmenbündel zur Schließung der strategischen Lücke abgeleitet hat. Er beschreibt in logischer Folge zur GAP-Analyse die Vorgehensweise zur Schließung strategischer Lücken. Es entstand die so genannte Ansoff-Matrix, aus der die verschiedenen Maßnahmentypen hervorgehen. Als idealer Weg der strategischen Weiterentwicklung ergibt sich ein Z, welches in der nachfolgenden Abbildung durch die vier Felder führt und die Reihenfolge der Maßnahmen beschreibt.

Abbildung 2-104   *Maßnahmen zur Schließung der strategischen Lücke in der Ansoff-Matrix*

Produkte Märkte	bestehende	neue
bestehende	Marktdurchdringung I	Produktentwicklung II
neue	Markterweiterung III	Diversifikation IV

Maßnahmen zur Schließung der strategischen Lücke

Quelle: eigene Darstellung auf der Basis von Ansoff [1966, S. 135] sowie Jauering u.a [2005, S. 56]

Die Maßnahmen zur Schließung der strategischen Lücke ergeben sich aus der Darstellung wie folgt:

I. Verbleiben in bestehenden Märkten mit bestehenden Produkten verbunden mit einer Ausweitung der Marktanteile sowie einem Anstieg des Umsatzes.

II. Versorgung bestehender Märkte mit neuen Produkten oder Produktvarianten.

III. Angebot bestehender Produkte auf neuen Märkten.

IV Entwicklung neuer Produkte für neue Märkte.

Die strategischen Konsequenzen aus der Anwendung der Ansoff-Matrix werden im dritten Kapitel umfassend dargestellt.

2.6.2.3 Anwendungsgebiete

Die GAP-Analyse eignet sich als Frühwarninstrument zur Bestimmung der Abweichungen zwischen gewünschter und zu erwartender Entwicklung. Sie wird demzufolge dann sinnvoll angewendet, wenn sie als permanentes überwachendes Element im strategischen Controlling genutzt wird. Sie wird vor allem deshalb als klassisches Instrument in der Literatur beschrieben, da sie eine Abweichungsanalyse zwischen gewollter und strategischer Entwicklung beinhaltet. Damit findet die GAP-Analyse als Instrument der Überwachung der Strategiekonformität Anwendung.

Permanente strategische Analyse

2.6.3 Erfahrungskurvenanalyse

2.6.3.1 Problemstellung und Zielsetzung

Eines der bekanntesten Instrumente, das die Boston Consulting Group hervorbrachte, war zweifelsohne das Erfahrungskurvenkonzept. Entwickelt gegen Ende der 60-er Jahre sollte es Erklärungsansätze für eine langfristige Gesamtkostenentwicklung der von ihnen beratenen Unternehmen liefern, wobei sich eine Abhängigkeit der Stückkosten von der ausgebrachten, kumulierten Produktionsmenge eines Gutes herausstellte. Man hatte erkannt, dass sobald sich die Produkterfahrung gemessen an der Ausbringungsmenge verdoppelt, die inflationsbereinigten Produktionskosten pro Stück um eine konstante Quote von 20-30% zurückgehen (Reichmann [2006, S. 570]).

Grundlagen des Erfahrungskurvenkonzeptes

Erfahrungskurven können in vielen Branchen empirisch beobachtet werden, wobei sich jedoch die „Neigungen" der Erfahrungskurven und damit die Kostendegressionsfaktoren voneinander unterscheiden (Hungenberg [2004, S. 193 f.]).

Kostendegression

Für den Rückgang der Stückkosten gibt es zahlreiche Ursachen, die in zwei Kategorien zusammengefasst werden können:

1. statische Skaleneffekte beeinflussen die Entwicklung der Stückkosten. Hierzu zählen:

Statische Skaleneffekte

▨ Fixkostendepression sowie

▨ Betriebsgrößeneffekte (Economies of Scale).

*Dynamische
Skaleneffekte*

2. Dynamische Skaleneffekte beeinflussen sowohl die Produktionsmenge
    als auch die Stückkosten.
Hierzu zählen:

▓ Lernkurveneffekte,

▓ technischer Fortschritt sowie

▓ Rationalisierungsmaßnahmen.

(Coenenberg [2003, S. 186 f.])

Trotz der Unterschiede in den Branchen hat das Konzept ganze Generationen von Managern maßgeblich beeinflusst, indem es zu einem der einflussreichsten Konzepte strategischen Managements wurde, dessen Grundaussagen wie folgt formuliert werden können:

*Relative Kosten-
position*

Die relative Kostenposition eines Unternehmens hängt von seiner kumulierten Ausbringungsmenge im Vergleich zu den Wettbewerbern ab.

Produzenten hoher kumulierter Ausbringungsmengen besitzen gegenüber Herstellern geringerer Mengen einen Kostenvorteil.

*Strategischer
Kostenvorteil*

Gelingt es einem Unternehmen überdies, die Ausbringungsmenge schneller zu steigern als die Konkurrenz, so wächst sein Kostenvorteil. Steinmann und Schreyögg [2005, S. 224] führen dazu jedoch kritisch aus: „Orientierte man sich an der lange Zeit sehr populären Erfahrungskurve, so müsste die Kostenschwerpunkt-Strategie zwangsläufig auf eine Strategie der Marktführerschaft in dem Sinne hinauslaufen, dass nur derjenige Anbieter einen strategischen Kostenvorteil erringen kann, der die größte Mengenerfahrung bzw. den größten Marktanteil hat." Ob diese Korrelation von Marktanteil und Kostenvorteil tatsächlich vorhanden ist, bezweifeln die Autoren jedoch deutlich und empfehlen, die Kostenorientierung unabhängig von einer Marktführerschaft als grundsätzliche strategische Option zu sehen (Steinmann / Schreyögg [2005, S. 224 f.]).

*Ziele der Erfah-
rungskurvenana-
lyse*

Die Erfahrungskurvenanalyse hat die Ziele, den Kostensenkungsfaktor bei Verdopplung der Ausbringungsmenge zu bestimmen, den Entwicklungsstand des Unternehmens hinsichtlich der Ausbringungsmenge und der damit verbundenen Stückkosten aufzuzeigen und damit Ansatzpunkte für die zukünftige Kostenentwicklung zu liefern.

2.6.3.2 Aufbau und Funktionsweise

*Faktor der Kos-
tensenkung*

Wie bereits oben beschrieben, basiert das Erfahrungskurvenkonzept auf der Aussage, dass sich die Produktionskosten pro Stück um einen konstanten Faktor bei Verdoppelung der kumulierten Produktionsmenge absenken lassen. Am besten lässt sich das Erfahrungskurvenkonzept in einem Koordinatensystem grafisch darstellen (Reichmann [2006, S. 570]). Man stelle sich vor, einem Unternehmen, das eine Outputmenge M1 zu den Stückkosten k1 produziert, gelingt es, die kumulierte Produktionsmenge zu verdoppeln und stellt nun eine Menge M2 her. Dem Erfahrungskurvenkonzept folgend, senken sich damit die aufzuwendenden Stückkosten um einen konstanten Faktor. Verdoppelt sich nun die kumulierte Ausbringungsmenge erneut, so gelingt es wiederum, die Stückkosten k2 um diesen Faktor zu senken. Die nachfolgende Abbildung verdeutlicht den Zusammenhang und weist einen Kostensenkungsfaktor um ca. 30% auf.

Beispielhafte Darstellung der Erfahrungskurve　　　　　　　　　　　*Abbildung 2-105*

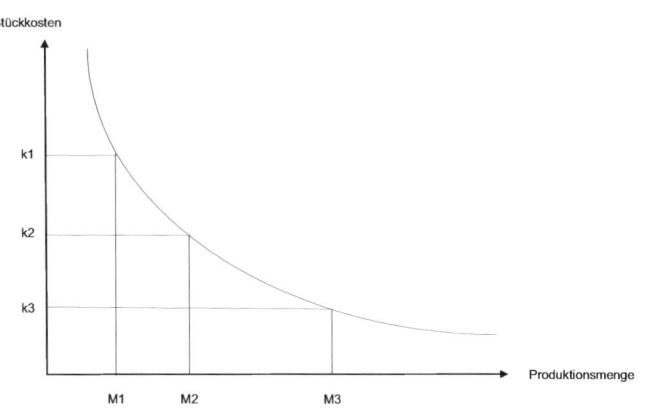

Zur Anwendung der Erfahrungskurvenanalyse im Unternehmen sind nachfolgende Schritte erforderlich:

1. Ermittlung der Mengenentwicklung im Zeitablauf und Bestimmung der Anzahl der Verdopplungen

Für einen vorgegebenen Zeitablauf werden die kumulierten Ausbringungsmengen ermittelt. Beispielsweise wurden in einem Unternehmen zum Ausgangszeitpunkt 100 Stück (X_0) produziert und nach Ablauf einer vorgegebenen Zeit 500 Stück (X_n).

Die Anzahl der Verdopplungen (n) ergibt sich aus der Anwendung nachfolgender Formel:

Schrittfolge der Erfahrungskurvenanalyse

Verdopplungen

$$n = \frac{\ln\left(\dfrac{X_n}{X_0}\right)}{\ln(2)} = \frac{\ln\left(\dfrac{500}{100}\right)}{\ln(2)} = 2,32$$

Im Ergebnis hat das Beispielunternehmen im Zeitablauf seine Produktionsmenge 2,32-fach verdoppelt.

2. Ermittlung der Kostenentwicklung im Zeitablauf und Bestimmung der Lernrate

Lernrate Neben der unter 1. ermittelten Mengenentwicklung sind für den gleichen Zeitraum die Stückkosten zu erheben. Beispielsweise wurden in dem Unternehmen zum Ausgangszeitpunkt Stückkosten in Höhe von 100 Euro pro Stück (k_0) festgestellt, während nach Ablauf der vorgegebenen Zeit die Stückkosten bei 59,56 Euro pro Stück (k_n)lagen. Die Lernrate (L) ergibt sich aus der Anwendung nachfolgender Formel:

$$L = \sqrt[n]{\frac{k_n}{k_0}} = \sqrt[2,32]{\frac{59,56}{100}} = 0,8$$

Im Ergebnis hat das Unternehmen eine Lernrate von 0,8. Das heißt, die Stückkosten reduzierten sich pro Verdopplung auf 80% des vorausgegangenen Niveaus.

*Degressions- 3. Bestimmung des Degressionsfaktors und der Kostenfunktion
faktor*

Mithilfe des Degressionsfaktors (d) lässt sich der preisbereinigte Rückgang der Stückkosten beschreiben. Die Stückkosten (k_n) der n-ten Produktionseinheit vermindern sich gegenüber der ersten Produktionseinheit um den Faktor n^{-d}. Der Degressionsfaktor d lässt sich auf der Basis der in den vorangegangenen Stufen ermittelten Werte wie folgt bestimmen:

$$d = -\frac{\ln(L)}{\ln(2)} = -\frac{\ln(0,8)}{\ln(2)} = 0,322$$

Kostenfunktion Im Ergebnis wird der Degressionsfaktor in einer Kostenfunktion eingestellt, die eine prognostische Eigenschaft besitzt. Unter Annahme einer strategischen Entwicklung der Ausbringungsmenge, lässt sich mithilfe des Degressionsfaktors eine voraussichtliche Stückkostenentwicklung ableiten. Angenommen das Unternehmen hat vor, die strategische Ausbringungsmenge auf 1.000 Stück anzuheben. Die Kostenfunktion lautet:

$$k_n = k_0 * \left(\frac{X_n}{X_0}\right)^{-d} = 100 * \left(\frac{1.000}{100}\right)^{-0,322} = 47,64$$

Im Beispielunternehmen würden bei Erreichen einer Ausbringungsmenge von 1.000 Stück die Stückkosten bei 47,64 € liegen.

Im Zusammenhang mit dem Degressionsfaktor werden häufig auch die Prozentsätze der Stückkostenänderungen (a) bei Verdopplung der Ausbringungsmenge ermittelt. Dabei gilt:

*Stückkosten-
änderung*

$$a = 1 - L = 1 - 0,8 = 0,2$$

beziehungsweise

$$a = 1 - 2^{-d} = 1 - 2^{-0,322} = 0,2$$

Im Beispielunternehmen sinken die Stückkosten um 20%, wenn die Ausbringungsmenge sich verdoppelt.

Die Stückkostenänderung kann je nach Produktart unterschiedlich hoch sein, wie nachfolgende Grafik zeigt.

Degressionsfaktoren und Stückkostenänderungssätze verschiedener Produktgruppen

Abbildung 2-106

Produktgruppe	Degressionsfaktor d	Prozentsatz a
Viskose Fasern	0,535	0,31
Ferngesprächstarife	0,474	0,28
Integrierte Schaltkreise	0,471	0,28
Silizium-Transistor	0,470	0,28
Elektrorasierer	0,377	0,23
Germanium-Transistor	0,373	0,23
Schwarzweißfernseher	0,364	0,22
Niederdruck-Polyäthylen	0,347	0,21
Großklimaanlagen	0,322	0,20
Gas-Herde	0,273	0,17
Polypropylen	0,230	0,15
Wäschetrockner	0,193	0,13
Heimklimaanlagen	0,190	0,12
Spülmaschinen	0,183	0,12
Elektro-Herde	0,180	0,12
Kühlschränke	0,099	0,07
Farbfernseher	0,097	0,07

Quelle: Vahrenkamp [2008, S. 29]

*Erfahrungswerte
für Stückkosten-
änderungen*

In der vorstehenden Tabelle wurden verschiedene Degressionsfaktoren (d) und Prozentwerte der Stückkostenänderung bei Verdoppelung der Ausbringungsmenge (a) dargestellt. Dabei fällt auf, dass der Rückgang der Kosten bei Halbfabrikaten erfahrungsgemäß höher ist als bei Konsumgüterprodukten.

*Neigung der
Lernkurve*

Häufig wird die Erfahrungskurve logarithmisch dargestellt, um die Neigung der Lernkurve bei Verdoppelung der kumulierten Ausbringungsmenge besser darzustellen. Dabei wird die Kurve zu einer Geraden, so dass die Neigung deutlicher erkennbar ist und beispielsweise Produktvergleiche optisch unterstützt.

In der nachfolgenden Abbildung sind verschiedene logarithmierte Erfahrungskurven gegenübergestellt.

Abbildung 2-107

Logarithmierte Erfahrungskurven in verschiedenen Branchen

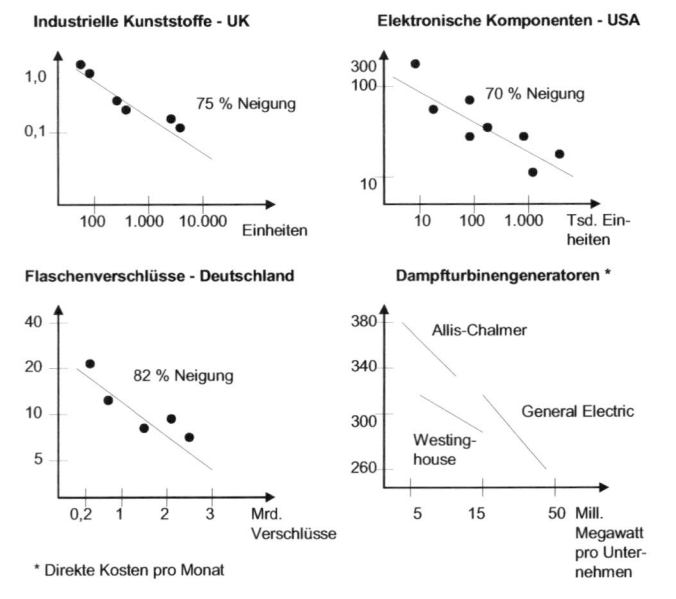

Quelle: Hungenberg [2004, S. 195]

*Neigung und
Lernrate*

Grundsätzlich gilt:

▪ je größer die Neigung ist,

▪ umso geringer wird die prozentuale Lernrate und

▪ desto höher ist der Kostendegressionseffekt (Hungenberg [2004, S. 195]).

Dieser Zusammenhang zwischen Lernrate und Degressionsfaktor verdeutlicht sich in der nachfolgenden Tabelle, in der beispielhafte Lernraten und sich daraus ergebende Degressionsfaktoren abgebildet sind (Coenenberg [2003, S. 190]).

Lernrate	Degressionsfaktor
100%	0
90%	0,152
80%	0,322
70%	0,515
60%	0,737

2.6.3.3 Anwendungsbereiche

Mit dem Erfahrungskurvenkonzept wird das Gedankengut der Lernkurve und des Lernkurveneffektes auf die Stückkosten erweitert (o.V. [2004, S. 913]). Damit ist das Erfahrungskurvenkonzept, insbesondere für das strategische Controlling, von immenser Bedeutung, lassen sich mit ihm langfristige Prognosen für Kosten, Preise und Gewinne abgeben und damit die Formulierung von Marktstrategien unterstützen (Gälweiler [2005, S. 38]). Auch lassen sich damit Wettbewerbsvorteile gegenüber Konkurrenten skizzieren, wie oben bereits ausgeführt. Es ist dabei jedoch anzumerken, dass sich der Kostendegressionseffekt nicht automatisch einstellt, sondern vielmehr Kostensenkungspotenziale aufzeigt, die durch das strategische Controlling erkannt und durch entsprechende, operative Maßnahmen realisiert werden müssen (Reichmann [2006, S. 570f.]).

Bedeutung des Erfahrungskurvenkonzeptes

Die Aussage des Konzeptes gilt sowohl für den Industriezweig als Ganzes als auch für den einzelnen Anbieter. Mittlerweile wurden – interessanterweise – auch Erfahrungskurven in nicht-industriellen Branchen wie bspw. Lebensversicherern nachgewiesen (o.V. [2004, S. 913]).

2.6.4 PIMS-Analyse

2.6.4.1 Problemstellung und Zielsetzung

Hinter **P**rofit **I**mpact of **M**arket **S**trategy in Kurzform PIMS steht die weltgrößte Datenbank für strategische Variablen betrieben vom Strategic Planing Institute in Cambridge/Mass. USA. „PIMS untersucht für eine Reihe von

Profit Impact of Market Strategy

Branchen (mit ca. 450 Unternehmen und über 3.000 strategischen Geschäfts-einheiten) anhand von multivariaten Regressionsansätzen die statistischen Beziehungen zwischen 37 strategischen Einflussvariablen (wie Marktanteile, Produktqualität, Marketing-, Forschungs- und Entwicklungsaufwand usw.) auf finanzwirtschaftliche Kenngrößen der Unternehmung wie Return und Investment (ROI) oder Cashflow" (Busse von Colbe/ Hammann/ Laßmann [1992, S. 83]).

PIMS-
Projektaufbau

Der Aufbau und die Funktionsweise des PIMS-Projektes gehen aus nachfol-gender Abbildung hervor.

Abbildung 2-108

PIMS-Projekt im Überblick

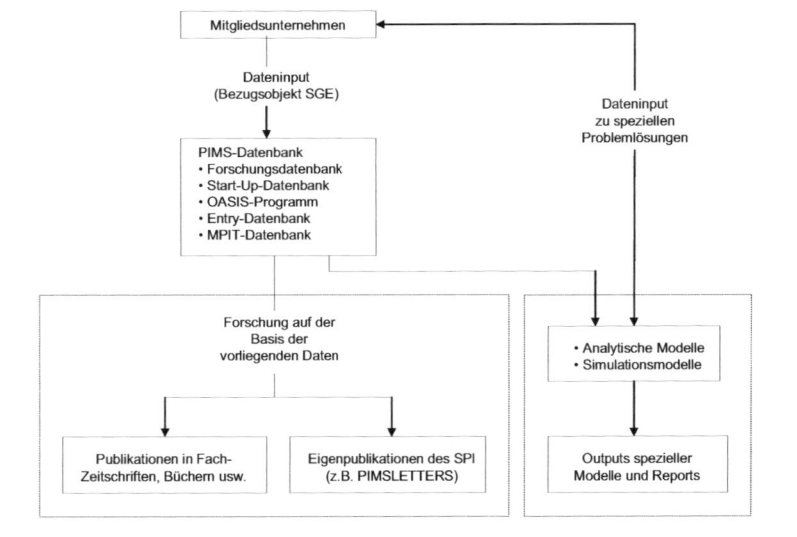

Quelle: Homburg [2000, S. 60]

Grundfrage des
PIMS-Projektes

Aus der Abbildung wird deutlich, dass PIMS an erster Stelle ein statistisches Forschungsprojekt ist, welches der Frage nachgeht, was ein Unternehmen gemessen am ROI bzw. Cashflow erfolgreich macht. Dennoch wird es auch als strategisches Controllinginstrument in der unternehmerischen Praxis angewendet, da die Ergebnisse des PIMS-Projektes die Basis für die Analyse der erfolgskritischen Faktoren in einem Unternehmen darstellen. Da es sich dabei um Faktoren handelt, die finanzwirtschaftliche Erfolgsgrößen (ROI und Cashflow) beeinflussen, wird die PIMS-Analyse als strategisches Cont-rollinginstrument der finanzwirtschaftlichen Perspektive betrachtet.

Die gesamte Auswertung der PIMS-Datenbank führte zur Erkenntnis, dass 37 unabhängige Variablen etwa 80% der Varianz des ROI erklären (Homburg [2000, S. 61]).

*PIMS-
Datenbank*

Die bedeutendsten Einflussgrößen auf den ROI sind die Investitionsintensität mit einem negativen Einfluss auf den ROI sowie der relative Marktanteil und die relative Produktqualität mit einem positiven Einfluss auf den ROI.

*ROI-
Einflussgrößen*

Weniger bedeutende Einflussgrößen sind:

- kurz- und langfristiges Marktwachstum,

- Grad der Konzentration der Anbieter und Abnehmer,

- Verhältnis der Wertschöpfung zum Umsatz (vertikale Integration),

- Umsatz je Beschäftigter,

- Kapazitätsauslastung sowie

- Quotient aus Marketingaufwand zu Umsatz

(Lange [1982, S. 27-41]).

Diese Erkenntnisse aus der PIMS-Datenbank lassen sich konkret in einem einzelnen Unternehmen nutzen, auch wenn dieses nicht am PIMS-Projekt beteiligt ist. Die PIMS-Datenbank liefert dabei wichtige Informationen in Bezug auf erfolgskritische Faktoren, die in einem Unternehmen anhand von Kennzahlen überprüft werden können.

*Erkenntnisse aus
dem PIMS-
Projekt*

Das PIMS-Projekt unterstellt die Wirkungsweise und Universalität von Marktgesetzen und damit die Allgemeingültigkeit der erfolgskritischen Faktoren.

Darauf aufbauend ist jedes Unternehmen in der Lage, einzelne erfolgskritische Faktoren in den Mittelpunkt der strategischen Arbeit zu stellen und sich dabei an den Erkenntnissen des PIMS-Projektes zu orientieren. Der wesentliche Nutzen der PIMS-Datenbank besteht darin, dass Erfolgspotenziale messbar sind.

2.6.4.2 Aufbau und Funktionsweise

Zur Umsetzung der PIMS-Analyse in einem Unternehmen sind folgende Schritte erforderlich.

PIMS-Analyse

1. Erhebung der Kennzahlen

Zur Analyse der erfolgskritischen Faktoren in einem Unternehmen sind die strategischen Haupt-Kennzahlen zu ermitteln. MALIK benennt insgesamt

*Erfolgskritische
Faktoren*

acht Kennzahlen, die von wesentlicher Bedeutung für die dauerhafte Ertragskraft des Unternehmens sind:

- Investitions-Intensität (Investment pro Wertschöpfung),

- Produktivität (Wertschöpfung pro Mitarbeiter),

- relativer Marktanteil (Eigener Marktanteil dividiert durch die Summe der Marktanteile der drei größten Konkurrenten),

- Wachstumsrate des bedienten Marktes (Mengenmäßiges Wachstum des bedienten Marktes pro Jahr),

- relative Qualität (Umsatzanteil aus Produkten mit überlegener Qualität abzüglich dem Umsatzanteil aus Produkten mit unterlegener Qualität),

- Innovationsrate (Umsatzanteil von Produkten, die weniger als drei Jahre alt sind),

- vertikale Integration (Wertschöpfung pro Umsatz) sowie

- Kundenprofil (Anteil der direkten Kunden, mit denen 50% des Umsatzes erreicht wird, an der Gesamtkundschaft)

(Malik [2001, S. 173]).

Return on Investment (ROI)

Darüber hinaus ist selbstverständlich der ROI des Unternehmens zu ermitteln (Gewinn vor Steuern und Zinsen in Prozent des investierten Kapitals).

2. Einordnung der Kennzahlen in das PIMS-Projekt

Aus der Kombination der wesentlichen Einflussfaktoren lassen sich aus der PIMS-Datenbank durchschnittliche ROI-Werte ableiten. Diese sind wiederum geeignet, um als Referenz-Werte für die Ausprägung der eigenen, im Unternehmen ermittelten Kennzahlen eingesetzt zu werden (Sabisch/Tintelnot [1997, S. 177]).

Referenzwerte im PIMS-Projekt

Als beispielhafte Darstellung von Referenzwerten dient nachfolgende Abbildung.

Aus der Abbildung wird deutlich, dass beispielsweise ein Unternehmen mit einem hohen relativen Marktanteil und einer hohen relativen Produktqualität einen durchschnittlichen ROI von 35% erreicht.

ROI-Werte in % im PIMS-Projekt

Abbildung 2-109

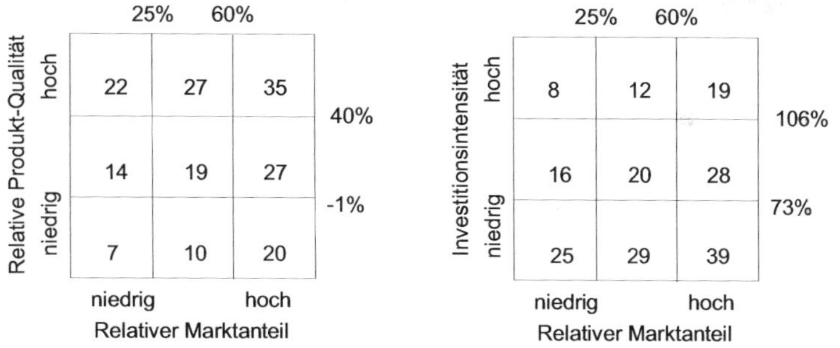

Quelle: Malik [2001, S. 168 f.]

3. Beurteilung im Kennzahlenvergleich

Nach der Erhebung der Kennzahlen im Unternehmen und deren Einordnung in die Ergebnisse der PIMS-Datenbank erfolgt eine abschließende Beurteilung.

MALIK gibt zur Beurteilung der Kennzahlen nachfolgende maßgebliche Hinweise, die einen Zusammenhang zu einem hohen ROI-Wert herstellen oder dafür unabdingbare Voraussetzungen sind.

PIMS-Kennzahlenvergleich

▓ Investitions-Intensität: eine hohe Investitions-Intensität ist für alle ROI-Werte immer negativ.

▓ Produktivität: eine hohe Produktivität ist immer positiv für alle ROI-Werte. Die Höhe der Produktivität ist unabdingbare Voraussetzung bei hoher Investitions-Intensität.

▓ relativer Marktanteil: ein hoher relativer Marktanteil ist immer günstig; besonders wichtig ist er bei:

  o   hoher Marketing-Intensität

  o   hoher F&E-Intensität und

  o   schlechter Konjunkturlage

▓ Wachstumsrate des bedienten Marktes: eine hohe Wachstumsrate des bedienten Marktes ist:

  o   positiv für den absoluten Gewinn,
  o   neutral bezüglich des relativen Gewinns und
  o   negativ für alle Cashflows.

▓ relative Qualität: eine hohe relative Qualität ist positiv für alle Finanzdaten und unabdingbar bei einem kleinen Marktanteil.

▓ Innovationsrate: ab einem bestimmten Umsatzanteil wirken sich Innovationen negativ auf den ROI aus.

▓ vertikale Integration ist:

  o positiv in reifen und stabilen Märkten und
  o negativ sowohl in rasch wachsenden wie auch in schrumpfenden Märkten.

▓ Kundenprofil: ein geringer Kundenanteil wirkt sich in der Regel günstig auf die ROI-Werte aus. Dies ist allerdings von den Branchenmerkmalen abhängig.

(Malik [2001, S. 173]).

„Der PIMS-Grundsatz lautet: Lernen aus den Erfahrungen anderer, um eigene strategische Fehler zu vermeiden" (Buzzell/Gale [1989, S. V]).

Auf der Basis der Erfahrungen anderer Unternehmen, die in der PIMS-Datenbank gesammelt wurden, können Unternehmen:

▓ realistische Zielgrößen formulieren,

▓ Erfolg versprechende Maßnahmen und Taktiken ergreifen,

▓ das Problem der Unsicherheit reduzieren sowie

▓ den wirtschaftlichen Erfolg erhöhen bzw. optimieren

(Hübner/Jahnes [1998, S. 193]).

2.6.4.3 Anwendungsgebiete

Die PIMS-Analyse kann herangezogen werden zur:

▓ Bearbeitung von strategischen Unternehmensplänen,

▓ Bewertung von Plänen, die beispielsweise von Führungskräften in strategische Geschäftseinheiten erstellt worden,

▓ Prüfung von Akquisitionen und Veräußerungen,

▓ Beurteilung des Einflusses des Marktanteils auf unterschiedliche Erfolgsdimension

(Siebert/Kempf [2002, S. 14ff.])Dementsprechend erstreckt sich die Anwendung der PIMS-Analyse auf den Bereich der Entscheidungsunterstützung bzw. -vorbereitung und weniger auf die Ableitung einer Strategie (Hübner /Jahnes [1998, S. 199].

Teil 3

Strategische Konzepte

Inhaltsübersicht Kapitel 3

- Systematiken zur Strukturierung strategischer Konzepte
- Einordnung strategischer Konzepte in das Modell der Vorsteuergrößen
- Vorstellung der bekanntesten Strategiekonzepte
- Übertragung der strategischen Ziele in das operative Controlling

3 Strategische Konzepte

Der Strategiebegriff hat seine Wurzeln im militärischen Bereich. Der militärische Strategiebegriff lässt sich als Mittelwahl zum Erreichen feststehender militärischer Ziele umschreiben (Gälweiler, [2005, S. 59 f.]). Dabei basieren Strategien im Wesentlichen auf einem Ungleichgewicht. Das heißt, Strategien zielen auf das Siegen bzw. Gewinnen ab und suchen bzw. nutzen dabei Ungleichgewichte. Dem liegt der Gedanke zugrunde, dass nur dann ein Sieg errungen werden kann, wenn es ein Ungleichgewicht beispielsweise im Sinne der Schwäche eines Gegners gibt. Das gilt im militärischen Bereich genau so wie bei Spielen wie Schach oder im Wettbewerb zwischen Unternehmen.

Strategiebegriff

In den 1950er Jahren wurde der Begriff Strategie an der Harvard Business School in die Betriebswirtschaftslehre eingeführt. Der dabei entstandene Strategiebegriff geht über seinen militärischen Vorläufer in sofern hinaus, dass er auch die Zielbildung in den Begriff einbezieht.

Im so genannten Harvard-Modell wird die Unternehmensstrategie mit folgenden Bestandteilen dargestellt:

Strategiebegriff im Harvard-Modell

▓ Zwecke und Ziele,

▓ Betätigungsfelder,

▓ Unternehmenspolitik sowie

▓ strategische Unternehmenspläne.

Darüber hinaus wird im Harvard-Modell zwischen der Formulierung der Strategie sowie deren Implementierung unterschieden (Baldegger [2007, S. 131]), was nachfolgende Abbildung verdeutlicht.

Abbildung 3-1 Harvard-Modell

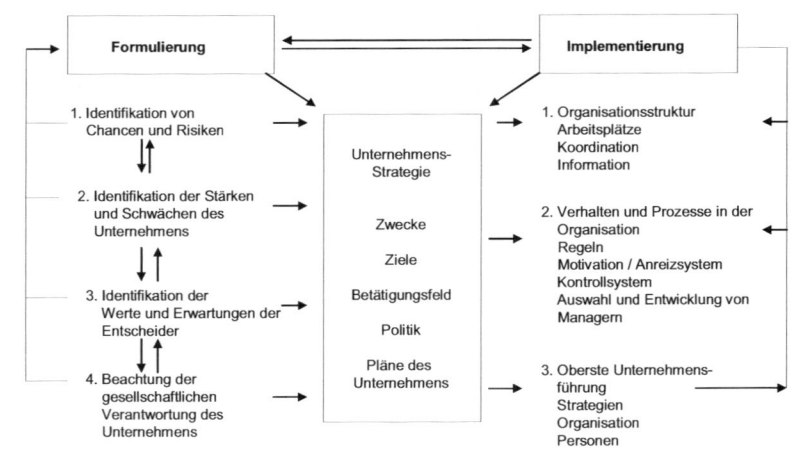

Quelle: Andrews [1987, S. 22]

Das Harvard Modell lässt jedoch die Frage offen, wann eine unternehmerische Entscheidung strategisch relevant ist. Lange Zeit wurde deshalb davon ausgegangen, dass der Zeithorizont das entscheidende Kriterium für die Abgrenzung strategischer von operativen Entscheidungen darstellt.

Strategiebegriff nach Gälweiler GÄLWEILERS Verdienst ist es, dass sich Mitte der 1980er Jahre in dieser Hinsicht ein Wandel im Strategiebegriff vollzogen hat. Er bezieht sich nicht auf den Zeithorizont, sondern auf das Erfolgspotenzial als Quelle für dauerhaften Erfolg (Gälweiler [2005, S. 26 ff.]). Nach GÄLWEILER handelt ein Unternehmen dann strategisch, wenn es Erfolgspotenziale sichert oder aufbaut.

Zur Formulierung und Implementierung einer Unternehmensstrategie gibt es zahlreiche und teilweise sehr unterschiedliche Herangehensweisen. Im Weiteren werden zunächst mögliche Untergliederungsformen für strategische Konzepte vorgestellt. Im Anschluss werden ausgewählte Konzepte zur Formulierung einer Unternehmensstrategie dargestellt. Abschließend wird die Implementierung der Strategie mithilfe der Balanced Scorecard beschrieben.

Strategie und strategisches Controlling Die Rolle des strategischen Controllings bei der Formulierung und Implementierung ist in der betriebswirtschaftlichen Forschung und Praxis sehr umstritten. Eine Vielzahl von Autoren begrenzt die Rolle des strategischen Controllings auf die Anwendung der im vorgenannten Kapitel dargestellten

Instrumente und damit auf eine Unterstützungsleistung im Strategieprozess. Dagegen wird in anderen Publikationen darauf verwiesen, dass strategisches Controlling die Formulierung und Implementierung der Strategie nicht nur unterstützt, sondern auch aktiv an diesen Prozessen beteiligt ist. Begrenzt man das strategische Controlling auf die handelnden Personen, die Controller, dann kann unterstellt werden, dass lediglich eine unterstützende Funktion im Strategieprozess erfüllt wird. Betrachtet man das strategische Controlling jedoch als Unternehmensfunktion unter Einbindung des Unternehmensmanagement, dann gehört die Erstellung der Strategie wie auch deren Umsetzung zwingend zum strategischen Controllingkreislauf.

3.1 Systematik strategischer Konzepte

Die große Anzahl verschiedener strategische Konzepte macht es zunächst erforderlich, eine Grundstruktur zu schaffen, die eine Einordnung einzelner Konzepte in eine übergeordnete Kategorie ermöglicht. Die erste an dieser Stelle vorgestellte Form der Strukturierung strategischer Konzepte orientiert sich an der Art der Strategieentwicklung. MINTZBERG unterscheidet in nachfolgende Schulen der Strategieentwicklung.

Strategieschulen

Strategieschulen nach Mintzberg

Abbildung 3-2

Die Designschule	Strategieentwicklung als *konzeptioneller Prozess*
Die Planungsschule	Strategieentwicklung als *formaler Prozess*
Die Positionierungsschule	Strategieentwicklung als *analytischer Prozess*
Die Unternehmerschule	Strategieentwicklung als *visionärer Prozess*
Die kognitive Schule	Strategieentwicklung als *mentaler Prozess*
Die Lernschule	Strategieentwicklung als *sich herausbildender Prozess*
Die Machtschule	Strategieentwicklung als *Verhandlungsprozess*
Die Kulturschule	Strategieentwicklung als *kollektiver Prozess*
Die Umweltschule	Strategieentwicklung als *reaktiver Prozess*
Die Konfigurationsschule	Strategieentwicklung als *Transformationsprozess*

Quelle: Mintzberg [2007, S. 17]

MINTZBERG hat dabei die in der Literatur präsenten strategischen Konzepte in klar abgegrenzte Sparten unterteilt. Er verzichtet jedoch auf Vereinfachungen, so dass seine Darstellungen teilweise unübersichtlich und wenig eingängig erscheinen. Darüber hinaus lassen sich seine Unterteilungen nicht in die Pyramide der Vorsteuergrößen überführen, so dass bei Übernahme seiner Systematik ein Bruch in der Darstellung dieses Lehrbuchs entstehen würde.

Strategiekonzepte in Anlehnung an Vorsteuergrößen

Aus diesem Grund wurde an dieser Stelle eine Untergliederung strategischer Konzepte ausgewählt, die sich konsequent an den Vorsteuerebenen vorangegangener Abschnitte orientiert. Danach lassen sich Ressourcenökonomische und Industrieökonomische Konzepte sowie systemorientierte und wertorientierte Ansätze unterscheiden.

Alle Konzepte lassen sich anhand der Pyramide der Vorsteuergrößen erklären. Hierzu ist es zunächst erforderlich, die Pyramide im Vergleich zu vorangegangenen Abschnitten weiter zu untergliedern. In der bisherigen Betrachtung wurde innerhalb der Pyramide zwischen der finanzwirtschaftlichen Perspektive des operativen Controllings sowie den strategischen Vorsteuergrößen auf den Ebenen der Markt-, Kunden-, Produkt-, Prozess- und Ressourcenperspektive unterschieden.

Interne und externe Perspektive der Vorsteuergrößen

Für die Strukturierung strategischer Konzepte ist innerhalb der Vorsteuergrößen eine weitere Unterscheidung zwischen der internen und externen Perspektive vorzunehmen. Während die Markt- und Kundenperspektive als externe Perspektive zusammengefasst werden kann, gelten Produkt-, Prozess- und Ressourcenperspektive als interne Betrachtungsebene des Unternehmens. Die externe Perspektive birgt aus strategischer Sicht Gelegenheiten und Gefahren in sich, während die interne Perspektive durch Stärken und Schwächen des Unternehmens geprägt ist. Auf dieser Ebene der Untergliederung der Pyramide der Vorsteuergrößen lassen sich vier Strategietypen ableiten:

(1) Ressourcenökonomischen Konzepte

(2) Industrieökonomische Konzepte

(3) Wertorientierte Konzepte

(4) Systemorientierte Konzepte

(1) Ressourcenökonomische Konzepte

Ressourcenökonomische Strategiekonzepte

Ressourcenökonomische Konzepte gehen der Frage nach, was auf der Basis der unternehmensinternen Gegebenheiten getan werden kann, um dauerhaft erfolgreich zu sein (Priem / Butler [2001, S. 22-40 hier S. 23]).

Diese Konzepte betrachten die Erfolgspotenziale aus der Innensicht des Unternehmens. Aus diesem Grund werden die Ressourcenökonomischen

Konzepte häufig auch unter dem Oberbegriff Inside-Out-Perspektive subsumiert (Kinzler [2005, S.36]) .

Die internen Erfolgspotenziale umfassen alle Ressourcen des Unternehmens wobei der Ressourcenbegriff sich auch auf die Prozess- und Produktperspektive erstreckt. Es handelt sich hier sozusagen um einen erweiterten Ressourcenbegriff. Ressourcenökonomische Konzepte gehen von einer Sicherung beziehungsweise einem Aufbau von internen Erfolgspotenzialen aus. Dabei greifen diese Konzepte auf die Analyseergebnisse der im vorangegangenen Kapitel dargestellten Controllinginstrumente zurück. Diese zeigen die Stärken und Schwächen eines Unternehmens auf und bieten Ansatzpunkte für die Ressourcenökonomische Strategie. In diesem Zusammenhang liegt es in der Natur der strategischen Entscheidung, dass der Aufbau von Erfolgspotenzialen mit einem teilweise sehr langen Zeitraum verbunden ist, bis diese Erfolgspotenziale Ergebnis- bzw. Liquiditätswirksam wird.

Ressourcenbegriff

PÜMPIN hat in den 1980er Jahren durchschnittliche Periodenzeiten für die Wirksamkeit von internen Erfolgspotenzialen erhoben. Auch wenn die empirische Untersuchung fast 30 Jahre zurückliegt, gibt sie dennoch einen Einblick in die Langfristigkeit strategischer Entscheidungen. So fand er Anfang der 1980er Jahre heraus, dass für den Aufbau von internen Erfolgspotenzialen im Durchschnitt über fünf Jahre benötigt werden, bis diese zu einem operativen messbaren Erfolg führen (Pümpin [1982, S. 90]).

Wirksamkeit interner Erfolgspotenziale

Im Umkehrschluss basieren heutige Erfolgs- und Liquiditätsergebnisse auf weit zurückliegenden, bewusst oder unbewusst getroffenen, strategischen Entscheidungen.

(2) Industrieökonomische Konzepte

Industrieökonomische Konzepte gehen der Frage nach, was getan werden muss, um die Kundenbedürfnisse effektiv zu erfüllen. Im Gegensatz zu Ressourcenökonomischen Konzepten sehen sie ihre Erfolgspotenziale in der Kunden- und Marktperspektive, weshalb sie auch unter der Überschrift Outside-In-Perspektive aufgeführt werden (Kinzler [2005, S. 17]). Wie die Ressourcenökonomischen Konzepte greifen auch die Industrieökonomischen Strategien auf die Analyseergebnisse der Controllinginstrumente zurück. Diese verifizieren die Gelegenheiten und Gefahren des Unternehmensumfelds und bieten damit die Ausgangsbasis für die Erarbeitung der Industrieökonomischen Konzepte.

Indutrieökonomische Konzepte

(3) Wertorientierte Konzepte

Wertorientierte Konzepte stellen die strategische Bedeutung der finanzwirtschaftlichen Perspektive in den Vordergrund. Dabei geht es im Wesentlichen

Wertorientierte Konzepte

um die Schaffung einer langfristigen Wertsteigerung für eine oder mehrere Interessengruppen. Dazu verbinden Wertorientierte Konzepte die Markt- und Ressourcenorientierung der oben genannten Ansätze zu einer Wirkungsbeziehung, mit dem Ziel der Wertsteigerung beispielsweise im Interesse der Shareholder. Mitte der 1980er Jahre verhalf RAPPAPORT dem wohl bekanntesten Wertorientierten Konzept, dem Shareholder-Value-Ansatz, zum Durchbruch (Rappaport [1999, S. XVIII]).

Seither entwickelte sich die Wertorientierung fast zu einer Modeerscheinung, die sich aber auch dadurch erklären lässt, dass die Betriebswirtschaftslehre seit dieser Zeit zunehmend auf mathematische Modelle zurückgreift. Wertorientierte Konzepte bedürfen mathematischer Modelle, die zukünftige Wertentwicklungen unter spezifischen Bedingungen der Nutzung von Erfolgspotenzialen bestimmen. Wertorientierte Konzepte sind jedoch gerade in der jüngsten Vergangenheit sehr stark in die Kritik geraten, da sie allzu oft als reine Optimierung beziehungsweise Maximierung der Erfolge der finanzwirtschaftlichen Perspektive missbraucht wurden.

Gewinnmaximie-rung

MALIK vertritt in diesem Zusammenhang die Meinung, dass es ein Irrtum ist, „Gewinnmaximierung, Shareholder-Value und Wertsteigerung seien die obersten Kriterien der Unternehmensführung, und ein Unternehmen das Gewinne macht, sei deswegen schon ein gesundes Unternehmen. Die Shareholder-Value-Doktrin ist die schädlichste und gefährlichste Entwicklung der letzten sieben bis 15 Jahre, und zwar in jeder Dimension: für das Unternehmen selbst, für seine Gesellschafter und für die Wirtschaft als Ganzes" (Malik [2005, S. 15 f.]).

(4) Systemorientierte Konzepte

Forschungskon-zeptionen der BWL

In der Betriebswirtschaftslehre werden fünf zentrale Forschungskonzeptionen unterschieden, zu denen auch der systemorientierte Ansatz gehört.

Zur besseren Einordnung der Systemorientierten Konzepte dient zunächst die Auflistung aller Forschungskonzeptionen:

- der produktivitätsorientierte Ansatz von Erich Gutenberg
- der entscheidungstheoretische Ansatz von Edmund Heinen
- der systemorientierte Ansatz von Hans Ulrich
- der verhaltenstheoretische Ansatz von Günter Schanz u.a. sowie
- der umweltorientierte Ansatz von Heinz Strebel u.a.

(Vollmer [2008, S. 16])

Systemorientier-ter Ansatz

ULRICH gilt als Begründer des systemorientierten Ansatzes der Betriebswirtschaftslehre, ein Konzept, welches als multidisziplinäre Theorie von der Unternehmensführung als Teil des Managements gilt. (Baldegger [2007, S. 17]).

Systemorientierte Konzepte beinhalten die Entwicklung von Gestaltungs- modellen für „ zukünftige Wirklichkeiten". Die Grundlage der Systemorien- tierung bildet die Kybernetik, auf die bereits im Abschnitt 1.4.2.4 eingegan- gen wurde. ULRICH ließ sich von der Kybernetik als Steuerungs- und Rege- lungslehre in den Ingenieurwissenschaften leiten und schaffte die Analogie zwischen der Gestaltung von technischen hin zu sozialen Systemen. Mit seinen Werken „die Unternehmung" und „Unternehmenspolitik" wurden die Grundlagen der systemorientierten Managementlehre geschaffen, die in der Literatur auch als das „St. Galler Management-Modell" bezeichnet wird.

Systemorientierte Konzepte

ULRICH beschreibt sein Konzept wie folgt:

„Management ist die bewegende Kraft, überall wo es darum geht, durch ein arbeitsteiliges Zusammenwirken vieler Menschen gemeinsam etwas zu erreichen, in der Landesverteidigung ebenso wie in der Kirche, auf dem Gebiet der Erziehung und der Gesundheitspflege ebenso wie in der Wirt- schaft" (Ulrich [2001, S. 13]).

Systemorientierte Konzepte zeichnen sich durch folgende Merkmale aus:

Merkmale Sys- temorientierter Konzepte

- Sie vertreten konsequent den Systemansatz, orientieren sich dementspre- chend an der Systemtheorie und der Kybernetik.
- Unternehmen, Institutionen und andere Organisationen gelten als ziel- und zweckgerichtete Institutionen in einem komplexen Umfeld.
- Management bedeutet Gestalten, Lenken und Entwickeln von Systemen.
- Führungskräfte entwickeln Lösungen für komplexe Problemsituationen.

(Malik [2009])

Systemorientierte Konzepte sind demzufolge im Vergleich zu den o.g. An- sätzen auf einer völlig anderen Ebene angesiedelt. Sie stellen keine Erklä- rungsmodelle für nachhaltigen Erfolg dar, sondern stellen den Aufbau und die Erhaltung der Handlungsfähigkeit eines Unternehmens in seinem Um- feld in den Mittelpunkt. Systemorientierte Konzepte sind eingebunden in die kybernetischen Managementsysteme. Strategie nimmt dabei eine so genannte Meta-Ebene ein. Auf dieser Meta-Ebene geht es weniger um die Frage, welche Strategie das Unternehmen in den kommenden Jahren verfol- gen soll, sondern „vielmehr um Fragen, wie etwa:

- Welche Merkmale weisen erfolgreiche Strategien auf?
- Welche Prozesse müssen in Gang gesetzt werden, um eine Strategie zu entwickeln?
- Welche strukturellen Voraussetzungen müssen gegeben sein, damit die notwendigen Prozesse ungehindert ablaufen können?"

(Malik [2008, S. 163])

Die Herangehensweisen der verschiedenen Strategietypen lassen sich an der Pyramide der Vorsteuergrößen erläutern, wie nachfolgende Abbildung zeigt.

Abbildung 3-3 | *Übersicht der strategischen Konzepte*

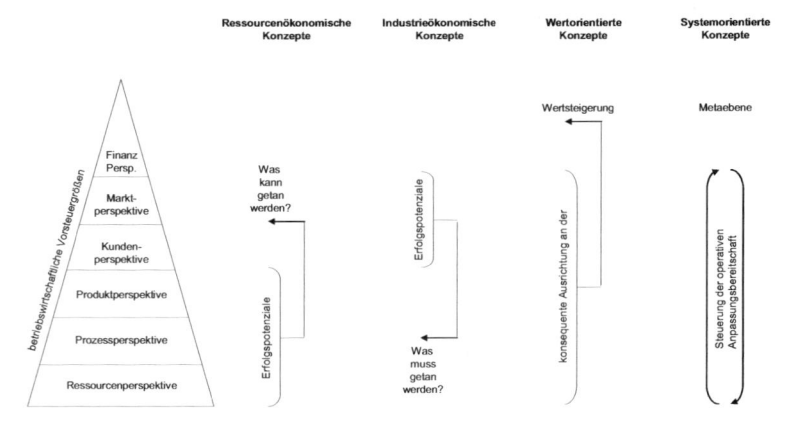

Im Weiteren werden die bekanntesten Vertreter der Ressourcenökonomischen und Industrieökonomischen Konzepte vorgestellt. Die Wertorientierten und Systemorientierten Ansätze werden nicht weiter erläutert, da diese inhärente Bestandteile von Managementkonzepten sind und keine isoliert beschreibbaren Strategiekonzepte darstellen.

3.2 Ressourcenökonomische Konzepte

Vertreter der Ressourcenökonomischen Konzepte

Die grundlegenden Arbeiten für die Entwicklung der Theorie der Ressourcenökonomischen Konzepte entstanden in den sechziger Jahren des 20. Jahrhunderts mit den Werken „Strategy and Structure" von Chandler (1962), „Corporate Strategy" von Ansoff (1965) sowie „The Concept of Corporate Strategy" von Andrews (1971) (Hungenberg [2004, S. 57]).

Strategiebegriff der Ressourcenökonomischen Konzepte

Chandlers Strategiedefinition steht symbolisch für seine Vorreiterrolle als erster Autor zu dieser Themenstellung. „Strategy can be defined as the determination of long-term goals and objectives of an enterprise, and the adaption of courses of action and the allocation of resources necessary for carrying out these goals" (Chandler [1962, S. 13]).

Aus dieser Definition wird deutlich, dass die Strategie als Festlegung von langfristigen Zielen und Absichten durch die Anpassung von Handlungsweisen und die Zuteilung von Ressourcen zur Umsetzung beschrieben wird. Demzufolge stellen die Ressourcen, über die ein Unternehmen verfügt, die zentralen Ausgangsbedingungen für die Strategie und deren Umsetzung dar. Durch die Stärken und Schwächen, die ein Unternehmen nach innen gerichtet hat, werden die Ressourcen im Wesentlichen beschrieben. Je deutlicher die Stärken des Unternehmens ausgeprägt sind, umso wesentlicher sind seine ressourcenbasierten Wettbewerbsvorteile.

Der Ressourcenökonomische Ansatz erklärt die Existenz einer Unternehmung mit deren Fähigkeit, Ressourcen aufzubauen, vorteilhaft zu nutzen und zu schützen (Bartsch [2005, S. 55]). Die vorteilhafte Nutzung der Ressourcen begründet den dauerhaften Unternehmenserfolg.

Erfolgsbegriff in Ressourcenökonomischen Konzepten

Der Begriff der Ressourcen wird im Zusammenhang mit den strategischen Konzepten unterschiedlich definiert und führt häufig zu begrifflicher Verunsicherung.

WERNERFELDT sieht in Ressourcen alle Betrachtungsobjekte, die in irgendeiner Weise eine Stärke oder auch Schwäche im Unternehmen entwickeln können (Wernerfeldt [1984, S. 172]). Diese weitgehende Definition bietet zwar einen sehr großen Interpretationsspielraum, ist jedoch für die weitergehende Beschreibung Ressourcenökonomischer Konzepte sehr gut geeignet. Viele Ressourcenökonomische Konzepte subsumieren dennoch in sehr unterschiedlicher Art und Weise einzelne strategische Vorsteuergrößen unter dem Begriff der Ressourcen.

Allgemeiner Ressourcenbegriff

Die Konzepte setzen Ressourcen teilweise gleich mit materiellen, personellen und immateriellen Mitteln. Mitunter werden auch Strukturen und Prozesse über die ein Unternehmen verfügen kann, zu den Ressourcen gezählt. Darüber hinaus werden in einzelnen Konzepten sogar die Produkte des Unternehmens den Ressourcen zugeordnet.

Das Hauptaugenmerk aller Ressourcenorientierten Ansätze richtet sich auf das Generieren von Wettbewerbsvorteilen aus der Nutzung der Ressourcen.

Nutzung von Ressourcen

FREILING definiert in diesem Zusammenhang die Ressourcen als (in Märkten beschaffbare) Inputgüter, die durch Veredelungsprozesse zu unternehmenseigenen Merkmalen für Wettbewerbsfähigkeit weiterentwickelt worden sind und bei denen die Möglichkeit besteht, Rivalen von der Nutzung dieser Ressourcen in nachhaltiger Weise auszuschließen (Freiling [2001, S. 87]).

Spezifischer Ressourcenbegriff

Zusammenfassend lässt sich festhalten, dass Ressourcen alle unternehmensspezifischen beziehungsweise unternehmenstypischen, strategischen Vorsteuergrößen umfassen, die nach innen gerichtet als Stärken oder Schwächen beurteilt werden können. Wettbewerbsvorteile entstehen nach Auffassung der Vertreter Ressourcenökonomischer Konzepte durch die spezifische Nutzung der vorhandenen oder möglichen Ressourcen (Schreyögg [2002, S. 221]).

Ressourcen als Wettbewerbsvorteile

Ressourcen, die zu Wettbewerbsvorteilen führen, lassen sich durch vier zentrale Merkmale beschreiben (Eschenbach [2003, S. 19]):

▨ Werthaltigkeit

Werthaltige Ressourcen

Damit eine Ressource als werthaltig betrachtet werden kann, muss sie einen wahrnehmbaren und relevanten Kundennutzen besitzen. Nur unter dieser Bedingung kann eine Ressource einen dauerhaften Wettbewerbsvorteil für ein Unternehmen schaffen und damit zur Wertschöpfung beitragen (Börner [2000, S. 89]).

▨ Unternehmensspezifität

Bindung von Ressourcen

Die organisatorische Einbindung einer Ressource beschreibt deren Spezifik im Unternehmen. Je stärker eine Ressource in einem Unternehmen gebunden ist, umso einzigartiger wird sie, da sie außerhalb ihres unternehmensspezifischen Verwendungszweckes de facto wertlos erscheint. Dies beschreibt die teilweise beobachtbare Immobilität von Ressourcen.

▨ fehlende Nachahmbarkeit

Einzigartigkeit von Ressourcen

Ressourcen sollten nicht nachahmbar sein, um einen dauerhaften Wettbewerbsvorteil induzieren zu können. Deshalb bauen Unternehmen so genannte Isolationsmechanismen und Imitationsbarrieren auf, um ihre Ressourcen zu schützen.

▨ fehlende Substituierbarkeit

Substituierbarkeit von Ressourcen

Ressourcen dürfen keine Substitute haben, die zu denselben Wettbewerbsvorteilen führen können. Nur so lassen sich dauerhaft Wettbewerbsvorteile aus Ressourcen generieren.

Gemeinsamkeiten zwischen Ressourcenökonomischen Konzepten

Der grundlegende Zusammenhang zwischen allen Ressourcenökonomischen Strategiekonzepten gestaltet sich in Bezug auf den Ressourcenbegriff wie folgt:

▨ Der Ausgangspunkt bildet die Ausstattung des Unternehmens mit Ressourcen.

▨ Die Analyse der Stärken und Schwächen der Ressourcenausstattung bildet die Basis für die Strategieformulierung.

▨ Ressourcenökonomische Strategiekonzepte sind darauf ausgerichtet, die Erfolgsrelevanz von Ressourcen zu bestimmen und zu nutzen, so dass Unternehmen daraus Wettbewerbsvorteile am Markt generieren können.

Die Argumentationslogik der Ressourcenökonomischen Konzepte wird zusammenfassend aus nachfolgender Abbildung deutlich.

| *Argumentationslogik Ressourcenökonomischer Konzepte* | *Abbildung 3-4* |

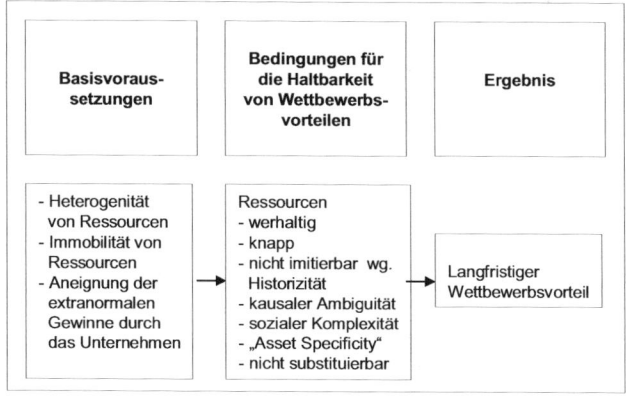

Quelle: Krys [2004, S. 244]

Typische Vertreter sind: Andrews, Ansoff, Chandler, Mann, Hamel und Prahalad (Eschenbach [2003, S. 20])

Vertreter Ressourcenökonomischer Konzepte

3.2.1 Strategiekonzept nach Ansoff

ANSOFF orientiert sich bei der Formulierung seines strategischen Konzeptes zur Positionierung eines Unternehmens grundsätzlich an den Umfeldbedingungen. Er beobachtete Veränderungen der Unternehmensumwelt und leitete daraus vier markante Entwicklungsstufen ab, die durch einen spezifischen Grad an Umfeldkomplexität erklärt werden.

Umfeldbedingungen

Mit den vier Entwicklungsstufen verbinden sich entsprechende Management-Typen und Aufgabenfelder, aus denen sich wiederum strategische Grundpositionierungen ableiten lassen. Die vier Entwicklungsstufen zeichnen sich durch folgende Merkmale und Managementanforderungen aus:

Entwicklungsstufen der Unternehmensumwelt

▓ stabiles Umfeld - Management by Control,

▓ instabile Märkte - Management by Extrapolation,

▓ handhabbare Umfeldkomplexität – Management by Anticipation sowie

▓ unvorhersehbare Umfeldkomplexität - Management by Flexible/Rapid Response

(Ansoff / McDonnell [1990, S. 12 ff.]).

ANSOFF entwickelte, insbesondere für die dritte und vierte Entwicklungsstufe, entsprechende strategische Konzepte, die einen hohen Bekanntheitsgrad genießen und in zahlreichen Literaturquellen zitiert und beschrieben
werden.

Wachstumsstra-
tegien

Für die dritte Entwicklungsstufe hat ANSOFF eine Matrix zur strategischen
Positionierung von Unternehmen geschaffen. Dabei entstanden Wachstumsstrategien unter vorhersehbaren beziehungsweise handhabbaren Umweltbedingungen, die ein Unternehmen im Wechselspiel von Produkten und
Märkten strategisch neu ausrichten.

Produkt-Markt-
Matrix

Die so genannte Produkt-Markt-Matrix nach Ansoff wurde bereits im Zusammenhang mit strategischen Controllinginstrumenten im Abschnitt
2.6.2.2 knapp umrissen und wird zur Vervollständigung des Strategiekonzepts nochmals und an dieser Stelle umfassender dargestellt.

Abbildung 3-5 | *Produkt-Markt-Matrix nach Ansoff*

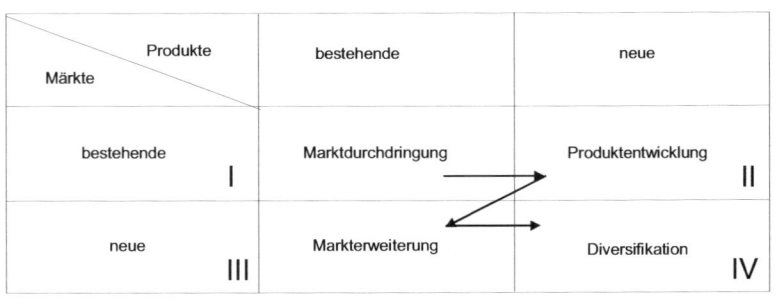

Quelle: eigene   Darstellung   auf   der   Basis   von   Ansoff   [1966,   S.   135]
sowie Jauering u.a [2005, S. 56]

Synergie-
potenziale

Als entscheidendes Kriterium für die Auswahl der zu verfolgenden Strategie
gilt der Grad Synergiemöglichkeiten zum bestehenden Geschäft. Im Wesentlichen geht es dabei um die Fragestellung, ob mit der Wahl der Strategie die
Synergiepotenziale der Ressourcen gehoben werden können. Synergie ist
nach ANSOFF in folgender, eher anschaulich zu verstehender mathemati-
schen Gleichung definiert: 2+2=5 (Drescher [2005, S. 9]).

Mit dieser plakativen Darstellung beschreibt ANSOFF den Effekt der Stär-
kung des bestehenden Geschäftes. Dabei gilt, je höher die Synergien zum
bestehenden Geschäft sind, umso Erfolg versprechender ist die gewählte
Strategie.

Mit bestehenden Produkten auf bestehenden Märkten zu wachsen und damit die Marktdurchdringung zu erhöhen, hat unzweifelhaft das höchste Synergiepotenzial. Das Synergiepotenzial der anderen Strategien der Matrix ist in Pfeilrichtung abnehmend. Das bedeutet, dass jedes Unternehmen zunächst die Synergiepotenziale der Marktdurchdringung ausschöpfen sollte, bevor es zur nächsten Strategieoption wechselt, die wiederum ein geringeres Synergiepotenzial beinhaltet. Die oben in der Abbildung erkennbaren Pfeile nehmen dabei die Form des Buchstaben Z an, und symbolisieren die, unter Synergiegesichtspunkten, begünstigte Strategiereihenfolge. Häufig wird auch der Begriff der „Z-Strategie" verwendet.

Z-Strategie

1. Marktdurchdringungsstrategie

Das Z startet mit der Strategie der Marktdurchdringung. Diese sieht eine Ausschöpfung des Marktpotentials der vorhandenen Produkte in bestehenden Märkten vor. Dementsprechend werden die bereits bestehenden Instrumente der Marktbearbeitung intensiviert. Dabei werden im Wesentlichen die Marketingmaßnahmen verstärkt, wobei verschiedene Zielsetzungen damit verfolgt werden können:

Marktdurchdringung

- Intensivierung der Produktverwendung, beispielsweise durch Schaffung neuer Anwendungsgebiete, für das Produkt oder Erhöhung der Verwendungsmenge des Produktes.

- Kundenabwerbung beispielsweise durch Sonderpreise.

- Gewinnung von Neukunden, die bisher die Produkte nicht verwendet haben, beispielsweise durch Promotionsveranstaltungen.

Für die Strategie der Marktdurchdringung sind Produkteigenschaften entscheidend, die weitere Wachstumspotenziale zulassen. Dementsprechend können nur Produkte für eine Marktdurchdringungsstrategie ausgewählt werden, die sich im Ergebnis der Produktlebenszyklusanalyse in der Wachstumsphase befinden.

Produkte der Marktdurchdringung

Hinter der Marktdurchdringungsstrategie steckt häufig auch die Absicht, die Marktanteile so massiv zu steigern, dass die Marktführerschaft erreicht wird.

Ziel der Marktdurchdringungsstrategie

2. Produktentwicklungsstrategie

Die zweite Stufe der strategischen Optionen nach ANSOFF bildet die Erweiterung des Produktangebotes auf dem bestehenden Markt. Die Synergien zum bestehenden Geschäft sind noch immer sehr hoch, erreichen jedoch nicht das Potenzial der Marktdurchdringungsstrategie. Im Kern werden mit dieser Strategie den bestehenden Kunden beziehungsweise dem bestehenden Markt neue Produkte angeboten. Dabei wird das bereits im Markt be-

Produktentwicklung

stehende Vertrauen zum Unternehmen genutzt, um Wachstum sicherzustellen. Hierzu können folgende Möglichkeiten zur Anwendung gelangen:

- ▓ Innovationen im Sinne echter Marktneuheiten,

- ▓ Produkterweiterungen im Sinne von Produktentwicklungen bei bestehenden Produkten, die zu „quasineuen" Produkten führen sowie

- ▓ Me-too-Produkte im Sinne von Nachahmungen, dass heißt Produkte, die für einen Anbieter neu sind, jedoch für die Verbraucher lediglich eine neue Marke oder eine neue Variante eines bestehenden Produkts darstellen.

Ziel der Produkt-nutzungsstrate-gie

Mit der Produktentwicklungsstrategie wird das Ziel verfolgt, die Produktnutzungsquoten des Kunden zu erhöhen.

3.   Markterweiterungsstrategie

Markterweite-rung

Die Marktexpansion ist die strategische Ausrichtung für Unternehmen, die für ihre gegenwärtigen Produkte einen oder mehrere neue Märkte finden. Dabei steht die Suche nach neuen Marktchancen für bestehende Produkte im Vordergrund. Durch die Erfahrungen des Unternehmens mit den Produkten ist das Unternehmen in der Lage, die Produkte besonders kostengünstig auf neuen Märkten anzubieten, was einen Wettbewerbsvorteil des Unternehmens auf neuen Märkten beschreibt. An dieser Stelle spielt der Erfahrungskurveneffekt eine entscheidende Rolle.

Ansätze für Markterweite-rungsstratgie

Für die Marktexpansion bieten sich folgende Ansatzpunkte:

- ▓ geographische Ausdehnung durch Erschließung zusätzlicher Absatzmärkte durch regionale, nationale oder internationale Ausdehnung,

- ▓ Zusatzmärkte durch Funktionserweiterungen bestehender Produkte sowie

- ▓ Gewinnung neuer Marktsegmente durch Produktvariationen.

Ziel der Mark-terweiterungs-strategie

Das Ziel der Markterweiterungsstrategie besteht darin, mit den bestehenden Produkten in neue Märkte vorzudringen.

4.   Diversifikationsstrategie

Diversifikation

Die Diversifikationsstrategie ist durch die Einführung neuer Produkte in neuen Märkten gekennzeichnet. ANSOFF versteht unter Diversifikation die Erweiterung des Leistungsprogramms sowie die parallele Beschreitung neuer und bisher nicht bearbeiteter Märkte. Dabei werden verschiedene Diversifikationsformen unterschieden:

▨ horizontale Diversifikation

Neue Produkte entstehen durch die Hinzunahme von verwandten Produkten oder Dienstleistungen zum bestehenden Leistungsspektrum.

▨ Vertikale Diversifikation

Die Wertschöpfungstiefe wird durch Vorwärts- oder Rückwärtsintegration erweitert.

▨ Laterale Diversifikation

Zwischen dem bisherigen Leistungsspektrum und den neuen Produkten besteht kein Zusammenhang.

Das Ziel der Diversifikationsstrategie besteht darin, durch Aufnahme von neuen Produkten in das Leistungsspektrum des Unternehmens und das Agieren auf neuen Märkten, ein Wachstum bei gleichzeitiger Risikostreuung zu erreichen. Die Konzentration auf wenige Produkte und Märkte stellt im Vergleich zur Diversifikation ein Klumpenrisiko dar. Wird jedoch die Diversifikationsstrategie isoliert betrachtet, so sind die Erfolgsaussichten deutlich geringer als bei allen anderen genannten strategischen Optionen.

Ziel der Diversifikationsstrategie

Der Zusammenhang zwischen den Wachstumsstrategien nach Ansoff und dem damit verbundenen Synergie- und Risikopotenzialen, zeigt die nachfolgende Abbildung.

Reihenfolge der Wachstumsstrategien nach Ansoff gemäß Risiko- und Synergieeffekten

Abbildung 3-6

| Marktdurchdringung | Produktentwicklung | Marktexpansion | Diversifikation |

Synergieerträge

Risiko

Quelle: Kerth/Pütmann (2005, S. 192)

Für die vierte und letzte Entwicklungsstufe, die durch unvorhersehbare Umfeldkomplexität beschrieben wird, hat ANSOFF hingegen Reaktionsstrategien entworfen. Dabei handelt es sich um eine unternehmensinterne Ressourcenallokation als Reaktion auf rasche Umfeldveränderungen. Dies hat dazu geführt, dass Ansoff als Vertreter Ressourcenökonomischer Strategie-

Reaktionsstrategien

konzepte angesehen wird, auch wenn seine Arbeiten teilweise Industrieökonomische Aspekte beleuchten (Eschenbach [2003, S. 20]).

Aufgabenfelder in Reaktionsstrategien

ANSOFF geht davon aus, dass in der letzten Entwicklungsstufe folgende Aufgabenfelder im Vergleich zu den vorangegangenen Stufen von Bedeutung werden:

- Echtzeit-Reaktion auf Umfeldveränderungen,

- frühzeitiges Erkennen und Prognose von Trendwenden sowie

- institutionalisiertes Krisenmanagement

(Zelewski [2005, S. 107]).

Strategische Frühaufklärung

Diese Aufgabenfelder wurden von ANSOFF in das so genannte Konzept der strategischen Frühaufklärung gekleidet, da er bei der Beobachtung von Umfeldveränderungen erkannte, dass diese Veränderungen immer rascher und in kürzeren Zeitintervallen eintraten. Diese Beobachtung führte zu einer kritischen Haltung gegenüber der strategischen Planung, da sie auf Daten und Informationen fußt, die sich im Zeitablauf sehr rasch und gravierend verändern und damit strategische Entscheidungen ins Gegenteil verkehren können. Zur Lösung des Problems rasch ändernder Umweltbedingungen dient das Konzept der strategischen Frühaufklärung. Dieses Konzept soll die Mängel der strategischen Planung ausgleichen und sie somit ergänzen.

Das Konzept der strategischen Frühaufklärung besteht aus folgenden Bestandteilen.

1. Strategic Issue Management

Strategic Issue Management

Zum Umgang mit hohen Wissensdefiziten stellt ANSOFF so genannte Aufklärungskomitees zur Beobachtung der Unternehmensumwelt auf (Roll [2004, S. 43]).

Aufklärungskomitee

Er unterscheidet dabei drei Gruppen, die eine rasche Reaktionsfähigkeit auf Umfeldveränderungen sicherstellen:

- Staff group - hat die Aufgabe, die Unternehmensumwelt zu überwachen,

- General Management Group- hat die Aufgabe, das Ausmaß der Umweltveränderung zu beurteilen und Maßnahmen zur kurzfristigen Reaktion festzulegen und

- Workers - führen die Maßnahmen aus.

(Eschenbach [2003, S. 66]).

2. Weak Signal Management

Das Konzept der „schwachen Signale" nach ANSOFF bildet die eigentliche Grundlage strategischer Frühaufklärungssysteme heutiger Prägung. AN-SOFF überwindet mit diesem Konzept das Prinzip der zielgerichteten Suche (Monitoring), indem er de facto mit einem „360-Grad-Radar" schwache Signale aufnimmt (Müller [2003, S. 30]). Das Aufspüren schwacher Signale wird als so genanntes Scanning bezeichnet und bildet die Basis der strategischen Früherkennung.

Schwache Signale zeichnen sich durchfolgende Merkmale aus:

- inhaltlich unstrukturierte Informationen aus der Unternehmensumwelt,

- Hinweise auf bevorstehende Veränderungen beispielsweise in Form bedeutender Innovationen,

- Ideen, die utopisch und unrealistisch klingen,

- erkennbare Zeichen, die sich in intuitiven Urteilen niederschlagen, obwohl noch keine beobachtbaren Kausalzusammenhänge bestehen,

- qualitative Merkmale möglicher Umweltveränderungen sowie

- Signale zu bevorstehenden Diskontinuitäten in der Entwicklung der Unternehmensumwelt ohne fundierte Aussage zu Eintrittswahrscheinlichkeit oder –zeitpunkt (Simon [1986, S. 18f.]).

Der Grad der Unsicherheit der Signale, die Diskontinuitäten vorausgehen, dient nach dem Weak-Signal-Management-Konzept von ANSOFF als Ausgangsbasis für die Form der Reaktion auf die Umfeldveränderung.

Je nach erkennbarer Stärke der aufgenommenen Signale, gestalten sich der Handlungsspielraum und die Reaktionsmöglichkeiten. In der nachfolgenden Abbildung wird der Zusammenhang zwischen dem Konkretisierungsgrad der aufgenommenen Signale und der Reaktionsmöglichkeiten deutlich.

Abbildung 3-7 | *Zusammenhang zwischen Entwicklungsstadium der Bedrohung und Reaktionsmöglichkeit*

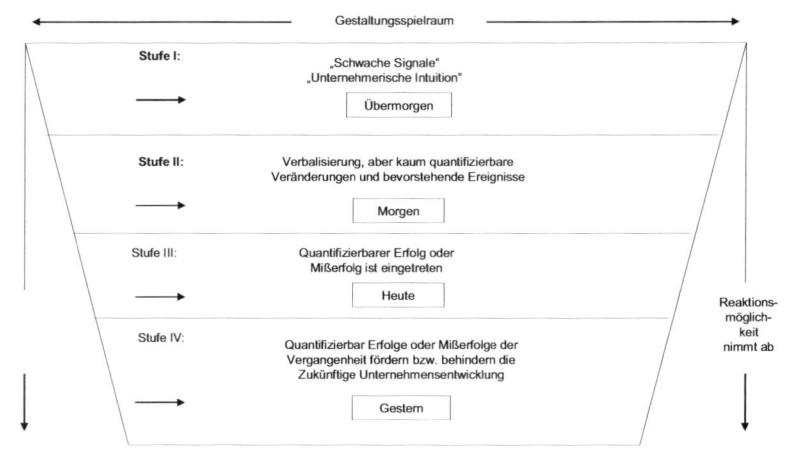

Quelle: www.risikomanagement.info/Risikomanagement-zwischen-
Krisenfrueherkennung-und-Unternehmensrating.299.0.html

Reaktionsstrate-
gien im Weak
Signal Manage-
ment

Dabei kommen in Abhängigkeit vom Grad der Unsicherheit der Signale folgende Reaktionsstrategien in Betracht:

▓ Erweiterung der Fähigkeit des Unternehmens, seine Umwelt wahrzunehmen (Aufmerksamkeit),

▓ Erhöhung der Fähigkeit des Unternehmens, flexibel auf mögliche Bedrohungen zu reagieren (Flexibilität) sowie

▓ Konkretisierung der Bedrohung mit dem Ziel der unmittelbaren Reaktion (direkte Reaktion) (Macharzina / Wolf [2008 , S. 322]).

Zum besseren Verständnis der Reaktionsmöglichkeiten dient die nachfolgende Abbildung, die Beispiele für ihre Anwendung in der Unternehmenspraxis zeigt.

Beispiele für Reaktionsmöglichkeiten im Konzept der schwachen Signale

Abbildung 3-8

Alternative Reaktionsstrategien

Reaktions- strategien Reaktions- gebiet	Direkte Reaktion	Flexibilität	Aufmerksamkeit
Beziehung zur Umwelt	*Externe Aktion* (strategische Planung und Durchführung) zum Beispiel Betreten neuer Märkte; Risikoverteilung mit anderen Unternehmen; Sicherung knapper Ressourcen; Desinvestition; Rückzug aus bedrohten Gebieten	*Externe Flexibilität* zum Beispiel Balance der Lebenszyklen; Machtbalance; Diversifikation der ökonomischen/technologischen/sozialen/politischen Diskontinuitäten; Langzeitkontrakte; Risikostreuung	*Beobachtung der Umwelt* zum Beispiel Prognosen der wirtschaftlichen Entwicklung, des Absatzes, der strukturellen/technologischen/sozialen/politischen Entwicklung; Modelle der Umgebung
Interne Struktur	*Interne Bereitschaft* (Kontingenzplanung) zum Beispiel Eventualpläne; Erwerb von Technologien, Wissen, Fähigkeiten, Ressourcen, Entwicklung von neuen Produkten und Ressourcen; Anpassung der Strukturen und Systeme	*Interne Flexibilität* zum Beispiel Zukunftsorientierungs- und Problemlösungsfähigkeiten; Risiko- und Wandlungsbereitschaft, Einbau von Elastizitäten; Diversifikation und Liquidität von Ressourcen	*Selbstbeobachtung* zum Beispiel Leistungsanalyse; Ermittlung der Stärken und Schwächen; Kritikinstanzen für Stand und Entwicklungen aller Ressourcen, Finanzierungs- und strategische Modelle

Quelle: Macharzina / Wolf [2008 , S. 325]

ANSOFF war davon überzeugt, dass Unternehmen auf schwache Signale reagieren, diese wahrnehmen und interpretieren müssen, um dann später auf eintretende Umfeldveränderungen vorbereitet zu sein. Damit hat ANSOFF zwar die Entwicklung verschiedener Frühaufklärungssysteme angestoßen, sein Lösungsansatz hat sich jedoch als kaum praktikabel erwiesen und inzwischen an Attraktivität verloren.

3. Krisenmanagement

Für den Fall, dass Diskontinuitäten in der Entwicklung zu spät erkannt werden, entstehen in Unternehmen Krisensituationen, die einer besonderen Form des Managements bedürfen. ANSOFF gibt in diesem Zusammenhang Anleitungen zur Krisenbewältigung (Ansoff [1988, S. 205 ff.]).

Im Wesentlichen besteht das Krisenmanagement nach ANSOFF aus:

- ◼ einem Kommunikationskonzept, mit dessen Hilfe alle von der Krise betroffenen Stellen direkt und unmittelbar zur Erarbeitung von Lösungskonzepten miteinander in Verbindung treten können sowie

- ◼ einer klaren Aufgabenverteilung in der Krise durch Arbeiten in verschiedenen Gruppen mit folgenden Schwerpunkten:

  - o Weiterführung des Tagesgeschäfts,

  - o Erarbeitung und Umsetzung eines Notfallplans für die akute Krisensituation,

  - o Motivation und

  - o Kommunikation.

ANSOFF´s strategische Konzepte finden in der Literatur eine breite Beachtung. Mit seinen Wachstumsstrategien in handhabbaren Umweltbedingungen sowie der strategischen Frühaufklärung als Antwort auf komplexe Umweltbedingungen hat Ansoff die Grundlagen für das moderne strategische Management mit geschaffen.

3.2.2 Strategiekonzept nach Hamel/Prahalad

Das Buch „Wettlauf um die Zukunft" von Hamel und Prahalad wurde im Jahr 1994 von der Business Week zum besten Managementbuch des Jahres ausgezeichnet (Binder [2005, S. 237]).

In diesem Werk beklagen die Autoren, die zu enge Sichtweise traditioneller Strategien und fordern eine höhere Komplexität in der strategischen Arbeit. Dahinter steckt die Aufforderung zur Konzentration auf Kernkompetenzen und die Anwendung der Kernkompetenzanalyse, die von den gleichen Autoren in verschiedenen Beiträgen konzeptionell umfassend entwickelt wurde (vgl hierzu Abschnitt 2.1.2).

HAMEL und PRAHALAD gehen davon aus, dass Kernkompetenzen quasi die Wurzeln langfristigen Erfolges darstellen. Das von ihnen entwickelte, so genannte Baum-Modell verdeutlicht diesen Kernkompetenz-Ansatz.

Baum-Modell nach Hamel und Prahalad

Abbildung 3-9

Quelle: Baum/ Coenenberg [2007, S. 253]

Das Ressourcenökonomische Strategiekonzept von HAMEL und PRAHA-LAD ist darauf ausgerichtet, Kernkompetenzen in der Form zu nutzen, dass daraus langfristige Wettbewerbsvorteile entstehen. Vergleichbar mit der Produkt-Markt-Matrix nach Ansoff entwickelten sie eine Kompetenz-Markt-Matrix, aus der sie wiederum strategische Handlungsoptionen ableiten. Bei der Kompetenz-Markt-Matrix werden die Kernkompetenzen des Unternehmens in bestehende und neu zu entwickelnde Bereiche unterteilt, während der Markt in bekannte und neue, zu bearbeitende Segmente untergliedert wird.

Die Kompetenz-Markt-Matrix bildet das Kernelement des Strategiekonzepts von HAMEL und PRAHALAD und ist in der nachfolgenden Abbildung grafisch erklärt.

Kompetenz-Markt-Matrix

Abbildung 3-10 | *Kompetenz-Produkt-Matrix nach Hamel und Prahalad*

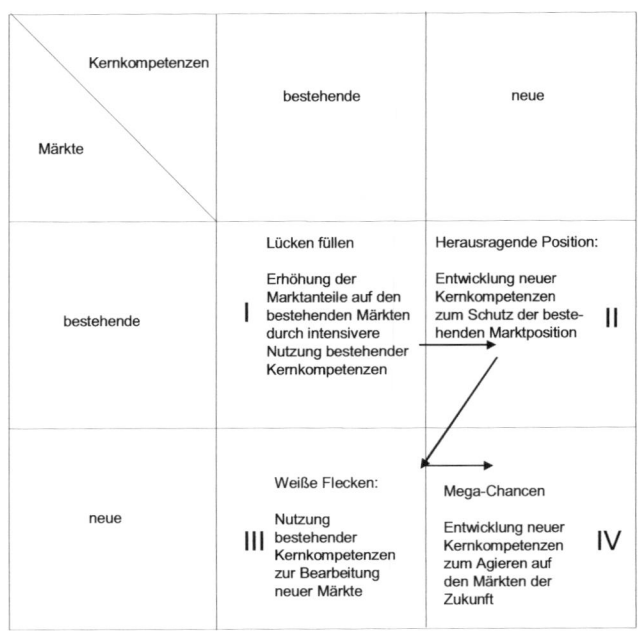

Quelle: eigene Darstellung auf der Basis von Hahn/ Taylor [2006, S. 65]

Aussagen der Kompetenz-Produkt-Matrix

Die Kompetenz-Produkt-Matrix ist in vielerlei Hinsicht vergleichbar mit der Ansoff-Matrix. Die strategischen Konsequenzen der einzelnen Felder sind nahezu austauschbar. HAMEL und PRAHALAD gehen jedoch in ihrer Betrachtung nicht auf die Produktebene (Blätter), sondern tauschen in der Betrachtungsweise der Ansoff-Matrix die Kernkompetenzen (Wurzeln) dagegen ein. Im Feld I entsteht eine Marktdurchdringungsstrategie durch konsequente Ausnutzung bestehender Kernkompetenzen bei der Bearbeitung bestehender Märkte. Im Feld II steht die Strategie der Kompetenzentwicklung mit dem Ziel der Haltung der Marktposition des Unternehmens im bestehenden Markt. Das Feld III beschreibt die Markterweiterung durch Nutzung von Kernkompetenzen, bei der Erschließung eines oder mehrerer neuer Märkte. Im Feld IV entsteht eine Diversifikationsstrategie, die jedoch am weitesten von dem Gedankengut Ansoffs entfernt ist. Mit der Entwicklung neuer Kernkompetenzen verfolgt das Unternehmen im Feld IV das Ziel, auf den spannendsten Märkten der Zukunft agieren zu können. Zur Umsetzung bieten sich in diesem Feld Akquisitionen oder Partnerschaften an.

Das von HAMEL und PRAHALAD entwickelte, strategische Grundkonzept in Form der Kompetenz-Produkt-Matrix wurde im Weiteren von ihnen durch das drei Phasen-Modell des Wettlaufs um die Zukunft ergänzt. In diesem Modell gehen die Autoren davon aus, dass sich der Wettbewerb in Zukunft in drei Stufen vollzieht.

Wettlaufs um die Zukunft

In der ersten Stufe dreht sich der Wettbewerb um die intellektuelle Vorreiterrolle eines Unternehmens. Diese Führungsrolle eines Unternehmens äußert sich darin, Vordenker der Zukunft zu sein, um sich bietende Chancen und drohende Gefahren am besten zu erkennen.

Phasen des Wettlaufs um die Zukunft

In der zweiten Phase geht es darum, die angestrebte Positionierung im Wettbewerb am schnellsten zu erreichen und damit das Marktgeschehen aktiv und im eigenen Interesse zu gestalten.

In der dritten Wettbewerbstufe setzt der Kampf um Marktanteile ein, wobei die Marktstellung einzelner Unternehmen sich auf der Basis weitestgehend klar definierter Parameter (Kosten, Nutzen, Preis und Service) ergibt (Freiling/Reckenfelderbäumer [2004, S. 138]).

Bei der Betrachtung der drei Phasen des Wettlaufs um die Zukunft, die in nachfolgender Abbildung zusammengefasst wurden, betonen HAMEL und PRAHALAD die Wichtigkeit der ersten Phase, in der das Unternehmen die intellektuelle Führung anstrebt, um dort die Weichen für den Wettbewerbserfolg der zweiten und dritten Phase zu stellen.

Drei Phasen des Wettlaufs um die Zukunft nach Hamel/ Prahalad

Abbildung 3-11

Intellektuelle Führung	Management der Transformationsschritte	Wettbewerb um Marktanteile
-Vorausblick auf die Zukunft der Industrie durch sorgfältige Erforschung der Antriebsfaktoren der Industrie -Entwicklung einer kreativen Vorstellung hinsichtlich der möglichen Entwicklung von Funktionen, Kernkompetenzen, Kundenschnittstellen -Zusammenfassung dieser Vorstellung in einer „strategischen Architektur"	-Präventiver Aufbau von Kernkompetenzen, Entwicklung alternativer Produktkonzepte und Neugestaltung der Kundenschnittstelle -Aubau und Führung des notwendigen Bündnisses von Mitanbietern -Abdrängen der Konkurrenten auf teurere Transformationspfade	-Aufbau eines weltweiten Zuliefernetzes -Ausarbeitung einer geeigneten Strategie zur Marktpositionierung -Konkurrenten in entscheidenden Märkten zuvorkommen -Maximierung von Effizienz und Produktivität -Management der Wettbewerbsinteraktion

---

Quelle: Bullinger/ Warnecke/ Westkämper [2003, S. 267]

Modifikationen der Kompetenz-Markt-Matrix

Die Kompetenz-Markt-Matrix hat eine Vielzahl von Modifikationen erfahren. Zu nennen sind insbesondere:

▓ die Kompetenz-Kundenwert-Matrix nach Hinterhuber sowie
▓ die Kompetenz-Geschäftsfeld-Matrix nach Buchholz/Olemotz.

An dieser Stelle wird auf die Kompetenz-Geschäftsfeld-Matrix eingegangen, da das Konzept nach Hinterhuber in einem gesonderten Abschnitt Würdigung findet. BUCHHOLZ und OLEMOTZ entwickeln das Strategiekonzept von Hamel und Prahalad in sofern weiter, dass sie den Begriff der Kompetenz konkretisieren.

Basiskompetenzen

Sie unterschieden Basiskompetenzen und verstehen darunter:

▓ Metakompetenzen (Lernfähigkeit im Sinne von Kompetenz zur Erlangung von Kompetenzen),

▓ Gesamtunternehmenskompetenzen (Kosten-, Qualitäts-, Zeitkompetenz) sowie

▓ Prozesskompetenzen (Management-, Unterstützungen-, operative Kompetenz)

(Buchholz/ Olemotz [1995, S. 20]).

Metakompetenz

Die Metakompetenz ist die strategisch ausgerichtete Lernfähigkeit eines Unternehmens. Die Metakompetenz ist eine übergeordnete Kategorie zur Kernkompetenz. Sie umfasst strategische Lernpotenziale eines Unternehmens und ist den Kernkompetenzen vorgelagert, indem sie die Akkumulation der Kernkompetenzen im Zeitablauf erst ermöglicht. Die Metakompetenz dient somit dem Aufbau und der Entwicklung von Kernkompetenzen (Zobolski [2008, S. 155]).

Formen von Metakompetenzen

In der Literatur werden folgende Fähigkeiten von Unternehmen im Sinne von Metakompetenzen unterschieden:

▓ Lern- und Innovationsfähigkeit,

▓ Kommunikationsfähigkeit,

▓ Kritikfähigkeit,

▓ Beziehungsmanagement zu Stakeholdern sowie

▓ Fähigkeit zur Nutzung und strategischen Ausrichtung der Kernkompetenzen im Unternehmen

(Buchholz /Olemotz [1995 S. 1-41, hier S. 25]).

Gesamtunternehmenskompetenzen sind unternehmensweit nutzbare Ressourcen, die zu Wettbewerbsvorteilen am Markt führen.

Prozesskompetenzen hingegen umfassen die Fähigkeit einer Unternehmung zur bestmöglichen Beherrschung von funktionsübergreifenden Geschäftsprozessen, die nach Auffassung von BUCHHOLZ und OLEMOTZ für einen Kunden unmittelbar wahrnehmbar sind als die eigentlichen Kernkompetenzen im Sinne von Hamel und Prahalad (Buchholz/ Olemotz [1995 ‚S. 17 ff.]).

Prozesskompetenzen

Die drei genannten Basiskompetenzen führen je nach Ausprägung zur Verfügbarkeit von Kernkompetenzen, die in einer Matrix der Geschäftsfeldattraktivität gegenübergestellt wird.

Dabei entsteht eine Kompetenz-Geschäftsfeld-Matrix aus der BUCHHOLZ und OLEMOTZ vier strategische Stoßrichtungen ableiten.

Kompetenz-Geschäftsfeld-Matrix

Kompetenz-Geschäftsfeld-Matrix nach Buchholz und Olemotz

Abbildung 3-12

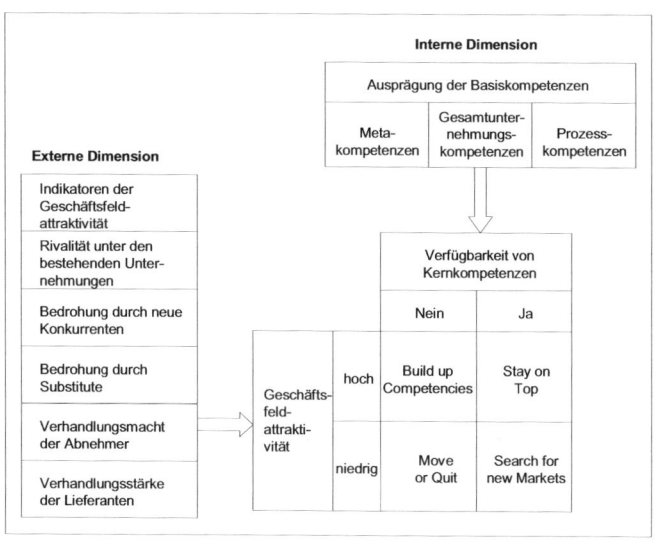

Quelle: Buchholz/ Olemotz [1995, S. 31]

Im Gegensatz zu PORTER, der fünf Wettbewerbskräfte beschreibt, die eine Geschäftsfeldsattraktivität beeinflussen, gehen BUCHHOLZ und OLEMOTZ davon aus, dass die Verfügbarkeit von Kernkompetenzen die Geschäftsfeldsattraktivität nachhaltig unterstützen kann. Aus der Kompetenz-Geschäftsfeld-Matrix gehen folgende Strategiealternativen hervor:

Geschäftsfeldattraktivität

■ Build up Competencies: Kernkompetenzen müssen strategisch entwickelt und aufgebaut werden, um an attraktiven Geschäftsfeldern partizipieren zu können.

■ Stay on Top: Die verfügbaren Kernkompetenzen müssen zur bestmöglichen Bearbeitung beziehungsweise Erhaltung der attraktiven Geschäftsfelder entwickelt beziehungsweise ausgebaut werden.

■ Move or Quit: Selektives Vorgehen im Sinne von Rückzug aus unattraktiven Geschäftsfeldern oder gezielter Aufbau neuer Kernkompetenzen für zukünftig attraktive Geschäftsfelder.

■ Search for new markets: Um verfügbare Kernkompetenzen nicht in unattraktiven Geschäftsfeldern zu verschwenden, müssen neue Märkte zur Nutzung der Kernkompetenzen erschlossen werden.

Sowohl die Matrix-Betrachtung nach Hamel und Prahalad, als auch nach Buchholz und Olemotz sind stark vereinfachte Hilfsmittel zur strategischen Positionierung. Aus der Matrix-Darstellung lassen sich Anhaltspunkte und Hinweise für die zukünftige Stoßrichtung des Unternehmens ableiten. Dennoch hat sich in der Praxis gezeigt, dass die Portfoliodarstellung stark hinterfragt werden muss, um strategische Fehlentscheidungen zu vermeiden.

3.3 Industrieökonomische Konzepte

Market-Based-View-Ansatz

Zu Beginn der 1980er Jahre entwickelte sich in der wissenschaftlichen Management- und Organisationsliteratur der so genannte Market-Based-View-Ansatz. Im Mittelpunkt dieses Ansatzes stehen Markt-, Branchen- und Wettbewerbsbedingungen, aus denen strategische Grundpositionierungen für Unternehmen abgeleitet werden.

Industrie-ökonomik

Die Industrieökonomik als ein ursprünglich volkswirtschaftlicher Ansatz beschäftigte sich in dieser Zeit zunehmend mit den Handlungsmöglichkeiten einzelner Unternehmen und bekamen dabei eine wachsende Bedeutung für die Betriebswirtschaftslehre, insbesondere das strategische Management. Der Market-Based-View-Ansatz ist geprägt durch die wissenschaftlichen Arbeiten seiner Vordenker Mason (Werke aus den 1930er Jahren) und dessen Schüler Bain (Werke aus den 1950er Jahren) (Schonert [2008, S. 19]).

Sie stellten eine Beziehung zwischen den drei Größen:

- Marktstruktur

- Marktverhalten

- Marktergebnis

und der Qualität des Wettbewerbs her und fassten diese in einem Denkmodell zusammen.

Sie gehen dabei davon aus, dass die Marktstruktur, gekennzeichnet durch die Branche, das Verhalten der Marktteilnehmer bestimmt. Dies wiederum hat Einfluss auf die Performance des Unternehmens, was den Rückschluss zulässt, dass das Verhalten der Marktteilnehmer ein Ergebnis der Branchenstruktur sowie des darin herrschenden Wettbewerbs ist. Somit kann das Verhalten der Marktteilnehmer als Einflussfaktor auf den Erfolg des Unternehmens zu vernachlässigen ist. Vielmehr unterstellt BAIN einen direkten Zusammenhang zwischen Marktstruktur und –ergebnis (Bain [1951, S. 294f.]).

Jede der drei genannten Größen lässt sich mithilfe von verschiedenen Kriterien konkretisieren (Stiele [2008, S. 56f.]).

- Die Marktstruktur wird durch Anbieter und Nachfrager geprägt,
- das Marktverhalten wird insbesondere durch die Preispolitik der Unternehmen zum Ausdruck gebracht und
- das Marktergebnis wird durch das Wohlstandsniveau der Gesellschaft beziehungsweise die Gewinnmarge des Unternehmens deutlich.

Die wesentlichen Einflussfaktoren auf das Marktergebnis sind in der Industrieökonomischen Sicht traditioneller Prägung die Konzentrationsrate und die Markteintrittsbarrieren innerhalb einer Branche. Mit der Konzentrationsrate steigt die Neigung der Branche zur Kollision. Durch Absprache ist es einigen wenigen Wettbewerbern der Branchen möglich, gemeinsam das Marktverhalten zu bestimmen. Die Markteintrittsbarrieren schützen die Branche vor potentiellen Wettbewerbern und verhindern somit ein Absinken des Marktergebnisses.

In neueren Industrieökonomischen Ansätzen wird die Marktstruktur nicht nur als die Einflussgröße des Marktergebnisses betrachtet. Vielmehr wird in der neueren Industrieökonomie davon ausgegangen, dass es sich um zwei gegenseitig beeinflussende Größen handelt. Mit der starken spieltheoretischen Orientierung der neueren Industrieökonomie gelang der Nachweis, dass die Marktstruktur sich nicht unabhängig vom Verhalten der Firmen und den Marktergebnissen bestimmen lässt. Vielmehr bestehen zwischen den drei Größen stark ausgeprägte Interdependenzen. (Bester [2004, S. 4]).

Der Unterschied zwischen der traditionellen und der neueren Industrieökonomik geht aus der nachfolgenden Abbildung hervor.

Abbildung 3-13   *Structure-conduct-performance-Ansatz versus Interdependenzmodell der Industrieökonomik*

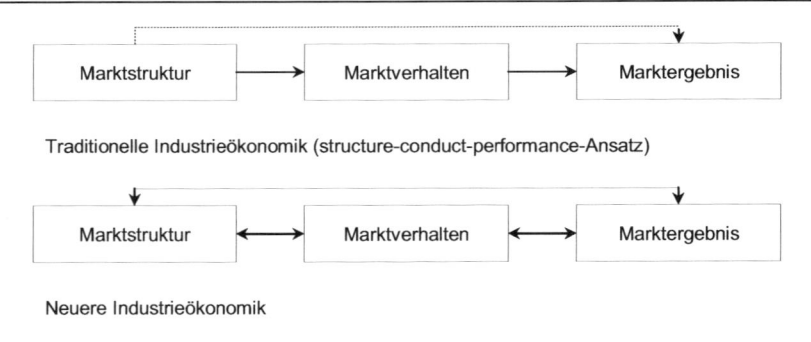

Traditionelle Industrieökonomik (structure-conduct-performance-Ansatz)

Neuere Industrieökonomik

Quelle: Krys [2004, S. 217]

Vertreter Industrieökonomischer Konzepte

Die neueren Erkenntnisse der Industrieökonomik haben zu einer rasanten Entwicklung Industrieökonomischer Strategiekonzepte geführt. Der namhafte Vertreter hierbei ist Porter, der den Grundgedanken der Industrieökonomie auf Einzelunternehmen übertrug und damit eine der einflussreichsten Schulen des strategischen Managements schuf. Seither haben sich zahlreiche Industrieökonomische Strategiekonzepte in der Literatur etabliert. Alle haben dabei die Marktstruktur mit ihren Chancen und Risiken für ein Unternehmen im Blick. Die bedeutendsten Vertreter Industrieökonomischer Strategiekonzepte sind Porter, Hinterhuber, Treacy und Wiersema.

3.3.1   Strategiekonzept nach Porter

Generische Wettbewerbsstrategien

Michael E. PORTER entwickelte auf der Grundlage der Erkenntnisse der Industrieökonomik drei so genannte generische Wettbewerbstrategien, die er 1980 in seinem Werk „Competitive Strategy" vorstellte. Seither gelten Porters Erkenntnisse als Klassiker der Industrieökonomischen Strategiekonzepte. Bei der Entwicklung der generischen Wettbewerbstrategien greift Porter auf die Branchenstrukturanalyse und die Konkurrenzanalyse zurück. Porters Wettbewerbstrategien sind eine Ziel-Mittel-Beziehung, wobei das Ziel des Wettbewerbs in der Positionierung eines Unternehmens am Markt liegt, während die Mittel alle Maßnahmen umfassen, die es dem Unternehmen ermöglichen, diese Wettbewerbsposition zu erreichen (Porter [1999, S. 17]).

PORTERS generische Wettbewerbstrategien sind:

▨ umfassende Kostenführerschaft,

▨ Differenzierung sowie

▨ Konzentration auf Schwerpunkte (Nischenstrategie).

PORTERS Wettbewerbsstrategien berücksichtigen sowohl den horizontalen Wettbewerb zwischen etablierten Konkurrenten, Anbietern von Ersatzprodukten und neuen Wettbewerbern, als auch vertikalen Wettbewerb von Unternehmen mit Lieferanten und Abnehmern im Kampf um Marktanteile innerhalb der Wertschöpfungskette.

Horizontaler und vertikaler Wettbewerb

Der erste Strategietyp, die umfassende Kostenführerschaft, basiert auf den Erkenntnissen des Erfahrungskurven-Konzeptes und zielt auf einen umfassenden Kostenvorsprung innerhalb einer Branche ab. Mit der Kostenführerstrategie sind eine Reihe von Maßnahmen verbunden wie:

Kostenführerschaft

▨ Aufbau von Produktionsanlagen effizienter Größe,

▨ Ausnutzen erfahrungsbedingter Kostensenkungen,

▨ Strenge Kostenkontrolle,

▨ Fokussierung auf Großkunden,

▨ Kostenminimierung in den Bereichen Forschung, Entwicklung, Service, Vertreterstadt, Werbung usw. (Porter 1999, S. 71])

Niedrigere Kosten im Vergleich zu den Wettbewerbern werden zum zentralen Ziel der gesamten Strategie. Dadurch wird ein Kostenvorsprung erreicht, der dem Unternehmen eine Reihe von Vorteilen bietet, jedoch auch Risiken in sich birgt. Die nachfolgende Tabelle stellte die Vorteile und Risiken der umfassenden Kostenführerschaft nach PORTER dar.

Kostenvorsprung

Abbildung 3-14 | *Vorteile und Risiken der umfassenden Kostenführerschaft*

Vorteile	Risiken
▪ überdurchschnittliche Erträge	▪ Technologische Veränderungen
▪ Schutz vor der Verhandlungsmacht mächtiger Abnehmer und Lieferanten	▪ Erfahrungskurveneffekt bei Konkurrenten
▪ Eintrittsbarrieren in Form von Kostenvorteilen	▪ zu starke Fokussierung auf die Kosten
▪ Weitergabe der Kostenvorteile in Preisvorteile an die Kunden, wodurch große Marktanteile erzielbar sind	▪ Kostensteigerungen, die den Kostenvorteil zunichte machen
	▪ Anlocken von Kunden mit geringer Loyalität
▪ Kostenvorteile gegenüber Substituten	▪ Gefahr eines ruinösen Preiswettbewerbs mit Nachahmern der Branche

Quelle: eigene Darstellung auf der Basis von Porter [1999, S. 71 ff.]

Die Strategie der Kostenführerschaft schützt das Unternehmen somit vor allen fünf Wettbewerbskräften, inkludiert jedoch insbesondere Risiken, die aus dem Vertrauen eines Unternehmens auf die erreichte Größe oder die entwickelte Erfahrung erwachsen können. Zur Erlangung des Kostenvorsprungs sind zahlreiche Voraussetzungen erforderlich, wie beispielsweise hoher Marktanteil, günstiger Zugang zu Rohstoffen, einfacher Herstellungsprozess und breites Sortiment (Porter 1999, S. 72]).

Differenzierungs-strategie Der zweite Strategietyp, die Differenzierungsstrategie, zielt darauf ab, durch Schaffung von Zusatznutzen die Produkte beziehungsweise Dienstleistungen eines Unternehmens von den Angeboten seiner Wettbewerber abzuheben (zu differenzieren). Im Mittelpunkt dieser Strategie stehen somit nicht die Kosten, sondern die Leistungsmerkmale der Produkte beziehungsweise Dienstleistungen. Als Ansätze zur Differenzierung nennt PORTER:

■ Design oder Markenname,

■ Image,

■ Erlebniswert beim Kauf, Ge- oder Verbrauch,

■ Technologie,

■ werbewirksame Aufhänger,

■ Kundendienst sowie

■ Händlernetz

Für eine Differenzierungsstrategie ist ein hoher Marktanteil weniger von Bedeutung als der exklusive Ruf des Unternehmens beziehungsweise des Produkts. In manchen Publikationen wird die Differenzierungsstrategie auch als Qualitätsführerstrategie beschrieben und bezeichnet, da der Zusatznutzen von differenzierten Produkten beziehungsweise Dienstleistungen in der Regel über deren Qualität durch den Kunden wahrgenommen wird (Schneider [2008, S. 79]). Auch diese Strategie bietet ähnlich der Kostenführerschaft dem Unternehmen zahlreiche Vorteile und Bedrohungspotenziale, auch wenn diese sich von der Kostenführerschaft teilweise unterscheiden.

Qualitätsführerschaft

Vorteile und Risiken der Differenzierungsstrategie

Abbildung 3-15

Vorteile	Risiken
• überdurchschnittliche Erträge	• Höhere Kosten
• verminderte Preisempfindlichkeit der Kunden	• eingeschränkter Kundenkreis
• Preisvorsprung	• Kostenunterschied zu Billiganbietern wird zu groß und führt zu einem Verlust der Markenloyalität
• Kundenloyalität und Kundenbindung	
• positives Image	• sinkende Nachfrage der Abnehmer
• Eintrittsbarrieren durch Einzigartigkeit des Produktes	• Verlust der Einzigartigkeit durch Nachahmungseffekte der Wettbewerber
• Loyalitätsvorteile des Kunden gegenüber Substituten	

Quelle: eigene Darstellung auf der Basis von Porter [1999, S. 73 ff.]

Konzentration auf Schwerpunkte

Der dritte Strategietyp, die Konzentration auf Schwerpunkte, ist eine Nischenstrategie. Die Konzentration auf Schwerpunkte beziehungsweise Nischen bedeutet für das Unternehmen, sich auf folgende Segmente zu konzentrieren:

- eine bestimmte Abnehmergruppe,

Nischenstrategie

- einen bestimmten Teil des Produktprogramms oder

- einen geographisch abgegrenzten Markt.

Fokussierte Kostenführerschaft

Bei der Nischenstrategie orientiert sich das Unternehmen nicht an der gesamten Branche, sondern konzentriert sich auf oben genannte Segmente. Im Ergebnis wird das Unternehmen versuchen, sich im gewählten Segment entweder zu differenzieren oder einen Kostenvorsprung zu erreichen. Somit lässt sich die Nischenstrategie auch als fokussierte Kostenführerstrategie und oder als fokussierte Differenzierungsstrategie erklären (Baum/ Coenenberg [2007, S. 78]).

Fokussierte Differenzierungsstrategie

Die Vorteile der Konzentration auf Schwerpunkte ergeben sich aus den bereits oben aufgeführten Vorteilen der Differenzierungs- bzw. Kostenführerstrategie. Dagegen entstehen mit der Konzentration auf Schwerpunkte spezifische Risiken.

Abbildung 3-16

Vorteile und Risiken der Nischenstrategie

Vorteile	Risiken
Bei fokussierter Kostenführerschaft: • vgl. Tabelle 3-1 Bei fokussierter Differenzierungsstrategie: • vgl. Tabelle 3-2	• Kostenunterschied zu breit aufgestellten Anbietern werden so groß, dass der Kostenvorteil im Segment verschwindet • Differenzierungsbedarf des Segments verschwindet, das Segment passt sich dem Bedarf in der Branche an • das Segment wird gespalten, da Konkurrenten innerhalb des Segments noch stärker spezialisieren

Quelle: eigene Darstellung auf der Basis von Porter [1999, S. 73 ff.]

PORTER vertritt die Auffassung, dass sich Unternehmen für eine der generischen Wettbewerbsstrategien entscheiden müssen, da sie ansonsten Gefahr laufen, „zwischen den Stühlen" zu sitzen. Dieses so genannte Stuck-in-the-middle-Phänomen beschreibt er als strategisch äußerst schlechte Ausgangssituation mit folgenden negativen Merkmalen und Begleiterscheinungen:

Stuck-in-the-middle-Phänomen

- dem Unternehmen fehlen in der Regel für die Kostenführerschaft die Marktanteile,

- um die Notwendigkeit niedrigerer Kosten zu umgehen mangelt es dem Unternehmen an branchenweiter Differenzierung sowie

- um einen Kostenvorsprung oder eine Differenzierung in einem spezifischen Segment zu erreichen, hat das Unternehmen die Konzentration versäumt.

In der Konsequenz haben Unternehmen zwischen den Stühlen eine deutlich niedrigere Rentabilität. PORTER betrachtet die Rentabilität seiner generischen Strategien im Verhältnis zu dem damit erlangten Marktanteil. Er beschreibt, dass in einer Vielzahl von Branchen kleine Unternehmen, die sich konzentriert oder differenziert haben sowie die größeren Unternehmen, die eine Kostenführerschaft erreicht haben, die rentabelsten sind, während Unternehmen mittlerer Größe sich am wenigsten rentieren.

Generische Wettbewerbsstrategien und Rentabilität

Rentabilität in Abhängigkeit vom Marktanteil

Abbildung 3-17

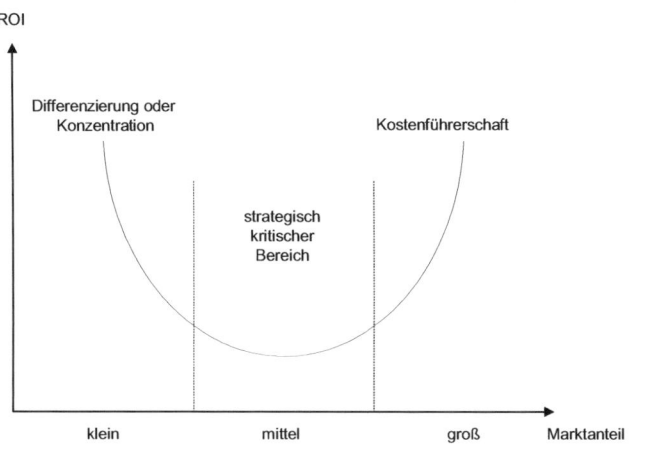

Quelle: eigene Darstellung auf der Basis von Porter [1999, S. 81]

PIMS-
Datenbank

Diese in der Abbildung zusammengefasste Darstellung lässt sich nach Auffassung von PORTER nicht auf jede Branche übertragen. Dennoch lässt sie sich durch Erkenntnisse der PIMS-Datenbank zumindest teilweise erklären.

ROI und Markt-
anteil

Im Abschnitt 2.6.4.2 wurde der Zusammenhang zwischen relativer Produktqualität und relativem Marktanteil beschrieben und dessen Auswirkung auf den ROI mit Zahlen unterlegt. Dabei konnte festgestellt werden, dass Unternehmen auch bei niedrigem Marktanteil einen vergleichsweise hohen ROI erzielen, wenn sie durch Differenzierung eine hohe relative Produktqualität erreichen. Durch Konzentration auf Schwerpunkte erreichen Unternehmen hingegen im Segment einen relativ hohen Marktanteil, auch wenn sie in Bezug auf die gesamte Branche vergleichsweise klein sind. Dies erklärt, warum Unternehmen mit der Nischenstrategie trotz branchenweit kleiner Marktanteile hohe ROI-Werte erzielen können.

PORTER fasst seine generischen Wettbewerbsstrategien in einer Matrix zusammen, die in nachfolgender Abbildung leicht verändert wiedergegeben wird.

Abbildung 3-18 | *Generische Wettbewerbsstrategien nach Porter*

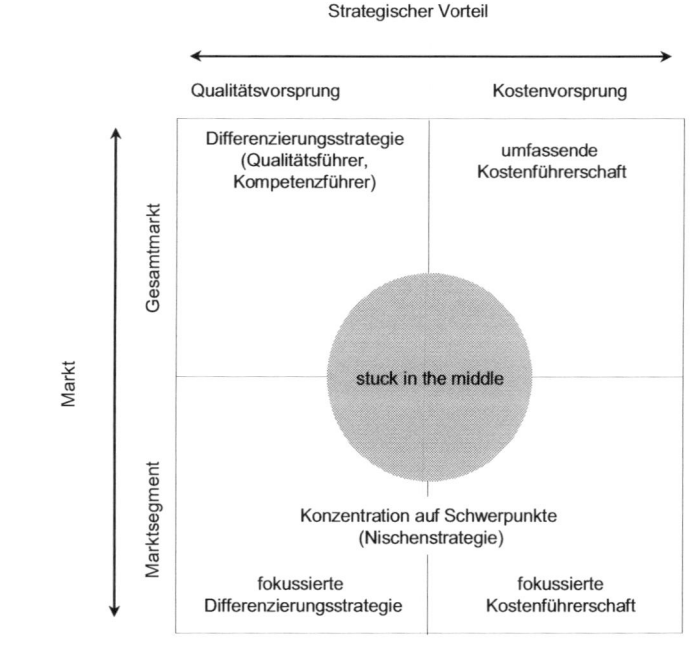

Quelle: eigene Darstellung auf der Basis von Porter [1999, S. 75]

An die genannten generischen Wettbewerbsstrategien knüpft PORTER zahlreiche Anforderungen. Er unterscheidet dabei zwischen Mitteln und Fähigkeiten für die erfolgreiche Umsetzung der Wettbewerbsstrategien. Darüber hinaus formuliert er organisatorische Rahmenbedingungen, Kontrollinstanzen und Anreizsysteme für die jeweilige Wettbewerbstrategie. Er erwähnt, dass für den jeweiligen Strategietyp unterschiedliche Führungsstile und Unternehmenskulturen erforderlich sein werden, da die verschiedenen Strategietypen „verschiedene Menschentypen anlocken" (Porter [1999, S. 78]).

Anforderungen der generischen Wettbewerbsstrategien

Die Anforderungen an die Strategietypen fasst Porter tabellarisch wie folgt zusammen.

Anforderungen der Wettbewerbsstrategien nach Porter

Abbildung 3-19

Strategietypen:	Umfassende Kostenführerschaft	Differenzierung	Konzentration auf Schwerpunkte
Gewöhnlich erforderliche Fähigkeiten und Mittel	• Hohe Investitionen und Zugang zu Kapital • Verfahrensinnovationen und -verbesserungen • Intensive Beaufsichtigung der Arbeitskräfte • Produkte, die im Hinblick auf einfache Herstellung entworfen sind • Kostengünstiges Vertriebssystem	• Gute Marketingfähigkeiten • Produktengineering • Kreativität • Stärken in der Grundlagenforschung • Guter Ruf in Sachen Qualität und technologischer Spitzenstellung • Lange Branchentradition oder einmalige Kombination von Fähigkeiten, die aus anderen Branchen stammen • Enge Kooperation mit Beschaffungs- und Vertriebskanälen	• Kombination der links genannten Maßnahmen, gerichtet auf das bestimmte strategische Segment
Übliche organisatorische Anforderungen	• Intensive Kostenkontrolle • Häufige detaillierte Kontrollberichte • Klar gegliederte Organisation und Verantwortlichkeiten • Anreizsystem, das auf der strikten Erfüllung quantitativer Ziele beruht	• Strenge Koordination von Tätigkeiten in den Bereichen F&E, Produktentwicklung und Marketing • Subjektive Bewertungen und Anreize anstelle von quantitativen Kriterien • Annehmlichkeiten, um hochqualifizierte Arbeitskräfte, Wissenschaftler oder kreative Menschen anzuziehen	• Kombination der links genannten Maßnahmen, gerichtet auf das bestimmte strategische Segment

Quelle: Porter [1999, S. 77]

PORTER hat des Weiteren Analysen zum globalen Wettbewerb durchgeführt und in seinem Werk Global Competition im Jahr 1986 veröffentlicht. Er gelangte dabei zur Erkenntnis, dass im globalen Wettbewerb die gleichen strategischen Ansätze gelten wie auf nationaler Ebene. Im internationalen Wettbewerb bedarf es jedoch einer Konfiguration und Koordination von Aktivitäten (Porter [1989, S. 20 ff.]).

Globaler Wettbewerb

Internationalisierungsstrategie

Konfiguration bedeutet, die Unternehmensaktivitäten geographisch zu streuen. Dabei kann sich das Unternehmen zwischen zwei extremen Konfigurationsarten bewegen, von der schwerpunktmäßigen Ansiedlung einer Aktivität an einem Ort, bis zur Verteilung der Unternehmenstätigkeit auf beliebig viele Orte.

Konfiguration im globalen Wettbewerb

Koordination im
globalen
Wettbewerb

Mit der Koordination der Aktivitäten wird der Grad der lokalen Autonomie der einzelnen Unternehmensteile festgelegt. Bei enger Verzahnung zwischen den einzelnen Unternehmensteilen ist die Koordination der Aktivitäten im Unternehmen entsprechend hoch. Je nach Gestaltung von Konfiguration und Koordination ergeben sich vier Varianten von Internationalisierungsstrategien, die aus nachfolgender Abbildung ersichtlich werden.

Abbildung 3-20

Varianten von Internationalisierungsstrategien nach Porter

Quelle: Perlitz, [2000, S.151]

Wenn ein Unternehmen seine Aktivitäten auf wenige Standorte konzentriert, dann ergeben sich nach PORTER folgende positiven Effekte:

- Economies of Scale,

- Erfahrungskurveneffekte,

- kompatible Kostenvorteile sowie

- Koordinationsvorteile

(Porter [1989, S. 32]).

Geografische
Streuung

Mit einer geographischen Streuung der Aktivitäten kann das Unternehmen sich hingegen auf Segmente mit besonderen länderspezifischen Merkmalen konzentrieren und auf die konkreten Produktanforderungen spezialisieren.

Bei einem hohen Maß an Koordination der Aktivitäten wird der Wissenszuwachs in verschiedenen Bereichen gefördert, was zu Skalenerträgen führen kann. Eine niedrige Koordination verhindert dagegen sprachliche, organisatorische und kulturelle Probleme.

PORTER hat darüber hinaus erkannt, dass nicht jedes Unternehmen die Voraussetzungen für Internationalisierungsstrategien erfüllt, da sie nicht über ausreichende Ressourcen verfügen.

Voraussetzungen für Internationalisierungsstrategien

Für diesen Fall bieten sich vier strategische Alternativen an:

■ die globale Kostenführerschaft (standardisierte Produktpalette und weltweite Marktpräsenz),

■ die globale Segmentierung (weltweite Konzentration auf ein oder wenige Segmente),

■ die Tätigkeit auf geschützten Märkten (frühzeitiger Markteintritt unter Ausnutzung staatlicher Beschränkungen wie Zoll oder Importquoten) sowie

■ die länderspezifische Anpassung (Konzentration auf Marktsegmente mit großen länderspezifischen Unterschieden)

(Porter [1989, S. 51 ff.]).

Zusammenfassend kann festgehalten werden, dass PORTERS Strategiekonzept fundierte Industrieökonomische Kenntnisse mit breiter Unternehmenspraxis verbindet und heute die Basis für eine Vielzahl von Konzepten und Techniken darstellt. Dennoch gibt es zahlreiche Kritikpunkte an diesem Konzept. Unternehmen die mit hohem Marktanteil eine Kostenführerschaft beziehungsweise mit niedrigem Marktanteil die Differenzierungs- oder Nischenstrategie verfolgen, müssten diesem Konzept zufolge überdurchschnittlich hohe Renditen erwirtschaften. Ein Kritikpunkt am Konzept ist, dass diese Erfolgsaussagen sich empirisch nicht nachweisen lassen (Homburg/ Simon [1995, Sp.2753-2762. hier 2759 f.]).

Kritikpunkte an generischen Wettbewerbsstrategien

Darüber hinaus hat sich in der Literatur als Kritikpunkt herausgestellt, dass PORTER die Möglichkeit der Verknüpfung von Kostenführerschaft und Differenzierungsstrategie nicht berücksichtigt und die beiden Strategien so gegensätzlich betrachtet hat, dass sie einander ausschließen (Meffert [1994, S. 115 f.]).

Ein letzter Kritikpunkt an PORTERS Konzept ist die zu radikale Reduktion möglicher Strategien auf lediglich zwei Basistypen, die Kostenführerschaft und die Differenzierungsstrategie. Dies hat zu einer Vielzahl von Abgrenzungen der generischen Wettbewerbsstrategien geführt, auf deren Darstellung an dieser Stelle jedoch verzichtet wird.

3.3.2 Strategiekonzept nach Treacy und Wiersema

TREACY und WIERSEMA haben zu Beginn der 1990er Jahre eine nennenswerte Verfeinerung der Wettbewerbsstrategischen Ansätze nach Porter entwickelt. Ihr Konzept entstand im Vergleich zu den generischen Strategien unter veränderten Wirtschaftsbedingungen.

Nutzenstrategien

TREACY und WIERSEMA haben ihre so genannten Nutzenstrategien wie folgt unterteilt:

- Produktführerschaft,

- Kostenführerschaft und

- Kundenpartnerschaft

Ziele der Nutzen-
strategien

Diese Nutzenstrategien dienen der erfolgreichen Marktpositionierung eines Unternehmens mit dem Ziel der Marktführerschaft. Der Begriff der Nutzenstrategie leitet sich aus dem Kundennutzen ab, an dem sich TREACY und WIERSEMA in ihrer weiteren Untergliederung orientiert haben. Der Grundgedanke der Nutzenstrategien ist, dass Marktführer ihren Kunden einen besonderen Nutzen bieten können, was sie de facto konkurrenzlos macht. Dieser Grundausrichtung von Wettbewerbsstrategien wurde durch die Entwicklungen des Marktes hin zu starken Produktdiversifikationen und einer zunehmenden Orientierung an Zusatznutzenkomponenten untermauert. Die Nutzenstrategien sind Branchenunabhängig und orientieren sich am, für den Kunden klar erkennbaren, Produktnutzen. Die Produktführerschaft hat die innovativsten Produkte und Dienstleistungen, die Kostenführerschaft bietet den Kunden den günstigsten Preis während Kundenpartner die individuellen Probleme der Kunden am besten lösen.

Damit greift das Strategiekonzept nach TREACY und WIERSEMA auf zahlreiche Instrumente des strategischen Controllings zurück, um in der Analyse der Ausgangsbedingungen die Erfolg versprechendste Nutzenstrategie für das Unternehmen bestimmen zu können.

Die Nutzenstrategien nach Treacy und Wiersema

Abbildung 3-21

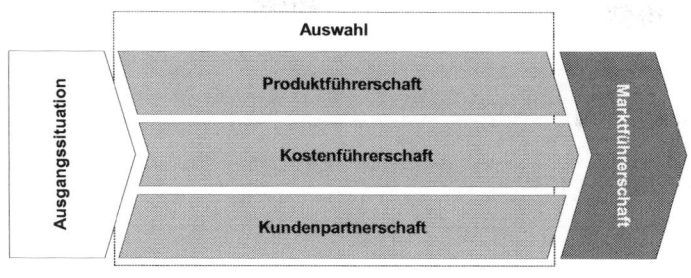

Quelle: Kerth/Pütmann (2005, S. 208)

Die Produktführerschaft zielt darauf ab, mit Innovationen oder speziell ausgestatteten Zusatznutzenkomponenten eine Überlegenheit der Produkte beziehungsweise Dienstleistungen zu schaffen. Klassische Produktführer entwickeln ihre Angebote permanent weiter und gelten als so genannte First Mover. *Produktführerschaft*

TREACY und WIERSEMA ordnen erfolgreichen Produktführern folgende Eigenschaften zu:

- ▨ auf Kreativität ausgerichtete Unternehmenskultur,
- ▨ rasche Marktreife von Innovationen,
- ▨ wirksame Vermarktung der Innovationen sowie
- ▨ permanente Verbesserung der Produkte

(Treacy/Wiersema [1997, S. 56 ff.].

Produktführer differenzieren die Produktmerkmale Qualität, Produkteinführungszeit und Funktionalität deutlich von den Konkurrenten und zielen auf das Image des besten Produktes oder der besten Marke ab. Die Kunden der Produktführer sind vom neuesten oder besten Produkt am Markt fasziniert und bereit, einen höheren Preis dafür zu zahlen.

Die Kostenführer bieten Produkte mit dem besten Preis-Leistung-Verhältnis an. TREACY und WIERSEMA beziehen die Kostenführerschaft dabei auf die günstigsten Lebenszykluskosten. Damit erschließen sie die Möglichkeit eines Kostenvorteils über eine lange Lebensdauer des Produktes. *Kostenführerschaft*

Dementsprechend werden für den Kostenführer die Produktmerkmale:

- ▨ Preis – möglichst gering,
- ▨ Zeit – Produktlebenszeit möglichst lang und
- ▨ Funktionalität - hohe Standards und große Mengen

zum entscheidenden Differenzierungskriterium im Vergleich zu der Konkurrenz.

Kundenpartner-schaft

Kundenpartner differenzieren sich von ihren Wettbewerbern über eine speziell aufgebaute Kundenbeziehung. Damit verfolgen sie das Ziel einer hohen Kundenzufriedenheit, die mit einer hohen Bildung und Loyalität einhergeht. In der Regel erreichen Kundenpartner ihre exponierte Stellung über einen qualitativ hochwertigen Service sowie eine herausragende Beratung und Betreuung. Beim Kundenpartner stehen ganzheitliche Lösungen von Kundenproblemen im Mittelpunkt der Tätigkeit.

Die nachfolgende Abbildung verdeutlicht die Unterschiede zwischen den Nutzenstrategien nach TREACY und WIERSEMA.

Abbildung 3-22

Relevante Differenzierungskriterien der Nutzenstrategien nach Treacy und Wiersema

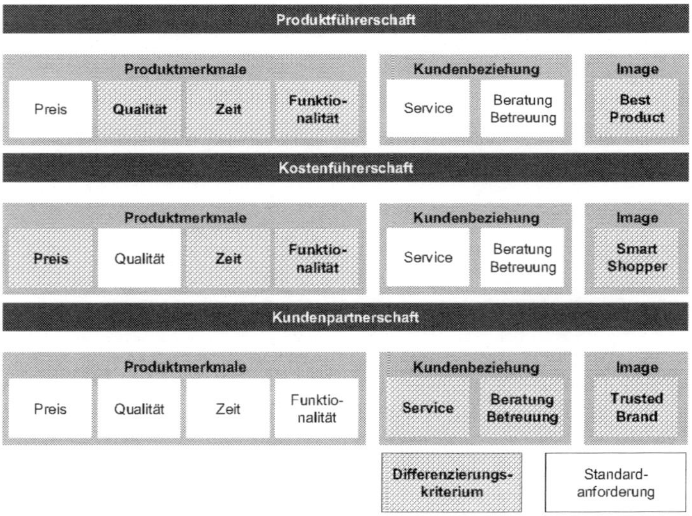

Quelle: eigene Darstellung auf der Basis von Treacy/Wiersema [1993, S.84ff.]

Die Nutzenstrategien nach TREACY und WIERSEMA haben in der Literatur einen sehr hohen Praxisbezug erhalten. So lassen sich in der Literatur zahlreiche branchenspezifische Beispiele für die Einordnung bekannter Unternehmen innerhalb der Nutzenstrategien finden.

Nutzenstrategien im Handel

RUDOLPH hat beispielsweise für die Einteilung namhafter Handelsunternehmen innerhalb der Nutzenstrategien weitergehende Kriterien entwickelt (Rudolph [2006, S. 20 ff.]).

So unterscheidet er bei Handelsunternehmen zwischen den drei Nutzenstrategien auf der Grundlage folgender Kriterien:

- Geschäftsmodell

- Unternehmenskultur

- operative Kernprozesse

- Geschäftsstruktur

- Managementsysteme

- Markteintritt.

Beobachtbare Nutzenstrategen im Handel

Abbildung 3-23

	Kostenführerschaft	Produktführerschaft	Kundenpartnerschaft
Unternehmenskultur	>>Kosten minimieren<<	>>Produktinnovationen fördern<<	>>Kundenlösungen suchen<<
Geschäftsmodell	Global Discounter	Content Retailer	Channel Retailer
Operative Kernprozesse	Optimierte Einkaufs-, Logistik- und Verkaufsprozesse	Marktforschung, Produktentwicklung, >> Kult-Kommunikation<<	Beziehungspflege Industrie, Sortiment, Service- und Dienstleistung
Geschäftsstruktur	Standardisierte und vereinfachte Abläufe	Flexible, dezentrale und agile Netzwerkstruktur	Hohe Entscheidungsbefugnis der Mitarbeitenden
Managementsysteme	Zuverlässige, schnelle Transaktionen nach vorgegebenen Leistungsmaßstäben	Aufbau und Pflege von einzigartigen Sortimentsangeboten	Leistungsmix auf Kundenbedürfnisse ausgerichtet
Markteintritt	Organisches Wachstum	Organisches Wachstum	Fusion
Beispiele	ALDI, WAL-MART	ZARA, TESCO,	AMAZON, AUCHAN, METRO CASH&CARRY

Quelle: eigene Darstellung auf der Basis von: KPMG [2004, S. 76 ff.]

Neben der starken Praxisorientierung erfährt das Strategiekonzept nach TREACY und WIERSEMA in jüngster Zeit im Konzept zur Balanced Scorecard (vgl. Abschnitt 3.4) eine hohe Beachtung (Reinecke [2004, S. 111]).

Balanced Scorecard

3.4 Balanced Scorecard zur Umsetzung der Unternehmensstrategie

3.4.1 Entwicklung und Zielstellung

Entwicklungsge-
schichte der
Balanced
Scorecard

Anfang der 1990er Jahre befasste sich das Nolan Norton Institut, der Forschungszweig der Beratungsgesellschaft KPMG, in einer Studie mit der Thematik "Performancemeasurement in Unternehmen der Zukunft". Im Rahmen dieses Forschungsprojektes unter der Leitung von David P. Norton und Robert S. Kaplan wurden 12 amerikanische Unternehmen eingebunden (Schedl [2002, S. 15]).

KAPLAN und NORTON haben den Versuch unternommen, die vorhandenen Kennzahlensysteme den gestiegenen Anforderungen der Unternehmen anzupassen und weiterzuentwickeln (Weber/ Schäffer [2000, S. 3 ff.]).

Das Ergebnis dieser Studie war das Konzept der Balanced Scorecard, welches 1992 im Harvard Business Review veröffentlich wurde (Kaplan/Norton [1997, S. VII]).

Elemente der
Balanced
Scorecard

KAPLAN und NORTON entwickelten ein Instrument, dass als ein ausgewogener und auf die Umsetzung der Strategie ausgerichteter Controllingansatz zu verstehen ist. Ziel war es dabei, die Ausgewogenheit und den Anspruch des Gleichgewichts von:

■ operativen und strategischen Zielen,

■ monetären und nicht-monetären Kennzahlen,

■ Spät- und Frühindikatoren sowie

■ externen und internen Performance-Perspektiven

zum Ausdruck zu bringen (Kaplan/Norton [1997, S. VII]).

Rahmenbedin-
gungen der
Balanced
Scorecard

Aus diesem Grund nannten KAPLAN und NORTON dieses Konzept „Balanced Scorecard", was so viel heißt wie „ausgewogener Berichtsbogen". Die Ausgewogenheit des Konzeptes wird dabei durch folgende Rahmenbedingungen erreicht.

(1) Konkretisierung der Strategie

Operationalisie-
rung der Strategie

Die Balanced Scorecard dient an erster Stelle der Operationalisierung der Strategie. Die Konzeption von Kennzahlen und Leistungsbemessungsfaktoren in den verschiedenen Perspektiven der Balanced Scorecard ermöglichen die Konkretisierung der strategischen Ziele sowie die Identifikation möglicher Interdependenzen. In Ableitung der Strategie werden Zielgrößen und Kennzahlen in einzelnen Perspektiven festgelegt, die der Ableitung von operativen Maßnahmen dienen und die Ausrichtung der gesamten Unternehmensorganisation an der Strategie bewirken (Kaplan/Norton [1997, S. 10 ff.])

(2)   Förderung des strategischen Denkens der Mitarbeiter

Ein wesentliches Ziel der Balanced Scorecard stellt die Forderung des strategischen Denkens der Mitarbeiter im Unternehmen dar. In diesem Sinne wird die Einbindung aller Mitarbeiter zur Etablierung einer strategiefokussierten Organisation verstanden. Durch den Einsatz der Balanced Scorecard wird die Strategie unternehmensweit kommuniziert und soll auch dem einzelnen Mitarbeiter ermöglichen, seinen Beitrag zur Umsetzung der Strategie zu leisten (Kaplan /Norton [1997, S. 45]).

Strategisches Denken

Zudem bietet die Struktur der Balanced Scorecard alle wesentlichen Voraussetzungen, Zusammenhänge und strategische Stoßrichtung des Unternehmens besser zu erfassen und fördert demzufolge auch das bereichsübergreifende Verständnis der Mitarbeiter für die Strategie des Unternehmens (Horváth /Kaufmann [2006, S. 148]).

(3)   Berücksichtigung qualitativer Größen in der Unternehmenssteuerung

Die grundlegende Motivation der Balanced Scorecard besteht in der Erweiterung finanziell und operativ orientierter Kennzahlensystemen um strategische und qualitative Messgrößen (Horváth /Kaufmann [2006, S. 137 - 150, hier S. 41]).

Qualitative Messgrößen

Die Balanced Scorecard soll insbesondere der verbesserten Leistungsbemessung sowie der Identifikation von Leistungstreibern im Unternehmen dienen. Dem Management sollen in diesem Rahmen strategisch relevante Informationen und Aktionen zu relevante Steuerungsperspektiven zugänglich gemacht werden. Dabei orientieren sich KAPLAN und NORTON an den strategischen Vorsteuergrößen des Controllings und leiten für verschiedene Perspektiven des strategischen Controllings qualitative Messgrößen ab.

Während die Balanced Scorecard zu Beginn ihrer Publikation eher allgemein gehalten war, entwickelten KAPLAN und NORTON im Späteren sehr konkrete Vorschläge für die Formulierung von qualitativen Messgrößen. Als Ausgangsbasis diente ihnen das Strategiekonzept von TREACY und WIERSEMA.

Spezifikation der Balanced Scorecard

(4)   Ganzheitliches Managementkonzept

Die Balanced Scorecard bietet insgesamt die Chance, durch ihre Ausrichtung als ganzheitliches Konzept, den gesamten Managementprozess abzubilden, was folglich die Nutzung differenzierter und verschiedener Managementsysteme entbehrlich macht (Kring [2005, S. 25]).

Ganzheitlicher Ansatz der Balanced Scorecard

Balanced Scorecard als Kennzahlensystem

Zusammenfassend lässt sich über die Zielsetzungen der Balanced Scorecard festhalten, dass sie einerseits ein Kennzahlensystem aus monetären und nicht-monetären Größen ist, die verschiedene Perspektiven eines Unternehmens gleichberechtigt aufzeigen soll.

Balanced Scorecard als Managementprozess

Andererseits beinhaltet das Konzept einen strategischen Managementprozess, der die Unternehmensstrategie durch die Unterstützung des Kennzahlensystems operationalisiert und unternehmensweit kommuniziert. Durch die Balanced Scorecard sollen alle Mitarbeiter und Manager motiviert und in die Lage versetzt werden, die Unternehmensstrategie erfolgreich und konsequent umzusetzen.

Balanced Scorecard als Frühwarnsystem

Die Balanced Scorecard ist somit als Brücke zwischen dem strategischen und operativen Controlling zu verstehen. Sie übersetzt die gewollte Strategie im Unternehmen in operative Zielstellungen und macht sie damit auch operativ messbar. Dadurch erhält die Balanced Scorecrad auch den Charakter eines Frühwarnsystems, da sie im operativen Bereich die Einhaltung bzw. Nichteinhaltung der, aus der Strategie abgeleiteten und operativ messbaren, Ziele anzeigt.

In welcher Form sich die Balanced Scorecard innerhalb eines Unternehmens einordnen lässt, verdeutlicht nachfolgende Abbildung.

| *Abbildung 3-24* | *Einordnung der Balanced Scorecard* |

Quelle: Kaplan/ Norton [2000, S. 73]

3.4.2 Perspektiven der Balanced Scorecard

Die Balanced Scorecard bildet das strategische Zielsystem der betrachteten Organisation ab. Kernpunkt ist dabei die Dokumentation ausgewählter Erfolgsfaktoren (Horvath & Partners [2007, S. 45]).

Transformation der Unternehmensstrategie

Die Balanced Scorecard dient in diesem Zusammenhang der Transformation der Unternehmensstrategie in gezielte Maßnahmen. Die, aus der Strategie abgeleiteten, Zielsetzungen bilden die Basis für die Kennzahlenwahl der Balanced Scorecard. Die Ausprägung in unterschiedlichen Perspektiven hilft, die Strategie in ein ausgewogenes Zielsystem zu überführen.

In der nachfolgenden Abbildung sind die Perspektiven und strategischen Ziele im Rahmen einer Balanced Scorecard dargestellt.

Perspektiven

Vier Perspektiven der Balanced Scorecard

Abbildung 3-25

Perspektive	Grundfrage	Ziele	Ausgewählte Kennzahlen
Finanzen	Wie sollen wir gegenüber Teilhabern auftreten, um finanziellen Erfolg zu haben?	Gewinnsteigerung	Umsatzwachstum Rentabilität Neuproduktanteil
		Produktivitätssteigerung	Mitarbeiterproduktivität Kostensenkung Kostenanteile
		Nutzung von Vermögenswerten	Investitionsanteil Kapitalrentabilität Working Capital
Kunden	Wie sollen wir gegenüber unseren Kunden auftreten, um unsere Visionen zu verwirklichen?	Identifikation und Durchdringung der Kunden- und Marktsegmente, in denen das Unternehmen tätig ist oder werden will.	Kundenzufriedenheit Kundentreue Kundenakquisition Marktanteil
Interne Geschäftsprozesse	In welchen Geschäftsprozessen müssen wir die Besten sein, um unsere Teilhaber und Kunden zu befriedigen?	Ausrichtung der internen Prozesse auf die Erfordernisse der Kunden und die Ziele der Anteilseigner.	Prozesszeit/-qualität/-kosten Innovationszeit-/-qualität/-kosten Kundendienstqualität
Lernen und Entwicklung	Wie können wir unsere Veränderungs- und Wachstumspotenziale fördern, um unsere Visionen zu verwirklichen?	Schaffung der für die Erreichung der Ziele der anderen Perspektiven notwendigen Infrastruktur.	Mitarbeiterzufriedenheit Mitarbeitertreue Mitarbeitermotivation Informationsnutzung

Quelle: Stockmann [2007, S. 80]

Vorgehensweise in den Perspektiven

Für jede der genannten Perspektiven werden:

- ▨ strategische Ziele formuliert,

- ▨ Messgrößen definiert,

- ▨ Zielwerte für die Messgrößen festgelegt sowie

- ▨ Maßnahmen zur Erreichung der Zielwerte beschrieben.

Finanzperspektive

Die Finanzperspektive ist die Messlatte für den Erfolg oder Misserfolg einer Strategie. Sie enthält Ziele und Messgrößen, die das finanzielle Ergebnis der Strategieumsetzung misst. Wie bereits in der Pyramide der Vorsteuergrößen dargestellt, stellt die Finanzperspektive die Spitzenperspektive der Betrachtung dar. Das bedeutet, dass die Finanzperspektive als Fokus für die drei anderen Perspektiven gilt. In ihr werden die finanziellen Erwartungen und Interessen der Kapitalgeber berücksichtigt. Finanzielle Konsequenzen der gewählten Strategie werden in konzentrierter Form reflektiert und die langfristigen finanzwirtschaftlichen Unternehmensziele abgebildet.

Kundenperspektive

Die Kundenperspektive orientiert sich an den Kundenbedürfnissen, die zu erfüllen sind, um die Strategie und die angestrebten finanziellen Ziele zu erreichen. Zu der Kundenperspektive werden auch die Marktsegmente gezählt. Nur die Kunden führen dem Unternehmen erfolgswirksame Mittel zu, indem sie die Produkte und Dienstleistungen des Unternehmens erwerben. Dementsprechend können die übergeordneten finanzwirtschaftlichen Ziele eines Unternehmens, die sich in der Finanzperspektive niederschlagen, nur über die Kundenperspektive erreicht werden. Kaplan und Norton haben die, mit dem Zielen korrespondierenden, Messgrößen in zwei Typen untergliedert:

- ▨ allgemein gültige Kennzahlen für alle Unternehmen

- ▨ individuell für jedes Unternehmen festzulegende Kennzahlen.

Wertangebote und Wertbeiträge

Bei den allgemein gültigen Kennzahlen unterscheiden KAPLAN und NORTON darüber hinaus zwischen Spät- und Frühindikatoren der Kundenperspektive. Die Frühindikatoren umfassen so genannte Wertangebote (Value Propositions) an die Kunden des Unternehmens. Die Spätindikatoren repräsentieren hingegen zu erwartende Wertbeiträge aus der Kundenperspektive.

Frühindikatoren

In der nachfolgenden Abbildung werden zunächst die Wertangebote an die Kunden zusammengefasst und anschließend die verschiedenen Spätindikatoren dargestellt.

Wertangebote (Value Propositions)

Abbildung 3-26

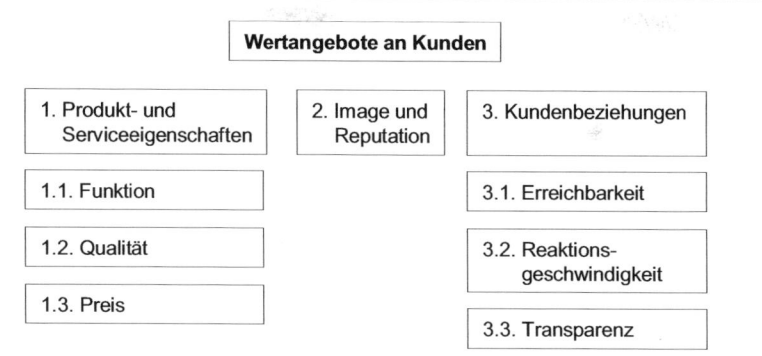

Quelle: Albach/Weiser [2002, S. 162]

Zu den Spätindikatoren zählen nach KAPLAN und NORTON:

- Marktanteil,

- Neukundenakquisition,

- Kundentreue,

- Kundenzufriedenheit sowie

- Kundenrentabilität

(Kaplan/ Norton [1996, S. 44]).

Die Prozessperspektive dient der Abbildung der unternehmensinternen Prozesse zur Verwirklichung der Ziele der Finanz- und Kundenperspektive. Diese Perspektive regt das Management dazu an, innerhalb des Unternehmens ein Prozessdenken anzustoßen und damit die internen Geschäftsprozesse kritisch zu hinterfragen. KAPLAN und NORTON unterscheiden innerhalb der Prozessperspektive drei Typen, den Innovationsprozess, den Betriebsprozess und den Kundenserviceprozess (Kaplan/ Norton [1996, S. 27]). Die Balanced Scorecard zielt einerseits darauf ab, jene Prozesse zu identifizieren, die zur Erreichung der Ziele der Finanz- und Kundenperspektive von wesentlicher Bedeutung sind. Andererseits trägt die Balanced Scorecard dazu bei, strategisch relevante Prozesse kenntlich zu machen, auch wenn diese bisher noch nicht existieren aber als entscheidend für den Wettbewerb angesehen werden. Um die Ziele der Kunden- und Finanzperspektive zu erreichen, sind auch in der Prozessperspektive die Performancekennzahlen zu entwickeln. Die Kennzahlen konzentrieren sich auf erfolgskritische Prozesse, die zur Zielerreichung der übergeordneten Perspektiven beitragen.

KAPLAN und NORTON beschreiben als generische Messgrößen für die interne Prozessperspektive:

- Prozessqualität,

- Reaktionszeit,

- Prozesskosten und

- neue Produkteinführungen

(Kaplan/ Norton [1996, S. 44]).

Die Lern- und Entwicklungsperspektive geht auf den Grundgedanken der lernenden Organisation zurück. Eine Organisation kann sowohl mehr, als auch weniger Wissen haben als die Summe ihrer einzelnen Akteure. Diese auf den ersten Blick paradox erscheinende Aussage erklärt sich durch die unterschiedliche Ausprägung von Interaktion, Erfahrungs- und Meinungsaustausch von Akteuren in verschiedenen Unternehmen. Akteure können produktives Lernen in Unternehmen fördern oder auch verhindern (Argyris / Schön [2002, S. 34f]).

Die Kennzahlen dieser Perspektive sollen zur Unterstützung einer lernenden Organisation gebildet werden. Nach KAPLAN und NORTON lassen sich in der Lern- und Entwicklungsperspektive dabei drei Hauptkategorien unterscheiden:

- Mitarbeiterpotenziale (Wissen und Fähigkeiten),

- Mitarbeitermotivation (Bereitschaft zur Mitwirkung) sowie

- Potenziale von Informationssystemen (Informationsbeschaffung über externe und interne Rahmenbedingungen sowie Wissens-, Erfahrungs- und Meinungsaustausch).

Innerhalb dieser drei Hauptkategorien wird erneut zwischen Spät- und Frühindikatoren unterschieden, wobei die Mitarbeiterpotenziale hauptsächlich zu den Spätindikatoren zählen (Ehrmann [2003, S. 130 f.]).

Zu den Spätindikatoren der Lern und Entwicklungsperspektive gehören nach KAPLAN und NORTON die Mitarbeiterzufriedenheit, die Mitarbeitertreue sowie die Mitarbeiterproduktivität. Dagegen zählen zu den Frühindikatoren Umfang und Qualität der Aus- und Weiterbildung sowie die beiden Hauptkategorien Mitarbeitermotivation und Potenziale von Informationssystemen.

3.4.3 Aufbau der Balanced Scorecard

Für jede der dargestellten Perspektiven umfasst die Balanced Scorecard:

- strategische Ziele, die verbal ausformuliert sind,

- Kennzahlen zur Messung der strategischen Ziele,

- quantitative Vorgaben als Zielwerte für die jeweilige Kennzahl sowie

- Maßnahmen zur Erreichung der quantitativen Vorgaben.

Mit dieser Struktur erreicht die Balanced Scorecard ihr eigentliches Ziel, die Umsetzung der Strategie. Mit der Formulierung von Kennzahlen werden strategische Ziele messbar, was nach Auffassung von KAPLAN und NORTON zwingende Voraussetzung für die tatsächliche Implementierung einer Strategie ist.

Die quantitativen Vorgaben ermöglichen eine stufenweise Annäherung an den strategischen Zielwert. Dazu werden die Zielwerte von einem strategischen auf einen operativen Horizont übertragen. Die Maßnahmen unterstützen abschließend die Umsetzung der Strategie im operativen Geschäft des Unternehmens.

Struktur der Balanced Scorecard

Quantitative Vorgaben der Balanced Scorecard

Aufbau der Balanced Scorecard

Abbildung 3-27

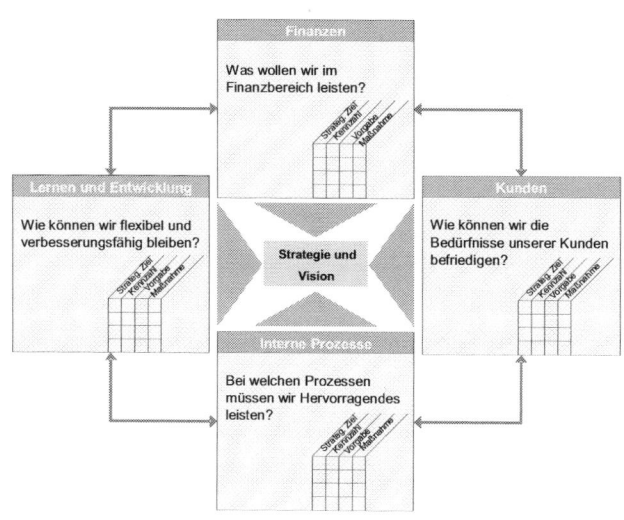

Quelle:Kerth/ Pütmann:[S. 259]

*Ursache-
Wirkungshypo-
thesen*

Nach Auffassung von KAPLAN und NORTON verfügt eine Unternehmens-strategie über eine Vielzahl von Ursache-Wirkungshypothesen in Form von Wenn-Dann-Beziehungen (Kaplan/ Norton [1997, S. 142 ff.]). Diese Zusammenhänge sind in der Balanced Scorecard zwingend abzubilden.

*Kausalzusam-
menhänge*

Die Ableitung von Kausalzusammenhängen zwischen finanziellen und nicht-finanziellen Kennzahlen bildet einen konzeptionellen Schwerpunkt in der Ausgestaltung der Balanced Scorecard.

Strategy Map

Zur Abbildung dieser Zusammenhänge empfehlen KAPLAN und NORTON die Erstellung einer so genannten Strategy Map, in der die Zusammenhänge durch Pfeile optisch hervorgehoben werden. Während die ersten Ansätze für Strategy Maps noch sehr allgemein gehalten waren, stellten KAPLAN und NORTON in ihrem Werk „Die strategiefokussierte Organisation" im Jahr 2001 eine Strategy Map vor, die sich am strategischen Grundkonzept von TREACY und WIERSEMA orientiert. Die nachfolgende Abbildung stellt diese Strategy Map dar. Die Pfeile erklären die Kausalzusammenhänge.

Abbildung 3-28

Ursache-Wirkungszusammenhänge dargestellt in einer Strategy Map auf der Basis des strategischen Grundkonzepts von Treacy und Wiersema

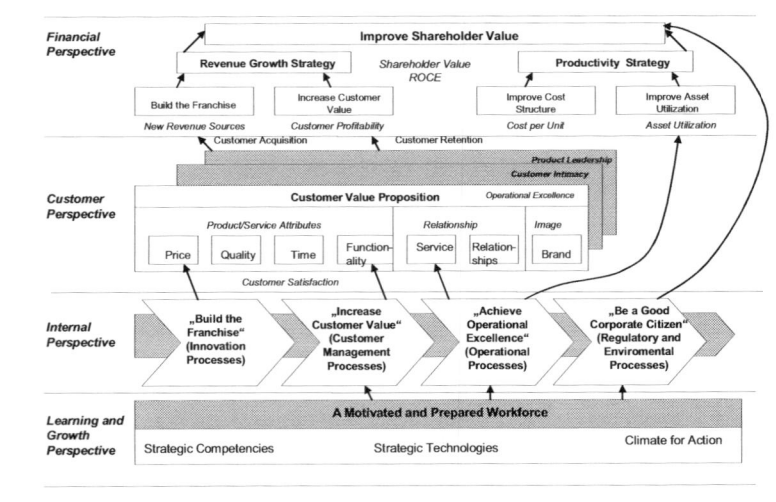

Quelle: Kaplan/ Norton [2000, S. 96]

*Konkretisierung
der Strategy Map*

In den Erläuterungen zu dieser Strategy Map erklären KAPLAN und NOR-TON zunächst die Unterschiede zwischen den drei Grundstrategien nach TREACY und WIERSEMA und den hierzu erforderlichen Voraussetzungen auf der Lern- und Entwicklungsperspektive.

Während für die Kundenpartnerschaft beispielsweise Wissen über die Kunden und Verständnis für die Kundenbedürfnisse sowie ein umfassendes Informationssystem über Kunden von entscheidender Bedeutung sind, gelten für den Produktführer die Fähigkeiten zur Reduktion der Produkteinführungszeit sowie zur raschen Kommerzialisierung neuer Produkte als maßgeblich, während der Kostenführer die Fähigkeit der Kostenreduktion auf der Lern- und Entwicklungsperspektive fördern muss.

Auf der internen Prozessebene ordnen KAPLAN und NORTON die drei Grundstrategien den drei Prozesskategorien wie folgt zu.

Abbildung 3-29

Kombination der Grundstrategien nach Treacy und Wiersema mit den Prozesskategorien nach Kaplan und Norton

Strategy	Innovation Processes	Customer Management Processes	Operational Processes
Product Leadership	- Invention - Product Development - Exploitation (speed to market)	✓	✓
Customer Intimacy	✓	- Solution Development - Customer Service - Relationship Management - Advisory Services	✓
Operational Excellence	✓	✓	- Supply Chain Management - Operations Efficiency: Cost Quality, Cycle Time - Capacity Management

Quelle: Kaplan/ Norton [2000, S. 91]

Kundenperspektive

Innerhalb der Kundenperspektive wird der Beitrag zum Kundenwert je nach Geschäftsstrategie durch eine Differenzierung hinsichtlich der Produktmerkmale (Preis, Qualität, Zeit, Funktionalität), der Ausgestaltung der Kundenbeziehung (Service, Beratung, Betreuung) sowie des Images ermittelt. Diese Art der Differenzierung wurde dabei von Treacy und Wiersema übernommen (vgl. Abschnitt 3.3.2) und geringfügig abgewandelt.

Finanzwirtschaftliche Perspektive

In den finanzwirtschaftlichen Kategorien wird zwischen den einzelnen Strategien kein Unterschied gemacht, da Unternehmen unabhängig von der zu Grunde liegenden Strategie Rentabilität, Produktivität und Wirtschaftlichkeit anstreben.

Zusammenfassend lässt sich festhalten, dass die Balanced Scorecard in jüngster Vergangenheit von KAPLAN und NORTON sehr stark an konkreten Strategiekonzepten ausgerichtet wurde. Darüber hinaus hat sich in der Zwischenzeit auf dieser Grundlage eine Vielzahl von Unternehmen unterschiedlichster Branchen zur Anwendung der Balanced Scorecard entschieden (Bischof [2002, S. 125 f.]).

Literaturhinweise

Aaker, D.A.: strategisches Markt-Management: Wettbewerbsvorteile erkennen; Märkte erschließen; Strategien entwickeln Wiesbaden 1989

Ahsen, A.: Integriertes Qualitäts- und Umweltmanagement: Mehrdimensionale Modellierung und Umsetzung in der deutschen Automobilindustrie, Wiesbaden 2006

Akao, Y.: Quality Function Deployment: Integrating Customer Requirements Into Product Design, Übersetzt von Mazur, Productivity Press, Danvers 2004

Albach, H.: Strategische Unternehmensplanung bei erhöhter Unsicherheit. In: ZfB 1978

Albach, H.; Weiser, C.: Marketing- Management, Wiesbaden 2002

Andrews, K.R.: The Concept of Corporate Strategy, Homewood 1987

Ansoff, H. I.: Management Strategie, München 1966

Ansoff, H. I: The New Corporate Strategy, New York 1988

Ansoff, H. I; McDonnell, E.J.: Implanting strategic management, 2. Auflage, New York 1990

Ansoff, H.I.: Strategic Management, London 1979

Argyris, C, Schön, D.A.: Die lernende Organisation – Grundlagen, Methode, Praxis, 2. Auflage Stuttgart 2002

Backhaus, K., Voeth, M.: Industriegütermarketing, 8. Auflage, München 2007

Backhaus, K.; Erichson, B.; Plinke, W.; Weiber, R.: Multivariate Analysemethoden: Eine anwendungsorientierte Einfuhrung, Heidelberg 2005

Bain, J.S.:Relation of Profit Rate to Industry Concentration, American Manufacturing, 1936-1940. In: Quarterly Journal of Economics 66/1951

Baldegger, R.: Management: Strategie, Struktur, Kultur, St. Gallen 2007

Barney, J. B.: Gaining and Sustaining Competitive Advantage, 2. Auflage, Upper Saddle. River, NJ: Prentice Hall, 2002

Barth, T.; Fuhrmann, W.; Barth, D.: Controlling, München/Wien 2004

Bartsch, D.: Unternehmenswertsteigerung durch strategische Desinvestitionen, Wiesbaden 2005

Baum, H.; Coenenberg, A.; Günther, T.: Strategisches Controlling, 4. Auflage, Stuttgart 2007

Baus, J.: Controlling-Vorlesungsscript, Ludwigshafen 2006

Benkenstein, M.: Entscheidungsorientiertes Marketing: Eine Einführung, Wiesbaden 2001

Bergauer, A.: Erfolgreiches Krisenmanagement in der Unternehmung, Berlin 2001

Berndt, R.: Marketingstrategie und Marketingpolitik, 4. Auflage, Heidelberg 2005

Best, E.: Geschäftsprozesse optimieren, Wiesbaden 2009

Bester, H.: Theorie der Industrieökonomik, 3. Auflage, München/Wien, 2004

Binder, K.: Die besten Managementbücher, Band 2 L-Z, Frankfurt a.M. 2005

Bischof, J.: Die Balanced Scorecard als Instrument einer modernen Controlling, Wiesbaden 2002

Bischoff, : Change Management in M&A-Projekten. In: Keuper, F.; Groten, H.: Nachhaltiges Change Management, Wiesbaden 2007

Böhnert, A. A.: Benchmarking-Charakteristik eines aktuellen Managementinstruments. In: Schriftenreihe innovative betriebswirtschaftliche Forschung und Praxis, Bd. 93, Hamburg 1999

Börner, C.J. : Strategisches Bankenmanagement: Ressourcen- und marktorientierte Strategien von Universalbanken, München/Wien 2000

Breunung, R.: Wissenstransfer unternehmenskulturgetriebener Akteure: Eine kommunikationstheoretische Fundierung, München 2007

Broda, S.: Marktforschungspraxis: Konzepte, Methoden, Erfahrungen, Wiesbaden 2006

Buchholz, W.; Olemotz, T.: Markt- vs. Ressourcenbasierter Ansatz konkurrierende oder komplementäre Konzepte in strategischen Management? In: Krüger,W. (Hrsg): Arbeitspapiere der Justus-Liebig-Universität Gießen, Fachbereichwirtschaftswissenschaften, Nr. 1, S. 1-41

Bullinger, H.-J.; Warnecke, H.-J.; Westkämper,E.: Neue Organisationsformen im Unternehmen: Ein Handbuch für das moderne Management, Heidelberg 2003

Busse von Colbe, W.; Hammann, P.; Laßmann, G.: Betriebswirtschaftstheorie: Bd. 2: Absatztheorie, Heidelberg 1992

Bussiek, J.; Ehrmann, H.: Buchführung, 5. Auflage, Ludwigshafen 1995

Buzzell, R. D.; Gale, B. T.: Das PIMS-Programm: Strategien und Unternehmenserfolg, Wiesbaden 1989

Camp, R.C.: Benchmarking; München/Wien 1994

Camphausen, B.: Strategisches Management - Planung, Entscheidung, Controlling, 2. Auflage, München/Wien 2007

Camphausen, B: Strategisches Management, München, Wien 2007

Chandler, A.: Strategy and Structure, New York 1962

Coenenberg, A. G.: Kostenrechnung und Kostenanalyse, 5. Auflage, Stuttgart 2003

Coenenberg, A. G.; Baum, H.-G.: Strategisches Controlling, Grundfragen der strategischen Planung und Kontrolle, Stuttgart 1992

Coenenberg, A.G. u.a.: Marktorientiertes Kostenmanagement durch Target Costing und Product Life Cycle Costing. In: Bruhn, M.: Marktorientierte Unternehmensführung, Wiesbaden 1998

Cooper, R.G.: Top oder Flop in der Produktentwicklung: Erfolgsstrategien: von der Idee zum Launch, Weinheim 2002

Daum, A.; Petzold, J.; Pletke, M.: BWL für Juristen: Eine praxisnahe Einführung in die betriebswirtschaftlichen Grundlagen, Heidelberg 2007

Deal, T., Kennedy, A:. Unternehmenserfolg durch Unternehmenskultur, Bonn 1987

Denison, D. R.: Denisonconsulting.com, 2008

Denison, D.R., Mishra, A.K.: Toward a theory of organizational culture and effectiveness, Organizational Science, 6 (2), Irvine 1995

Deyhle, A.: Gewinnmanagement, 5. Auflage, München 1985

Dicke, R.: Strategische Unternehmensplanung mit Hilfe eines Assumption-based-Truth-Maintenance-Systems (ATMS), Wiesbaden 2007

Drescher, W.: die bedeutendsten Management-Vordenker, Handelsblatt Management Bibliothek, Bd. 03, Frankfurt a.M. 2005

Drucker, P. F.: Was ist Management? , 5. Auflage, München 2001

Drucker, P.: Daily Drucker – Wirtschaftswissen zum täglichen Gebrauch. Berlin 2005

Drucker, P.: Management: Tasks, Responsibilities, Practices, New York 1974.

Drucker, P.: Managing in a time of great change, London 1995

Duch, K. C. : Strategisches Management der Human Ressourcen; In: Wieselhuber, N.; Töpfer, A. (Hrsg.): Handbuch Strategisches Marketing, München 1984

Earl, M.J.: The new and the old of business process redesign. Journal of Strategic Information Systems, 3(1) 1994

Ehrmann, H.: Kompakt-Training Balanced Scorecard, 3. Auflage, Ludwigshafen 2003

Ehrmann, H.: Planung, Ludwigshafen 1995

Elben, H.; Handschuh, M.: Handbuch Kostensenkung: Methoden, Fallstudien, Konzepte und Erfolgsfaktoren, Weinheim 2003

Eschenbach, R.: Strategisches Controlling. In: Gleich, R.; Seidenschwarz, W.: Die Kunst des Controlling. München 1997

Eschenbach, R.; Eschenbach, S.; Kunesch, H.: Strategische Konzepte, 4. Auflage, Stuttgart 2003

Ewert,R.; Wagenhofer,A.: Interne Unternehmensrechnung, 7. Auflage, Heidelberg 2008

Fabian, S.: Wettbewerbsforschung und Conjoint-analyse: Bestimmung der Präferenzen von Managern mittels Conjoint-analyse zur Erklärung ihres Verhaltens im Wettbewerb, Wiesbaden 2005

Fehlmann, T. M.: Six Sigma in der SW-entwicklung: Umsetzung der Nullfehler-strategie bei SW, Wiesbaden 2005

Fischer, M.: Produktlebenszyklus und Wettbewerbsdynamik, Wiesbaden 2001

Freiling, J.: Ressourcenorientierte Reorganisation, Wiesbaden 2001

Freiling, J.; Reckenfelderbäumer, M.: Markt und Unternehmung, Wiesbaden 2004

Freter, H.: Marktsegmentierung. Stuttgart; Berlin, Köln Mainz 1983

Freter, H: Marktsegmentierung, Siegen 2006. In: www.marketing.uni-siegen.de/pdf/ss06/Marktsegmentierung.pdf

Gälweiler, A.: strategische Unternehmensführung, 3. Auflage, Frankfurt/New York, 2005.

Gälweiler, A.; Schwaninger, M.: Unternehmensplanung: Grundlagen und Praxis, Frankfurt a.M. 1986

Gamweger, J.; Jöbstl, O.: Six Sigma Belt Training, München/Wien 2005

Geschka, H.; Hammer, R.: Die Szenariotechnik in der strategischen Unternehmensplanung. In: Hahn, D.; Taylor, B. (Hrsg.): Strategische Unternehmensplanung, 2. Auflage. Würzburg 1990

Greßler, U.; Göppel, R.: Qualitätsmanagement: Eine Einführung, Troisdorf 2008

Greve, G.: Erfolgsfaktoren von Customer-Relationship-Management-Implementierungen, Wiesbaden 2006

Großklaus, H. G.: Neue Produkte einführen: Von der Idee zum Markterfolg, Wiesbaden 2007

Gülker, T. et al: Benchmarking-Einführung. In: Winnes, Ralf (Hrsg.): Benchmarking zur Sicherung der Wettbewerbsfähigkeit, Karlsruhe 1996

Haag, J.: Marketing-Controlling. In: Mayer E., Weber, J.: Handbuch Controlling, Stuttgart 1990

Haberstock, L.: Kostenrechnung I, 12. Auflage, Wiesbaden 2005

Hachmeister, D.: Controlling als Objekt der Handelsrechtlichen Abschlussprüfung. In: Freidank, C.-C. (Hrsg.): Corporate Governance und Controlling, Heidelberg 2004

Hahn, D.: Controlling in Deutschland – State of the Art. In: Gleich, R.; Seidenschwarz, W.: Die Kunst des Controlling. München 1997

Hahn, D.: PuK –Controllingkonzepte, 5. Auflage Wiesbaden 1996

Hahn, D.; Taylor, B.: Strategische Unternehmensplanung, strategische Unternehmensführung, 9. überarbeitete Auflage, Heidelberg 2006

Hamel, G., Prahalad, C.: Nur Kernkompetenzen sichern das Überleben. In: Harvard Business Manager, Hamburg 2/1991

Hartenstein, M.; Billing, F.; Schawel, C.; Grein, M.: Karriere machen: Der Weg in die Unternehmensberatung: Consulting case Studies erfolgreich bearbeiten, Wiesbaden 2007

Heinen, E.: Betriebswirtschaftliche Führungslehre: Grundlagen, Strategien, Modelle, Wiesbaden 1984

Heiß, M.: Strategisches Kostenmanagement in der Praxis, Wiesbaden 2004

Hemberle, T.: Eine wissenschaftliche Analyse des Zusammenhangs zwischen Wechselkosten und Kundenwert, München 2007

Hinerhuber, H.: Kundenorientierte Unternehmensführung Kundenorientierung, Kundenzufriedenheit, Kundenbindung, Wiesbaden 2006

Hinterhuber H.H.: strategische Unternehmensführung I, 7. Auflage, Berlin, New York 2004

Hinterhuber, H. H.: Strategische Unternehmensführung, Bd. I: strategisches Denken, 7. Auflage, Berlin, New York 2004

Hinterhuber, H./Stuhec, U.: Kernkompetenzen und strategische In-/Outsourcing. In: Zeitschrift für Betriebswirtschaft, 67.Jg., Ergänzungsheft 1, 1997, S.1-20.

Hinterhuber, H.; Handlbauer, G.; Matzler, K.: Kundenzufriedenheit durch Kernkompetenzen: Eigene Potentiale erkennen, entwickeln, umsetzen, Wiesbaden 2003

Höft, U.: Lebenszykluskonzepte: Grundlage für das strategische Marketing- und Technologiemanagement, Berlin 1992

Homburg, C.: Quantitative Betriebswirtschaftslehre, 3. Auflage, Wiesbaden 2000

Homburg, C.; Simon , H.: Wettbewerbstrategien. In: Tietz,B.; Köhler,R.; Zentes, J. (Hrsg.): Handwörterbuch des Marketing, Stuttgart 1995, Sp.2753-2762

Horváth & Partners: Balanced Scorecard umsetzen, 4. Auflage, Stuttgart 2007

Horváth, P.: Controlling, 10. Auflage, München 2006

Horváth, P.; Kaufmann, L.: Beschleunigung und Ausgewogenheit im strategischen Managementprozess-Strategieumsetzung mit Balanced Scorecard. In: Horváth, P.; Kaufmann, L.: strategische Unternehmensplanung-strategische Unternehmensführung: Stand und Entwicklungstendenzen, Berlin 2006

Horváth, P.; Reichmann, T. (Hrsg.): Vahlens Großes Controlling Lexikon, München 1993

Hübner, H.; Jahnes, S.: Management-Technologie als strategischer Erfolgsfaktor, Berlin/New York, 1998

Huch, B.; Behme, W.; Ohlendorf, T.: Rechnungswesen-orientiertes Controlling, 4. Auflage, Heidelberg 2004

Hungenberg, H.: Strategisches Management im Unternehmen, 3. Auflage, Wiesbaden 2004

Hungenberg, H.: Strategisches Management im Unternehmen, 4. Auflage, Wiesbaden 2006

Hüttner, M.; Heuer, K.R.: Betriebswirtschaftslehre, 3. Auflage, München/Wien 2004

Hutwelker, R.: Six-Sigma-Projektleitfaden. In: Gundlach, C.; Jochem, R. (Hrsg.): Praxishandbuch Six Sigma, Düsseldorf 2008

International Group of Controlling (Hrsg.): Controller-Wörterbuch, 2. Auflage, München 2001

Jacobs, S. ;Thiess, M.; Söhnholz, D.: Human-Ressourcen-Portfolio. In : Die Unternehmung, 03/1987

Jauering, C.; Leschek, U.; Reisch, H-P.; Stoll, M.: Überlebensstrategien, München 2005

Jung, H.: Allgemeine Betriebswirtschaftslehre, München 2004

Jung, H.: Controlling, 2. Auflage, München/Wien 2007

Jung, H: Allgemeine Betriebswirtschaftslehre, 10. überarb. Auflage, München/Wien 2006

Kalaitzis, D.: Anlagen-Controlling. In: Mayer E., Weber, J.: Handbuch Controlling, Stuttgart 1990

Kaplan,R.; Norton,D.: Balanced Scorecard, 1. Auflage, Stuttgart 1997

Kaplan,R.; Norton,D.: The Balanced Scorecard , Boston1996

Kaplan,R.; Norton,D.: The Strategy-Focused Organization: How Balanced Scorecard Companies Thrive in the New Business Environment, Harvard Business School Press; 1 edition, Boston 2000

Karlöf, B.; Östblom, S.: das Benchmarking-Konzept: Wegweiser zur Spitzenleistung in Qualität und Produktivität, München, 1994

Kearns, D.T. zitiert in Camp, R.C.: Benchmarking; München/Wien 1994

Kerth, K.; Pütmann, R.: Die besten Strategietools in der Praxis, München/Wien 2005

Kinzler, P.: Das Management strategischer Kerne, Wiesbaden 2005

Klandt, H.: Gründungsmanagement: der integrierte Unternehmensplan, 2. Auflage, München/Wien 2006

Klenger, F.: operatives Controlling, 5. Auflage, München/Wien 2000

Kloock, J.; Sieben, G.; Schildbach, T.; Homburg, C.: Kosten- und Leistungsrechnung, 9. Auflage, Stuttgart, 2005

König, A.: Internationale Megafusionen: Kulturelle Integration als Erfolgsfaktor, Berlin 2004

Kotler, P.; Armstrong, G.; Saunders, J.; Wong, V.: Grundlagen des. Marketing. 3. Auflage, München 2003

Kotler,P.; Bliemel, F.: Marketingmanagement: Analyse, Planung und Verwirklichung, 10. Auflage, Stuttgart 2001

Kotler,P.; Bliemel, F.: Marketingmanagement: Analyse, Planung und Verwirklichung, 11. Auflage, Stuttgart 2005

KPMG: Internationalisierung im Lebensmitteleinzelhandel - Status Quo und Perspektiven, Frankfurt a.M. 2004,

Kraljic, P.: Zukunftsorientierte Beschaffungs- und Versorgungsstrategie als Element der Unternehmensstrategie. In: Henzler, H. A. (Hrsg.), Handbuch Strategische Führung, Wiesbaden 1988

Krämer, W.: Statistik verstehen, eine Gebrauchsanweisung. Frankfurt a.M. 1999

Kraus, H.: Operatives Controlling. In: Mayer E., Weber, J.: Handbuch Controlling, Stuttgart 1990

Kraut, N.: Unternehmensanalyse in mittelständischen Industrieunternehmen: Konzepte- Methoden- Instrumente, Wiesbaden 2002

Kremin-Buch, B.: Strategisches Kostenmanagement, Wiesbaden 2007

Kreutzer, R.: Praxisorientiertes Marketing, 2. Auflage, Wiesbaden 2008

Kring, T. I.: Die Balanced Scorecard als Managementsystem für Banken, Münstersche Schriften zur Kooperation ; Bd. 62, Aachen 2005

Krolikowski, B.: Anwendung der Qualitätsmanagementmethode Six Sigma, München 2008

Kroslid,D. Faber,K.; Magnusson,K.; Bergmann, B.: Six Sigma, München/Wien 2003

Krüger, W.; Homp, C.: Kernkompetenzmanagement: Steigerung von Flexibilität und Schlagkraft im Wettbewerb, Wiesbaden 1997

Krys, C.: Erfolgreiche Wettbewerbsstrategien im westeuropäischen GSM-markt, Wiesbaden 2004

Kuder, M.: Kundengruppen und Produktlebenszyklus: Dynamische Zielgruppenbildung am Beispiel der Automobilindustrie , Wiesbaden 2005

Kullmann, M.: Strategisches Mehrmarkencontrolling: Ein Beitrag zur integrierten und dynamischen Koordination von Markenportfolios, Wiesbaden 2006

Küpper, H.-U.: Controlling, 3. Aufl., Stuttgart 2001

Küpper, H.-U.: Controlling: Konzeption, Aufgaben, Instrumente, 5. Auflage, Stuttgart 2008

Kuß, A.; Tomczak, T.: Marketingplanung. Einführung in die marktorientierte Unternehmens- und Geschäftsfeldplanung, 5. Auflage, Wiesbaden 2005

Lachnit, L.: Controlling als Instrument der Unternehmensführung, in: Lachnit, L. (Hrsg.): Controllingsysteme für ein PC-gestütztes Erfolgs- und Finanzmanagement, München 1992

Landsberg, G. von: Controller-Anforderungen in der Praxis. In: Mayer E., Weber, J.: Handbuch Controlling, Stuttgart 1990

Lange, B.: Bestimmung strategischer Erfolgsfaktoren und Grenzen ihrer empirischen Forschung. In: Die Unternehmung, 36/1982, Seite 27-41

Liessmann, Strategisches Controlling als Aufgabe des Management. In: Mayer E., Weber, J.: Handbuch Controlling, Stuttgart 1990

Little, A. D. .: Management der F&E-Strategie, Wiesbaden 1991

Lubbers, B.: Teamintelligenz, Wiesbaden 2005

Lücking, J.: Umweltanalyse. In: Diller, H. (Hrsg.): Vahlens großes Marketing Lexikon, München, 1994

Macharzina, K./Wolf, J. (2008): Unternehmensführung: Das internationale Managementwissen: Konzepte - Methoden - Praxis. 6. Auflage, Wiesbaden 2008

Malik, F.: Management-Perspektiven, 3. Auflage, Bern/Stuttgart/Wien 2001

Malik, F.: Strategie des Managements komplexer Systeme, 10. Auflage, Bern, Stuttgart, Wien 2008

Malik, F.: Systemorientierte Managementlehre. In: malik-mzsg.ch, 2009

Malik, F.: Vorwort. In: Gälweiler, A.: strategische Unternehmensführung, Frankfurt/New York, 2005

Mann, R.: Strategisches Controlling. In: Mayer E., Weber, J.: Handbuch Controlling, Stuttgart 1990

Mann, R.; Mayer, E.: Controlling für Einsteiger, 8. Auflage, Mannheim 2004

Mann,R.: Praxis strategisches Controlling, 4. Auflage, Landsberg/Lech 1987

Männel, W.: Zur Bedeutung der Porzesskostenrechnung. In: Männel, W.: Prozesskostenrechnung, Wiesbaden 1998

Männel, W.; Warniock, B.: Entscheidungsorientiertes Rechnungswesen. In: Mayer E., Weber, J.: Handbuch Controlling, Stuttgart 1990

Marschner, K.: Wettbewerbsanalyse in der Automobilindustrie: Ein branchenspezifischer Ansatz auf Basis strategischer Erfolgsfaktoren, Wiesbaden 2008

Meffert, H.: Marketing-Management: Analyse-Strategie-Implementierung, Wiesbaden 1994

Meffert, H.; Burmann, C.; Kirchgeorg,M.: Marketing: Grundlagen marktorientierter Unternehmensführung. Konzepte- Instrumente- Praxisbeispiele. Heidelberg 2007

Mentzel, W.: BWL-Grundlagenwissen, 3. Auflage, Freiburg 2001

Michel, R. M.: Taschenbuch Strategie-Controlling, Heidelberg 1995

Miller, J.G.; Vollmann T.E.: The Hidden factory, in Harvard Business Review 1985, Heft 5, Seite 142-150

Mintzberg, H.: Die strategische Planung, Aufstieg, Niedergang und Neubestimmung, München/Wien 1995

Mintzberg, H.: Strategy Safari, München 2007

Morgenstern, C.: Praxishandbuch Six Sigma, Kissing 2004

Müller, A.: Marketing-Controlling-Planung. In:Pepels, W.: Marketing-Controlling-Organisation, Berlin 2003

o.V.: Gabler Wirtschafts Lexikon, 14. Auflage, Wiesbaden 2004

Odiorne, G.S.: Strategic Management of Human Resources, San Francisco/London 1984

Oeldorf, G.; Olfert K.: Materialwirtschaft, 7. Auflage, Ludwigshafen 1995

Ophey, L.: Entwicklungsmanagement: Methoden in der Produktentwicklung, Heidelberg 2005

Ossadnik, W.: Controlling, München/Wien 2003

Paxmann, S. A.; Fuchs G.: Der unternehmensinterne Businessplan: Neue Geschäftsmöglichkeiten entdecken, präsentieren, durchsetzen , Wiesbaden 2005

Peitsch, A. L.: Strategisches Management in Regionen: Eine Analyse anhand des Stakeholder-Ansatzes, Wiesbaden 2005

Pepels, W.: Marketing: Lehr- und Handbuch, München/Wien 2004

Perlitz, M.: Internationales Management, Stuttgart 2000

Pfeiffer, W: Technologie-Portfolio zum Management strategischer Zukunftsgeschäftsfelder, 2. Auflage, Göttingen 1983

Pieske, R: Benchmarking in der Praxis: Erfolgreiches Lernen von führenden Unternehmen, 2. Auflage, Landsberg/Lech 1997

Polli, R.; Cook, V.: Validity of the product life cycle, Journal of Business, Chicago 42 (1969) 385-400

Porter, M. E.: Wettbewerbsstrategie, 10. Auflage, Frankfurt a.M./New York 1999

Porter, M. E.: Wettbewerbsvorteile, 6. Auflage, Frankfurt a.M. 2000

Porter, M.E.: Globaler Wettbewerb -Strategien der neuen Internationalisierung, Wiesbaden 1989

Potzner, A.: Innovationskooperationen entlang der Supply Chain der europäischen Aviation, Wiesbaden 2008

Pracht, A.: Strategisches Controlling: Controlling und Rechnungswesen, Weinheim 2005

Preißler, P.: Controlling - Lehrbuch und Intensivkurs. München/Wien 1985

Preißler, P.: Controlling, 11. Auflage, München/Wien 2000

Preißler, P.: Controlling, 13. Auflage, München/Wien 2007

Priem, R.L.; Butler, J.E.; Is the Resource-Based "View" a useful Perspective for Strategic Management Research? In: Academy of Management Review, Vol. 26, 2001, No.1, S. 22-40

Probst, G.; Raub,S.; Romhardt,K.: Wissen managen: Wie Unternehmen ihre wertvollste Ressource optimal nutzen, Heidelberg 2006

Prockl, G.: Logistikmanagement im Spannungsfeld zwischen wissenschaftlicher Erklärung und praktischer Handlung, Wiesbaden 2007

Pümpin, C.: Management strategischer Erfolgspositionen - Das SEP-Konzept als Grundlage wirkungsvoller Unternehmensführung, Bern/Stuttgart 1982

Rapp,R.: Kundenzufriedenheit durch Servicequalität, Wiesbaden 1995

Rappaport, A.: Shareholder Value, 2. Auflage, Stuttgart 1999

Recklies, O.: Konkurrentenanalyse In: http://www.themanagement.de, 2009

Reichmann,T.: Controlling mit Kennzahlen und Management-Tools, 7. Aufl., München 2006

Reinecke, S.: Handbuch Marketingcontrolling: Effektivität und Effizienz einer marktorientierten Unternehmensführung, Wiesbaden 2006

Reinecke, S.: Marketing Performance Management: Empirisches Fundament und Konzeption für ein integriertes Marketingkennzahlensystem, Wiesbaden 2004

Reiner, D.: Strategisches Wissensmanagement in der Produktentwicklung: Methoden und Prozesse für kleine und mittlere Unternehmen, Wiesbaden 2004

Reinmann, B.: Personal-Controlling. In: Mayer E., Weber, J.: Handbuch Controlling, Stuttgart 1990

Rieger, A: Modellentwicklung eines strategischen Führungs- und Controlling-Systems zur Unterstützung der internationalen Unternehmensführung unter Berücksichtigung interkultureller Aspekte. Innsbruck, 1996

Roll, M.: Strategische Frühaufklärung, Wiesbaden 2004

Rudolph, T.: Erfolgreiche Geschäftsmodelle im Detailhandel, in: Die Volkswirtschaft 6-2006, St. Gallen 2006, S. 20-23

Runia, P.; Wahl, F.; Thewißen, C.: Marketing: Eine Prozess- und praxisorientierte Einführung München/Wien 2007

Sabisch, H.; Tintelnot, C.: Integriertes Benchmarking für Produkte und Produktentwicklungsprozesse, Heidelberg 1997

Scharnbacher, K.; Kiefer, G.: Kundenzufriedenheit: Analyse, Meßbarkeit und Zertifizierung, München/Wien 2003

Schedl, C.: Balanced Scorecard- Ein Leitfaden für die erfolgreiche Entwicklung und Implementierung, 1. Auflage, Wien 2002

Scheer, A.-W.: Corporate Performance Management: Aris in der Praxis, Heidelberg 2005

Schein, E. H.: Unternehmenskultur: ein Handbuch für Führungskräfte, Frankfurt a.M. 1995

Schenkel, B: Die Qualität der markbezogenen Planung, Wiesbaden 2006

Scheuing, E. E.: The Product Life Cycle as an Aid in Strategy Decisons, in: MIR, Management International Review 9 /1969

Schierenbeck, H.; Lister, M.: Value Controlling- Grundlagen wertorientierter Steuerung, 2. Auflage, München/Wien 2002

Schmelzer, H. J.; Sesselmann, W.: Geschäftsprozessmanagement in der Praxis: Kunden zufrieden stellen, 6. Auflage, München 2007

Schneider, D.: Unternehmensführung und strategisches Controlling, 4. Auflage, Darmstadt 2005

Schneider, W.: Marketing und Käuferverhalten, München/Wien 2006

Schneider, W.; Hennig, A.: (Lexikon Kennzahlen für Marketing und Vertrieb: Das Marketing-cockpit von A- Z, Heidelberg 2008

Schonert, T.: Interorganisationale Wertschöpfungsnetzwerke in der deutschen Automobilindustrie, Wiesbaden 2008

Schreyögg, G.: Theorien des Managements, Wiesbaden 2002

Schreyögg, G.: Unternehmensstrategie: Grundfragen einer Theorie strategischer Unternehmensführung, Berlin, New York 1984

Schroeter, B.: Operatives Controlling, Wiesbaden 2002

Schuh, C.: Die Car Clinic als Marktforschungsinstrument einer konsumorientierten Produktentwicklung, Nürnberg 1991

Schweizer, M.: Westliche vs. Asiatische Führungs-, Produktions- und Qualitätsphilosophien- Konvergenzen oder Gegensätze?, München 2007

Serfling, K.: Controlling, 2. Auflage Stuttgart, Berlin, Köln 1992

Servatius, H.G.: Methodik des strategischen Technologiemanagements. Grundlagen für erfolgreiche Innovationen, Berlin 1985

Shiba, S.; Graham, A.; Walden, D.: A New American TQM, Portland 1993

Siebert, G.; Kempf, S.: Benchmarking, 2. Auflage, München/Wien 2002

Simon, D.: Schwache Signale, Wien 1986

Simon, H.; Gathen, A.: Das große Handbuch der Strategie-Instrumente, Frankfurt a.M. 2002

Spendolini, M., J.: The benchmarking book, New York 1992

Stafflage, E.: Unternehmenskultur als erfolgsentscheidender Faktor: Modell zur Zusammenführung bei grenzüberschreitenden Mergers& Acquisitions, Wiesbaden 2005

Stahl, H. K.; Ambros, R. J.: Vernetzte Unternehmen – Wirkungsvolles Agieren in Zeiten des Wandels, Berlin 2005

Stahl, P.: Controlling, Montabaur 2000

Stahl, P.: Vision und Praxis für ein Controllingkonzept im Mittelstand. In: Mayer E., Liessmann K., Freidank C.-C.: Controlling-Konzepte, 4. Auflage, Wiesbaden 1999

Steinle, C.: Ganzheitliches Management: Eine mehrdimensionale Sichtweise integrierter Unternehmungsführung, Wiesbaden 2005

Literaturhinweise

Steinmann, H.; Schreyögg, G.: Management. Grundlagen der Unternehmensführung, 6. Auflage, Wiesbaden 2005,

Stender-Monhemius, K.: Marketing: Grundlagen mit Fallstudien, München/Wien 2002

Stiele, M.: Wettbewerb im Bankensektor, Wiesbaden 2008

Stockmann, R.: Handbuch zur Evaluation - eine praktische Handlungsanleitung, Münster/ New York/München/Berlin 2007

Strüker, J.: Individualisierung im stationären Einzelhandel: Ökonomische Analyse elektronischer Formen der Kundenkommunikation, Wiesbaden 2005

Tavasli, S.: Six Sigma Performance Measurement System, Wiesbaden 2007

Theis, H.-J.: Handbuch Handels-Marketing, erfolgreich Strategien und Instrumente in der Marktforschung, Frankfurt a.M., 2008

Töpfer, A.; Günther, S.: Wege zu verschwendungsfreien Prozessen. In: Töpfer, A.: Lean Six Sigma, Heidelberg 2008

Toutenburg, H.; Knöfel, P.: Six Sigma: Methoden und Statistik für die Praxis, Heidelberg 2007

Toutenburg, H.;Knöfel, P.: Six Sigma: Methoden und Statistik für die Praxis, Heidelberg 2007

Treacy, M.; Wiersema, F.: Customer Intimacy and Other Value Disciplines, in: Harvard Business Review, S. 84-93, January/February 1993

Treacy, M.; Wiersema, F.: The Discipline of Market Leaders: Choose Your Customers, Narrow Your Focus, Dominate Your Market, 2. Auflage, London 1997

Trompenaars, F./Hampden-Turner, C.: Riding the Waves of Culture. Understanding Cultural Diversity in Business, London 1998

Ulrich, H.: Das St. Galler Management-Modell. In: Ulrich, H.: Gesammelte Schriften, Bd. 2, Bern/Stuttgart/Wien 2001

Vahrenkamp, R.: Produktionsmanagement, 6. Auflage, München/Wien 2008

Vershofen, W. : die Marktentnahme als Kernstück der Wirtschaftsforschung, Köln 1959

Vollmer, T.: Grundlagen der Betriebswirtschaftslehre, München/Wien 2008

Vollmuth, H.J.: Führungsinstrument Controlling: Planung, Kontrolle und Steuerung, 4. Auflage, München 1999

Waniczek, M.: Berichtswesen optimieren, Frankfurt, Wien 2002

Wappis, J.; Jung, B.: Taschenbuch Null-Fehler-Management: Umsetzung von Six Sigma, München 2008

Weber, J.: Strategisches Controlling, Weinheim 2005

Weber, J.: Ursprünge, Begriff und Ausprägungen des Controlling. In: Mayer E., Weber, J.: Handbuch Controlling, Stuttgart 1990

Weber, J.; Schäffer, U.: Balanced Scorecard und Controlling, 3. Auflage, Wiesbaden 2000

Weber, J.; Schäffer, U.: Einführung in das Controlling, 11. Auflage, Stuttgart 2006

Weber,J.: Einführung in das Controlling, 10. Auflage, Stuttgart 2004

Weck, R. J.: Informationsmanagement im globalen Wettbewerb, München/Wien 2003

Werner, H.: Supply Chain Management. Grundlagen, Strategien, Instrumente und Controlling, 2. Auflage, Wiesbaden 2002

Werner, H.: Supply Chain Management: Grundlagen, Strategien, Instrumente und Controlling, Wiesbaden 2008

Wernerfeldt: B.: A resource-based view of the firm. In: Strategic Management Journal 5 (2) 1984, S. 171- 180

Wildemann, H.: Produktkannibalisierung erkennen und vermeiden. In: Produkt- und Prozessinnovationen in Wertschöpfungsketten: Tagungsband der Herbsttagung 2007 der wissenschaftlichen Kommission Produktionswirtschaft im VHB herausgegeben von Dieter Specht, Wiesbaden 2008

Wilson, I. H.; William R. G.; Solomon, P. J.:Strategic planning for marketers, Business Horizons, 21. Bloomington (1978), Indiana University edited by C. M. Dalton, S. 65-73

Wiltinger, A.: Einführung in die BWL, Wiesbaden 2005

Winkelmann, P. Marketing und Vertrieb. Fundamente für die Marktorientierte Unternehmensführung, 5. Auflage, München/Wien 2006

Wirth, W.: Umweltanalyse und Umweltausrichtung durch Entscheidungsverteilung; Entwicklung eines Forschungsansatzes und Auswertung einer Erhebung bei großen Industrieunternehmungen. Augsburg 1980

Wöhe, G.: Einführung in die Allgemeine Betriebswirtschaftslehre, 22. Auflage, München 2005

Zäpfel, G.: Strategisches Produktionsmanagement, München/Wien 2000

Zelewski, S.: Wissensmanagement in Dienstleistungsnetzwerken, Wiesbaden 2005

Ziegenbein, K.: Controlling, 9. Auflage, Ludwigshafen 2007

Zobolski, A.: Kooperationskompetenz im dynamischen Wettbewerb, eine Analyse im Kontext der Automobilindustrie, Wiesbaden 2008

Sachwortverzeichnis

2155359R00179

Printed in Germany
by Amazon Distribution
GmbH, Leipzig